- 中山大学重点学科建设成果
- 中国矿物岩石地球化学协会
  大数据与数学地球科学专业委员推荐

地球科学
大数据挖掘与机器学习

Big Data Mining & Machine Learning in Geoscience

周永章　张良均　张奥多　王　俊◎著

·广州·

版权所有 翻印必究

图书在版编目（CIP）数据

地球科学大数据挖掘与机器学习/周永章，张良均，张奥多，王俊著. —广州：中山大学出版社，2018.9

ISBN 978-7-306-06409-7

Ⅰ. ①地… Ⅱ. ①周… ②张… ③张… ④王… Ⅲ. ①地球科学—数据采集—教材 ②地球科学—机器学习—教材 Ⅳ. ①P-39

中国版本图书馆 CIP 数据核字（2018）第 177989 号

DIQIU KEXUE DASHUJU WAJUE YU JIQI XUEXI

出 版 人：	王天琪
策划编辑：	曾育林
责任编辑：	曾育林
封面设计：	曾育林
责任校对：	马霄行
责任技编：	何雅涛
出版发行：	中山大学出版社
电　　话：	编辑部 020-84111996，84113349，84111997，84110779
	发行部 020-84111998，84111981，84111160
地　　址：	广州市新港西路 135 号
邮　　编：	510275　　传　真：020-84036565
网　　址：	http://www.zsup.com.cn　　E-mail：zdcbs@mail.sysu.edu.cn
印 刷 者：	广东虎彩云印刷有限公司
规　　格：	787mm×1092mm　1/16　17.5 印张　600 千字
版次印次：	2018 年 9 月第 1 版　2023 年 12 月第 4 次印刷
定　　价：	49.80 元

如发现本书因印装质量影响阅读，请与出版社发行部联系调换

简　　介

　　本书系统地介绍了地球科学大数据挖掘与机器学习的基本框架与原理，重点分析高维数据降维、分类与预测、大图形社区结构识别、无限流数据处理、机器学习及人工智能地质学的建模过程，对必要的应用场景使用 Python 语言给出案例。本书是中山大学研究生试用研究型教材，对运用大数据挖掘技术与机器学习算法解决地球科学问题大有裨益。适合地球科学领域研究生和高年级本科生做教材，也可供科研人员做研究时参考。

序

2007年，图灵奖得主吉姆格瑞发表演讲时指出：大数据已经成为科学研究的第四范式。人类在科学研究的道路上，从经验科学，到理论科学，再到计算科学，到如今的大数据科学，大数据成为第四范式也是必然之路。

在大数据时代，人类的思维方式必然会产生革命性的变革。大数据挖掘特别适合于窥探具有多维性和全面性的现实世界。它可以从很多看似支离破碎的信息中复原一个事物的全貌，并进而能够预测或判断出尚未观察到的事物的现象。

大数据存在于任何行业和领域。通过大数据挖掘，可以发现事物运行和发展的规律。

大数据分析是今后各学科和经济社会领域不可回避的重大课题。美国政府认为大数据是"未来的新石油"，一个国家拥有数据的规模和运用数据的能力将成为综合国力的重要组成部分，对数据的占有和控制将成为国家间和企业间新的争夺焦点。中国政府于2015年9月印发《促进大数据发展行动纲要》，明确推动大数据发展和应用。中国科学院、复旦大学、中山大学、中国航空航天大学等相继成立了从事数据科学研究的专门机构。

地球科学领域广泛存在大数据。地质调查是地球科学研究获得数据的主要渠道之一。同其他行业和领域一样，地球科学大数据正在以指数形式增长。在这一背景下，地球科学大数据挖掘，日益获得越来越多的地球科学家的重视。超级计算硬件、软件的发展，为地球科学家研究大数据提供了比任何时候都更方便的平台条件。各国长期地质调查和探测取得的海量地质基础调查数据，正在成为超级计算机服务的重点对象之一。

机器学习是应对大数据超常增长、开展大数据信息挖掘的重要选项。它被认为是人工智能的核心，是使计算机具有智能的根本途径，而深度学习恰是一种炙手可热的实现机器学习的技术。因而，它们一起成为当前大数据与数学地球科学研究的重点和热点。尽管依托大数据的人工智能地质学还远不够成熟，但所幸运的是，具有历史使命感的科学家在严肃、认真地探索。

在当今新时代，大数据的广泛应用必将为地质科学的研究增加新的工具，并必将因此改变地质。

本书在上述认识指引下撰写而成，曾作为中山大学地球科学与工程学院以及国际数学地球科学协会中山大学学生分会（IAMG Student Chapter at SYSU）内部试用教材。2016年，中国矿物岩石地球化学学会大数据与数学地球科学专业委员会成立，培训新人也是使用本教材。

本书在试教和撰写过程中，大量参考了近几年来学者发表的论文。整个过程得到中国矿物岩石地球化学学会大数据与数学地球科学专业委员会各位委员以及中山大学选修《大数据与数学地球科学》研究生的支持和帮助。谷鸿飞、徐述腾参与了初稿部分章节的撰写。

本书获国家重点研发计划重点专项"深部矿产资源评价理论与方法"项目（2016YFC0600506）、中国地质调查局（12120113067600）、国家自然科学基金（41273040）及广东省地质过程与矿产资源探查实验室开放基金的联合资助，获国际数学地球科学协会（International Association for Mathematical Geology，IAMG）Felix Chayes奖7000美元奖金支持。

中山大学地球科学与工程学院、中山大学国家超级计算机中心、中山大学地球环境与地球资源研究中心、广州泰迪智能科技有限公司、广州高质大数据科技有限公司，以及翟明国、张旗、严光生、肖凡、侯卫生、王正海、王树功、沈文杰、何俊国、吴冲龙、刘刚、朱月琴、郭艳军、成秋明、陈建国、毛先成、路来君、刘洁、刘玉葆、周可法、张雪英、杨永国、高乐、焦守涛、刘艳鹏、张尚佳等对本书的出版给予了不同形式的支持和帮助。

本书适合地球科学领域研究生和高年级本科生做教材，也可供科研人员做研究时参考。

目 录

第1章 绪论 / 1
1.1 科学研究第四范式 / 1
1.2 地球科学数据 / 3
1.3 大数据挖掘的基本任务 / 7
1.4 大数据挖掘建模过程 / 8
1.5 常用数据挖掘建模工具 / 10

第2章 数据清洗与预处理 / 15
2.1 数据清洗 / 15
2.2 数据集成与融合 / 19
2.3 数据变换 / 22
2.4 数据规约 / 26
2.5 离群点检测 / 31
2.6 Python主要数据预处理函数 / 37

第3章 高维数据的降维 / 44
3.1 相关分析 / 44
3.2 典型相关分析 / 47
3.3 哈希算法 / 51
3.4 主成分分析 / 56
3.5 因子分析 / 58
3.6 Python算法实现 / 64
3.7 应用案例 / 69

第4章 分类与预测 / 73
4.1 回归分析 / 73
4.2 聚类分析 / 84
4.3 判别分析 / 97
4.4 关联规则算法 / 102
4.5 推荐系统算法 / 108

4.6 Python算法的实现 / 114

第5章 图形数据处理 / 129
5.1 计算机图形基础 / 129
5.2 数字图像处理 / 134
5.3 图像模式识别 / 139
5.4 大图形的社区结构识别 / 142
5.5 基于图的拓扑结构相似度的地质文献与信息检索 / 150
5.6 实现图形数据处理的算法 / 155

第6章 无限流数据与时间序列 / 159
6.1 无限流数据与时序模式 / 159
6.2 无限流数据特征提取 / 160
6.3 时间序列算法 / 163
6.4 Python算法的实现 / 171

第7章 机器学习与深度学习 / 177
7.1 机器学习的发展史 / 177
7.2 机器学习分类 / 178
7.3 SVM / 180
7.4 决策树 / 183
7.5 人工神经网络 / 188
7.6 深度学习 / 192
7.7 迁移学习 / 200
7.8 Python算法的实现 / 203

第8章 贝叶斯原理与人工智能地质学 / 208
8.1 贝叶斯原理 / 208
8.2 人工智能 / 209

8.3 智能矿床成矿与找矿模型 / 210

8.4 基于大数据智能鉴定矿物岩石实验 / 211

附录Ⅰ Python 入门 / 221

1.1 搭建 Python 开发平台 / 221

1.2 Python 使用入门 / 222

1.3 Python 数据分析工具 / 231

附录Ⅱ TipDM-PB 数据挖掘建模平台 / 240

2.1 新建工程入门 / 240

2.2 使用模板入门 / 249

参考文献 / 251

第 1 章 绪 论

大数据正在引发地球科学领域的一场深刻的革命,大数据的关键不仅在于数据的大,更在于思维的创新。从数据出发,让数据说话,依靠人工智能方法,让机器学习、深度学习等大数据技术逐步成为必需。大数据作为第四科学范式,研究领域十分宽广,它将改变地球科学家的思维方式,从逻辑思维方式转变为由数据驱动的关联思维方式。

1.1 科学研究第四范式

在科学发展史上,人类经历过四次重要的范式变革。

1.1.1 第一范式

经验科学阶段。在 18 世纪,科学研究的核心特征是对有限的客观对象进行观察、总结,用归纳法找出其中的科学规律,比如伽利略的物理学定律。归纳法对发生的事件进行总结,形成科学的认识,但它只用于已有规律的认识,本身不会产生新知识。

1.1.2 第二范式

理论科学阶段。从 19 世纪一直到 20 世纪中期,科学研究进入理论研究阶段,以演绎法为主。这一阶段,凭借科学家的智慧构建科学理论,并依据理论来解释自然世界。比如相对论、麦克斯韦方程组、量子理论、概率论等。与归纳法不同,演绎法除了用于解释已有事物之外,甚至可以创造新知识。

1.1.3 第三范式

计算科学阶段。自 20 世纪中期以来,由于客观事物的发展过于复杂,用归纳法和演绎法都难以满足科学研究的需要,人类开始借用计算机的高级运算能力来帮助进行科学计算。这个阶段,主要使用计算机来对复杂事物建模,将大量复杂的单个条件输入计算机,以模拟在多种因素的综合影响下,事物将会发生怎样的变化,比如模拟天气、地震、核试验等。

1.1.4 第四范式

大数据科学阶段。随着 IT 技术的兴起,人类收集到海量的数据,传统的计算科学已经越来越难以处理海量的数据。为了适应数据量的飞速膨胀,人类需要一种新的研究工具才能更有效地进行科学计算。因此,大数据作为处理海量数据为核心的"第四范式",应运而生。大数据技术,包括海量数据获取技术、海量数据存储技术、海量数据的计算技术、海量数据的分析技术和数据可视化,成为当前第四范式的主要工具。

从宏观层面来看,大数据是一种思维和认知论的革命。大数据开启一次重大的时代转型。

传统的研究，主要依靠有限的调研，再加上经验，然后实现事物和业务决策的判断。然而，随着技术的快速革新，社会在快速发展，经常导致我们的经验往往跟不上事物的发展变化。

大数据，可以全方位地呈现事物的发展轨迹，并能实时动态地呈现事物的发展变化，甚至可以呈现事物各种因素之间的相关关系，找到影响事物的关键因素，进而控制事物的未来发展趋势，做出最正确的业务判断和业务决策。

在大数据时代，人类的思维方式必然会产生革命性的变革。

首先，表现在从追求因果到追求相关性。因果关系，一直是人类探索世界的一种思维方式。探究事物的根本原因，弄明白为什么会发生，这就是因果思维。因果思维看起来可以找到解决事物的根本办法，但却是极其复杂的一种方法。也许有的事物根本就没有因果关系，或者因果关系极其复杂，穷其一生也无法找到。大数据提供了另一种思维方法。与其去寻找为什么（因果关系），还不如寻找是什么（相关关系）。同时，相关关系也可以作为因果关系的基础。存在因果关系的事物，一定会存在相关关系，通过找到相关的事物，专业人员可以在此基础上进一步去研究因果关系，这样可以缩小因果关系研究的范围，减少因果关系研究的验证成本，从而更快速地发现因果关系。

其次，从追求算法到追求数据。以往当研究的事物数量巨大时，由于计算的量过大，往往会采用随机抽样的方式进行研究，这在过去是切实可行的方法。对于抽样小数据，由于数据量小，为了解决抽样科学性和信息丢失问题，对数据分析算法的要求很高，算法的设计是关键因素，否则会影响最终分析的结果。在大数据时代，当把所有的数据作为分析对象时，相对来说，数据中的所有信息都可以得到。由于数据量大，算法的要求可以相应降低。《大数据时代》的作者断言，大数据的简单计算比小数据的复杂计算更有效。

大数据存在于任何行业和领域。这是因为大数据是对客观世界的量化和记录的结果，是客观事物的规律表现出来的现象，通过对大数据的挖掘，可以发现事物运行和发展的规律。

大数据挖掘特别适合窥探具有多维性和全面性的现实世界。它可以从很多看似支离破碎的信息中复原一个事物的全貌，进而能预测或判断出尚未观察到的事物的现象。相关性思维作为大数据的核心思维之一，与基于普遍联系的哲学思维不谋而合。当利用大数据方法把影响事物的相关因素找出来，就能够透过事物的现象抓住事物的本质和规律，就能把握事物的发展和变化。

当前，大到国家，中到企业，小到个人，都掀起了一股认识大数据、理解大数据、利用大数据的热潮。国家，把大数据上升为国家战略，尝试用大数据来进行社会管理和经济治理；企业，也把大数据作为战略，尝试用大数据进行企业管理和商业模式的创新，甚至企业的升级和转型；大数据对于个人的生活方式也有重要的改变。

当然，大数据时代，掌握大数据挖掘技术变得尤为关键。此外，面临日益增长的品类繁多的大数据，智能化的处理变得比任何时候都更为迫切，效果也更为有效。

1.2　地球科学数据

在地球科学领域，广泛存在不同类型的数据。这些数据可以是结构化的，如地球化学分析和地球物理探查获得的数据。还有更多的非结构化、半结构化的数据，如古生物、矿物、岩石、矿床、岩心照片，海啸音频、地震视频，构造、遥感光谱图件，标本、野外记录、地质图表等。

还存在另一类数据，无限数据流。它们会随时间不断地有序产生，且产生速度快，数据规模大。如大气观测、地震监测、岩体稳定性监测、水文监测、地球化学监测过程中采集的数据。随着监测密度的提升和技术的进步，海量的监测传感器产生源源不断的时间序列数据，形成无限数据流。

客观存在的地质体与通过地质调查形成的地质文本，是同一个事物的两个方面。客观存在的地质体构成了地质领域一个个不同类型的地质实体，而地质文本是对一定区域范围内地质条件及地质事件的记录，其中，包含大量地质实体且实体类型多样。无论是对地质状况的描述、地质变化的说明还是地质灾害的统计，本质上都是对地质实体、相关附属信息及其之间关系的表达。伴随着传感器、测绘、定位等技术手段的不断发展，文本中对于地质实体的内容描述更加丰富、时空刻画更加精细、更新频率更加迅速。目前，世界各国地质资料馆、地质调查数据库和相关地学文献数据库，提供了多层次、全方位的地质资料信息数据库。大量的地质文本数据，尤其是海量的非结构化或半结构化的照片、视频和地质图，仍默默地"躺"在那里，等待地质文本数据的挖掘。

一般而言，地质科学大数据是一种时空大数据，主要产生于基础地质、矿产地质、水文地质、工程地质、环境地质、灾害地质的调查、勘查和相应的地质科学研究过程中，能源、矿产的开发利用和环境、地灾的监测、防治过程，以及各类天基、空基对地遥感观测活动。获得的途径包括地球物理、地球化学、钻探测井、遥感遥测、传感监测，还可以来自各种拓展应用，如图件编绘、分析计算、模拟仿真、预测评价、智能管控等，通常以文本、图表、声像、标本等多种数据形式存在。如图1-1所示。

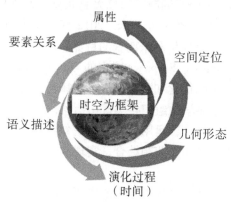

图1-1　地球科学大数据要素

地球科学大数据除拥有一般大数据的"4V"共性特征外，亦有自己显著的个性特点，突出体现在其专业背景特点（what、where、when、why、who、whom）。对地球科学领域的不同来源、不同获取方式、不同结构及不同格式的离散数据，开展结构化重建、关联分析、地学建模，加速地学知识的融汇，深化对地球系统的认识和理解，可望引发地球科学研究方式的变革。

在地球科学大数据模型构建中，数据融合是基础性的研究课题。它贯穿于研究对象认知模型、地质时空数据感知模型、地质时空数据分析模型、地质时空数据预测模型及地质时空数据决策模型的研究中。

地球科学大数据研究严重依赖于大数据平台的建设。各类专题的地质时空大数据链组织与实现，有赖于地质时空大数据平台的系统解决方案和整体架构，以及大数据安全存储、索引、调度机制和大数据引擎方法和技术，有赖于管理智能监测、预警与管控数据链的超级计算、云平台等。

地球科学大数据同其他行业和领域一样正在以指数形式增长。在这一背景下，地球科学大数据信息挖掘和人工智能技术，日益获得越来越多的地球科学家的重视（吴冲龙等，2016）。

世界各国实施的"玻璃地球"计划，广泛采取以三维区域地质填图为主导与深部探测计划相结合的方式，应用了大数据理念和处理技术（吴冲龙等，2016）。

2014年在北京召开了以"中国'玻璃地球'建设的核心技术及发展战略"为主题的香山科学会议第491次学术讨论会。"玻璃地球"旨在利用大数据、物联网、云计算等新一代信息技术，融合、集成和利用各类海量地质数据，构建地球系统和地质勘查系统，提高国家在资源、环境和减灾等领域面临的复杂问题的应对能力，特别是对水资源、环境和地灾的管控和安全保障能力，满足社会需求。

国家基金委与新疆维吾尔自治区联合基金"基于大数据的大型矿集区成矿预测"列入2016年指南。加拿大Diagnos公司在过去10年中为不同矿产勘查公司完成了数百个大数据分析、挖掘，进而圈定靶区的项目。这些项目位于加拿大魁北克、安大略、新不伦瑞克、纽芬兰、美国内华达州、多米尼加共和国、墨西哥、布基纳法索和坦桑尼亚共和国等地。2011年，Diagnos公司编制了加拿大魁北克西北地区金、铜、银、锌和镍的成矿远景图，覆盖面积33.09万平方千米。2012年便取得了总计5242个矿权（占地2335平方千米），覆盖了最有远景和未勘查的目标。已有的三维地质建模软件（如国外的GOCAD、MVS、MicroStation、Surpac，国内的QuantyView、GeoView、GeoMo3D、Titan3DM等）正在得到进一步的优化和功能拓展。中国科学家研发的3DMine三维矿业软件通过国土资源部认证。它科学地组织各类矿山信息，将海量异质的矿山信息资源进行全面、高效和有序的管理和整合，运用数据库、三维模型、统计内插值和参数化概念，通过可视化技术、计算机技术和专业相结合，实现矿山重现，并可以快速计算，是自动成图和综合应用的技术平台。

深地资源与找矿靶区遴选已成为近年来矿床研究的重要热点，大数据分析成为其中不可或缺的技术。多元异质大数据集成以及不同学科、不同尺度的数据在三维空间的对比分析是其重要途径。澳大利亚开展了以找矿为目的的开展的四维地质填图研究。荷兰建立了全国1000米以上的3D地层框架模型。加拿大将三维地质填图用于盆地地下水调查。英国建立了全国4个尺度的三维地层框架模型。法国在地质调查等诸多领域开展三维地质建模。德国在北部多个盆地进行跨界三维地质建模。美国针对资源与环境评价开展三维地质框架研究等。

毋庸置疑，大数据研究仍存在一些需要克服的困难。

地球科学家需要探索并建立一个把人类活动与多科学领域无缝整合的模块式科学框架，便于把数据、科学、技术方法和模型组织到恰当的时空尺度中去，实现基于地学时空大数据的知识发现，深化对整个地球系统运转的理解，提升对地质过程的认知程度和对它们开发的决策能力（严光生等，2015）。

大数据处理要求将多源、异构、动态、海量的非（半）结构化数据快速有效地转化为能被分析决策利用的结构化信息（知识）。大数据处理经常面临四大问题：如何有序接纳多源异构、类型繁多的资料？如何高效组织规模海量、时空密集的数据？如何智能提纯结构清晰、关系明确的信息？如何快速驾驭在线实时、自适应强的计算？

大数据涉及数据量规模巨大，目前主流软件工具往往无法在合理的时间内对数据进行接入、管理、处理及挖掘。因此，需要发展新型处理模式，以从高速增长和多样化的海量大数据资源中挖掘优化的流程、智慧的知识和强力的决策。

有学者认为，地球科学大数据分析面临的主要问题有：
(1)如何建立一个多学科整合的模块式科学框架来组织数据、科学、技术和模型。
(2)如何融合监测的动态数据和勘查的静态数据，实现数据与模型的一体化管理。
(3)如何融合多源异质异构的结构化、半结构化和非结构化数据，进行数据挖掘。
(4)如何直接基于大数据进行挖掘、预测和预警，突破参数、模型、模式的限制。

目前，国内地球科学大数据研究与应用存在的主要困难有：数据来源有限（政府、机构公开数据不多）、数据类型混杂（结构化、非结构化，数字、视频、文本）、数据来源分散（部门分割，数据封锁）、数据质量存疑（存在数据篡改、造假等现象）、数据应用方法不清晰（难以清晰反映地质现状）、数据应用工具缺乏（大数据的应用模型复杂）、缺乏最终解决方案的指引（大数据最终产品匮乏）。

地质调查是地球科学研究获得数据的主要渠道之一。地质调查大数据分析，需要充分利用新一代信息技术，更新当前的大数据处理环境，着重进行大数据的智能分析与深度挖掘，由此建立大数据驱动的成矿远景图件。在大数据处理方法上，需要建立基于统一基础地理空间的多源数据集成与管理系统，将地质、构造、矿点、地球物理、地球化学、遥感钻孔等各类数据整合到统一的数据库中，利用云计算、大数据等方法，对多源综合数据进行集成、展示、分析和挖掘。

成矿与找矿模型是大数据理念和技术应用的重要领域。成矿与找矿研究将更充分地利用与"矿"有关的各种数据，包括在一定的地质历史时期或构造运动阶段，在一定的地质构造单元及构造部位，与一定的地质成矿作用有关的时间、空间、成因及矿床产状的数据，还包括庞大的矿床成因方面的数据信息，如成矿温度、成矿压力、流体包裹体、同位素、微量元素等矿床地球化学数据。

土壤环境地球化学污染监测、模拟、管控与预警也可以深度地应用大数据技术，如

图 1-2 所示。有研究项目建议，以高速发展的超大城市为对象，集成、融合行政区内物理空间的土壤污染调查与监测节点海量数据以及网络空间土壤污染相关大数据，建立城市土壤污染基础数据库，并通过数据依时间自动采集、更新和迭代，形成动态监测数据链。然后，开展城市土壤污染大数据分析，揭示主要污染物空间变异规律和土壤地球化学场特征，解析城市土壤污染源；开展基于土壤摄入率的人体健康风险评价和土壤安全等级分区的研究，以及数据链大数据驱动下的城市土壤污染预测预警研究，提供全景式时空透视和预警预测；建立可实际运行的城市土壤智能监测、模拟、管控、预警的技术体系和系列数据模型，以及决策支持系统软件原型。如图 1-2 所示。

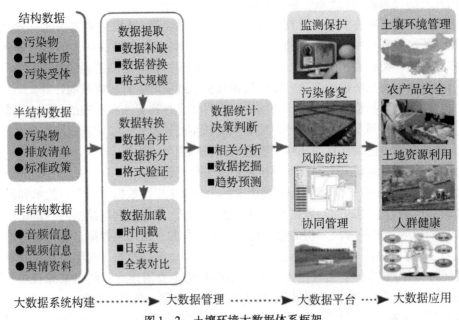

图 1-2　土壤环境大数据体系框架

超级计算硬件、软件的发展有力地拓展了大数据的研究空间，提升了大数据挖掘的水平。各国长期地质调查和探测取得的海量地质基础调查数据，将是超级计算机服务的重点对象之一。中山大学"天河二号"超级计算机采用了微异构计算阵列和新型并行编程模型及框架，集高性能计算、大数据分析和云计算于一体，能够支持大数据高吞吐量、高效处理等应用需求，能高效处理普通云计算不能处理的计算密集型问题，并能满足对复杂大数据开展精准、实时分析的需求。基于天河二号计算机的天文、地球科学与环境工程计算应用服务平台已成功落地，并组建有一支相应的超算技术和行业应用队伍。

至今，依托大数据的人工智能地质学还远不够成熟，所幸运的是有科学家在严肃、认真地探索。智能的矿床成因模型和找矿模型，有望成为人工智能研究的亮点。它可能会以地质-矿床大数据平台为依托，基于平台提供的大数据集与高性能计算能力，引入自然语言处理技术，让机器能够理解地质报告，加强机器学习、深度学习、可视分析的应用，进行知识提取和模式识别，特别是有别于显性知识信息预测的隐性知识信息发现。

1.3 大数据挖掘的基本任务

大数据挖掘又称数据库知识发现(knowledge-discovery in databases，KDD)，是指从大量的数据中自动搜索隐藏于其中的有着特殊关系性的信息的过程，是从大量数据中寻找其规律的技术。数据挖掘技术还经常用来增强信息检索系统的能力。它由以下三个阶段组成：①数据准备；②数据挖掘；③结果表达和解释。

目前，大数据挖掘方法在地球科学领域中的应用尚处于起步阶段。近二十年来，随着研究和勘探投入的增加，以及技术手段的进步，各类专题数据库中海量异构地质数据爆发式增长积累，例如，油气数据库、矿产数据库、水文数据库、土壤数据库、遥感数据库、地球物理数据库、地球化学数据库、地震数据库、岩石数据库等。一方面，这些数据库还在不断地扩充完善；另一方面，传统的分析方法已无法充分发掘出隐在各类数据中的深层次关联信息，致使花费昂贵代价获取的地质数据价值无法充分实现。数据挖掘技术的发展和引入，使得海量、异构、空间相关的地质数据的深层次分析成为可能。通过对地学数据进行基于空间位置挖掘，以及地学数据间的关联分析、聚类、分类、回归等，可以在此基础上进行异常识别、矿产预测、地质背景判别分析等，从而得到更加深入的地质认识，或者进行矿产勘查等生产实践活动。

一个典型的应用是，近些年随着 GeoRock 和 PetDB 两个国际共享的岩石地球化学数据库的建立和完善，很多研究者从中获取不同类型、不同构造背景的岩石，在"全体数据"的基础上，对学界应用多年的玄武岩构造环境判别系列图解进行重新审视。由于新的判别方法所采用的数据多来自最近二十年的分析结果，一方面，数据测试质量相比20世纪80年代以前明显提高；另一方面，元素测试更加齐全，且可利用的数据量和分布范围早已呈数量级增长。这已成为大数据挖掘思维和技术应用的典型例子。

本书将以玄武岩为主线贯穿全文，分别对玄武岩数据进行数据预处理、逻辑回归、聚类分析等。其代码在每章最后一节中展示。具体如图 1-3 所示。

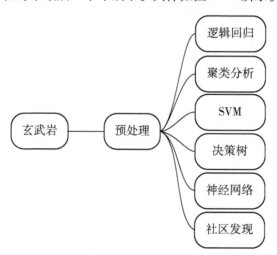

图 1-3　以 GeoRock 数据库中玄武岩为主线的大数据挖掘案例设计

在地学领域,有一类挖掘有特殊的意义:利用大数据技术对地质文本中地质实体的识别。地质文本是对一定区域范围内地质条件及地质事件的记录,其中,包括大量地质实体,且实体类型可以很多样。无论是对地质状况的描述、地质变化的说明,还是对地质灾害的统计,本质上都是对地质实体、相关附属信息及其之间关系的表达。地质实体是地质文本中的核心要素,其他属性和关系的描述都以地质实体为基础。伴随着传感器、测绘、定位等技术手段的不断发展,文本中对于地质实体的内容描述更加丰富、时空刻画更加精细、更新频率更加迅速。利用大数据技术对地质文本中的地质实体开展识别,就是地质文本的深度挖掘。地质实体识别能够有效辨别文本中的基本信息单位,帮助正确理解文本内容,同时基于提炼出的地质知识为广义文本数据挖掘中的信息抽取、信息检索、机器翻译、文摘生成等系列任务提供全面支持。

1.4 大数据挖掘建模过程

数据挖掘的步骤会随不同领域的应用而有所变化,每一种数据挖掘技术也会有各自的特性和使用步骤,针对不同问题和需求所制定的数据挖掘过程也会存在差异。此外,数据的完整程度、专业人员支持的程度等都会对建立数据挖掘过程有所影响。这些因素造成了数据挖掘在各不同领域中的运用、规划,以及流程的差异性。因此,对于数据挖掘过程的系统化、标准化就显得格外重要。

在进行数据挖掘技术的分析之前,还有许多准备工作要完成。数据挖掘完整的步骤如下:

(1)理解数据和数据的来源(understanding)。
(2)获取相关知识与技术(acquisition)。
(3)整合与检查数据(integration and checking)。
(4)去除错误或不一致的数据(data cleaning)。
(5)建立模型和假设(model and hypothesis development)。
(6)实际数据挖掘工作(data mining)。
(7)测试和验证挖掘结果(testing and verification)。
(8)解释和应用(interpretation and use)。

由上述步骤可看出,数据挖掘牵涉了大量的准备工作与规划工作,包括数据的净化、数据格式转换、变量整合,以及数据表的链接。

下面以 GeoRock 数据库中玄武岩构造环境判别分析为例,介绍大数据挖掘的建模过程。流程如图 1-4 所示。

图 1-4 玄武岩挖掘建模过程

1.4.1　定义挖掘目标

要充分发挥数据挖掘的价值，必须先对目标有清晰的定义。针对玄武岩构造环境判别分析的数据挖掘，定义如下的挖掘目标：

(1)通过对全球玄武岩的岩石地球化学数据进行建模，实现利用全体元素数据对玄武岩进行聚类。

(2)以玄武岩形成的构造环境作为预测对象，利用玄武岩岩石地球化学数据实现对任一组玄武岩数据依其构造环境类型进行分类预测。

1.4.2　数据取样

在明确数据挖掘的目标后，需要从大数据系统中抽取出一个与挖掘目标相关的样本数据子集。抽取数据的标准是相关性、可靠性与有效性。通过数据样本的精选，不仅能减少数据的处理量，节省系统资源，而且能使要寻找的规律性被突显出来。

衡量取样数据质量的标准如下：

(1)资料完整无缺，各类指标项齐全。

(2)数据准确无误，反映的都是正常(无异常)状态下的水平。

对获取的数据，可再从中做抽样操作。常见的抽样方式如下：

(1)简单随机抽样。在采用简单随机抽样方式时，数据集中的每一组观测值都有相同的被抽样的概率。如按10%的比例对一个数据集进行随机抽样，则每一组观测值都有10%的机会被取到。

(2)等距抽样。如按5%的比例对一个有100组观测值的数据集进行等距抽样，则间距为20，等距抽样方式是取第20、40、60、80、100五组观测值。

(3)分层抽样。在这种抽样操作时，首先将样本总体分成若干层次(或者说分成若干个子集)。在每个层次中的观测值都具有相同的被选用的概率，但对不同的层次可设定不同的概率。这样的抽样结果通常具有更好的代表性，进而使模型具有更好的拟合精度。

(4)从起始顺序抽样。这种抽样方式是从输入数据集的起始处开始抽样。抽样的数量可以给定一个百分比，或者直接给定选取观测值的组数。

(5)分类抽样。在前述几种抽样方式中，并不考虑抽取样本的具体取值。分类抽样则依据某种属性的取值来选择数据子集。分类抽样的选取方式与上文所述的方式相同，只是抽样以类为单位。

1.4.3　数据探索与预处理

数据探索和预处理的目的是为了保证样本数据的质量，从而为保证模型质量打下基础。

数据探索就是针对如下问题的探索过程：①样本数据集是否达到原来设想的要求？②有没有什么明显的规律和趋势？③有没有出现从未设想过的数据状态？④属性之间有什么相关性？⑤它们可区分成怎样一些类别？数据探索主要包括：异常值分析、缺失值分析、相关分析、周期性分析等。对抽取的样本数据进行探索、审核和必要的加工处理，是保证最终挖掘模型的质量所必需的工作。可以说，挖掘模型的质量不会超过抽取样本的质量。

数据预处理是指对数据进行数据合并、清洗、变换和标准化。其中，数据合并可以将多张互相关联的表格合并为一张表；数据清洗可以去掉数据中的重复、缺失、异常、不一致的数据；数据标准化可以去除特征间的量纲差异；数据变换则可以通过离散化，哑变量处理等技术满足后期分析与建模的数据要求。

采样数据中常常包含许多含有噪声、不完整甚至不一致的数据，这是预处理存在的必要性。

数据预处理主要包括数据筛选、数据变量转换、缺失值处理、坏数据处理、数据标准化、主成分分析、属性选择、数据规约等。在数据挖掘的过程中，数据预处理的各个过程互相交叉，并没有明确的先后顺序。数据经过预处理后整体变得干净整齐，可以直接用于分析建模。

1.4.4 挖掘建模

这一步是数据挖掘工作的核心环节。在本案例中重点介绍分类与预测相关算法，具体内容详见第4章。

1.5 常用数据挖掘建模工具

数据挖掘是一个反复探索的过程，只有将数据挖掘工具提供的技术和实施经验与研究任务逻辑和需求紧密结合，并在实施过程中不断地磨合，才能取得好的效果。

1.5.1 Python

Python 是一门简单易学且功能强大的编程语言，能够用简单而又高效的方式进行面向对象编程，使其在大多数平台和领域成为编写脚本或开发应用程序的理想语言，正在逐渐成为数据挖掘领域的主流语言。

Python 已经有将近 30 年的历史。随着云计算、大数据以及人工智能技术的快速发展，Python 及其开发生态环境正在受到越来越多的重视。Python 数据挖掘有以下 5 个方面优势：

（1）语法简单精练，新手容易上手。

（2）有许多功能强大的库，结合编程方面的强大实力，可以只使用 Python 这一种语言去构建以数据为中心的应用程序。

（3）功能强大。从特性观点来看，Python 是一个混合体。丰富的工具集使它介于传统的脚本语言和系统语言之间。Python 不仅具备所有脚本语言简单和易用的特点，还提供了在编译语言中的高级软件工程工具。

（4）不仅适用于研究和原型构建，同时也适用于构建生产系统。研究人员和工程技术人员使用同一种编程工具将会给企业带来非常显著的组织效益，并降低企业的运营成本。

（5）Python 是一门胶水语言。Python 程序能够以多种方式轻易地与其他语言的组件"粘接"在一起。例如，Python 的 C 语言 API 可以帮助 Python 程序灵活地调用 C 程序。这意味着用户可以根据需要给 Python 程序添加功能，或者在其他环境系统中使用 Python。

Python 数据挖掘常用类库有：

1.5.1.1 IPython

IPython 是 Python 科学计算标准工具集的组成部分，它将其他所有相关的工具联系在一起，为交互式和探索式计算提供了一个强健而高效的环境。同时，它是一个增强的 Python shell，目的是提高编写、测试、调试 Python 代码的速度。主要用于交互式数据并行处理，是分布式计算的基础架构。

另外，IPython 还提供了一个类似于 Mathematica 的 HTML 笔记本，一个基于 Qt 框架的 GUI 控制台，其中，含有绘图、多行编辑以及语法高亮显示等功能。

1.5.1.2 NumPy

NumPy 是 Numerical Python 的简称，是一个 Python 科学计算的基础包。NumPy 主要提供了以下功能：

(1) 快速高效的多维数组对象 ndarray。
(2) 用于对数组执行元素级的计算以及直接对数组执行数学运算的函数。
(3) 用于读写硬盘上基于数组的数据集的工具。
(4) 线性代数运算，傅里叶变换，以及随机数生成。
(5) 用于将 C、C++、Fortran 代码集成到 Python 的工具。

除了为 Python 提供快速的数组处理能力，NumPy 在数据挖掘方面还有另外一个主要作用，即作为在算法支架传递数据的容器。对于数值型数据，NumPy 数组在存储和处理数据时要比内置的 Python 数据结构高效得多。此外，由低级语言（比如，C 和 Fortran）编写的库可以直接操作 NumPy 数组中数据，无须进行任何数据复制工作。

1.5.1.3 SciPy

SciPy 是一个基于 Python 的开源代码，是一组专门解决科学计算中各种标准问题域的模块的集合，特别是与 NumPy、Matplotlib、IPython、pandas 这些核心包一起使用。对于不同子模块有不同应用，如插值、积分、优化、图像处理和特殊函数等。SciPy 主要包括 8 个模块，每个模块的内容如表 1-1 所示。

表 1-1 SciPy 的模块及其简介

模块名称	简介
scipy.integrate	数值积分例程和微分方程求解器
scipy.linalg	扩展了由 numpy.linalg 提供的线性代数例程和矩阵分解功能
scipy.optimize	函数优化器（最小化器）以及根查找算法
scipy.signal	信号处理工具
scipy.sparse	稀疏矩阵和稀疏线性系统求解器
scipy.special	SPECFUN[这是一个实现了许多常用数学函数（如伽马函数）的 Fortran 库]的包装器
scipy.stats	检验连续和离散概率分布（如密度函数、采样器、连续分布函数等）的函数与方法、各种统计检验的函数与方法，以及各类描述性统计的函数与方法
scipy.weave	利用内联 C++ 代码加速数组计算的工具

1.5.1.4 pandas

pandas 是 Python 的数据挖掘核心库，最初被作为金融数据挖掘工具而开发出来，因此，pandas 为时间序列分析提供了很好的支持。它提供了一系列能够快速便捷地处理结构化数据的数据结构和函数。Python 之所以成为强大而高效的数据挖掘环境与它息息相关。

pandas 兼具 NumPy 高性能的数组计算功能以及电子表格和关系型数据库（如 SQL）灵活的数据处理功能。它提供了复杂精细的索引功能，以便便捷地完成重塑、切片和切块，聚合以及选取数据子集等操作。pandas 将是本书中使用的主要工具。

1.5.1.5 Matplotlib

Matplotlib 是最流行的用于绘制数据图表的 Python 库，是 Python 的 2D 绘图库。最初由 John D. Hunter(JDH)创建，目前由一个庞大的开发人员团队维护。它非常适合创建出版物上用的图表。Matplotlib 操作比较容易，用户只需几行代码即可生成直方图、功率谱图、条形图、错误图和散点图等图形。Matplotlib 提供了 pylab 的模块，其中，包括许多 NumPy 和 pyplot 中常用的函数，方便用户快速进行计算和绘图。Matplotlib 跟 IPython 结合得很好，提供了一种非常好用的交互式数据绘图环境。绘制的图表也是交互式的，你可以利用绘图窗口中的工具栏放大图表中的某个区域或对整个图表进行平移浏览。

1.5.1.6 scikit-learn

scikit-learn 是一个简单有效的数据挖掘工具，可以供用户在各种环境下重复使用，而且 scikit-learn 是建立在 NumPy、SciPy 和 Matplotlib 的基础之上，对一些常用的算法方法进行了封装。目前，scikit-learn 的基本模块主要被分为数据预处理、模型选择、分类、聚类、数据降维和回归等 6 个模块。在数据量不大的情况下，可以解决大部分问题。对于算法不精通的用户在进行建模任务时，并不需要工程师来实现所有的算法，只需要简单地调用 scikit-learn 库里的模块就可以实现大多数算法任务。

1.5.2 其他常用数据挖掘建模工具

1.5.2.1 R

R 是一种为统计计算和图形显示而设计的语言环境，是贝尔实验室的 Rick Becker、John Chambers 和 Allan Wilks 开发的 S 语言的一种实现。在 S 语言源代码的基础上，1995 年 Auckland 大学的 Robert Gentleman 和 Ross Ihaka 编写了一套能执行 S 语言的软件，并将该软件的源代码全部公开，这就是 R 软件的雏形，其命令被统称为 R 语言。用户可以自己设计相应的程序，并且可以做成拓展包发布。其他的使用者可以根据需要下载并加载软件包，从而非常方便地拓展 R 的内容。

1.5.2.2 SAS Enterprise Miner

Enterprise Miner(EM)是 SAS 推出的一个集成的数据挖掘系统，允许使用和比较不同的技术，同时，还集成了复杂的数据库管理软件。它的运行方式是通过在一个工作空间(workspace)中按照一定的顺序添加各种可以实现不同功能的节点，然后对不同节点进行相应的设置，最后运行整个工作流程(workflow)，便可以得到相应的结果。

1.5.2.3 IBM SPSS Modeler

IBM SPSS Modeler 原名 Clementine，2009 年被 IBM 收购后对产品的性能和功能进行了大幅度改进和提升。它封装了最先进的统计学和数据挖掘技术，用于获得预测知识并将相应的决策方案部署到现有的业务系统和业务过程中，从而提高企业的效益。IBM SPSS Modeler 拥有直观的操作界面、自动化的数据准备和成熟的预测分析模型，结合商业技术可以快速建立预测性模型。

1.5.2.4 SQL Server

Microsoft 的 SQL Server 中集成了数据挖掘组件——Analysis Servers，借助 SQL Server 的数据库管理功能，可以无缝地集成在 SQL Server 数据库中。在 SQL Server 2008 中提供了决策树算法、聚类分析算法、Naive Bayes 算法、关联规则算法、时序算法、神经网络算法、线性回归算法 7 种常用的数据挖掘算法。但是，其预测建模的实现是基于 SQL Server 平台的，平台移植性相对较差。

1.5.2.5 MATLAB

MATLAB(matrix Laboratory，矩阵实验室)是美国 Mathworks 公司开发的应用软件，具备强大的科学及工程计算能力，它不但具有以矩阵计算为基础的强大数学计算能力和分析功能，而且还具有丰富的可视化图形表现功能和方便的程序设计能力。MATLAB 并不提供一个专门的数据挖掘环境，但它提供非常多的相关算法的实现函数，是学习和开发数据挖掘算法的很好选择。

1.5.2.6 WEKA

WEKA (waikato Environment for Knowledge Analysis)是一款知名度较高的开源机器学习和数据挖掘软件。高级用户可以通过 Java 编程和命令行来调用其分析组件。同时，WEKA 也为普通用户提供了图形化界面，称为 WEKA Knowledge Flow Environment 和 WEKA Explorer，可以实现预处理、分类、聚类、关联规则、文本挖掘、可视化等。

1.5.2.7 KNIME

KNIME (konstanz InformationMiner，http://www.knime.org)是基于 Java 开发的，可以扩展使用 Weka 中的挖掘算法。KNIME 采用类似数据流(data flow)的方式来建立分析挖掘流程。挖掘流程由一系列功能节点组成，每个节点有输入/输出端口，用于接收数据或模型、导出结果。

1.5.2.8 RapidMiner

RapidMiner 也叫 YALE (Yet Another Learning Environment，https://rapidminer.com)，提供图形化界面，采用类似 Windows 资源管理器中的树状结构来组织分析组件，树上每个节点表示不同的运算符(operator)。YALE 中提供了大量的运算符，包括数据处理、变换、探索、建模、评估等各个环节。YALE 是用 Java 开发的，基于 Weka 来构建，可以调用 Weka 中的各种分析组件。RapidMiner 有拓展的套件 Radoop，可以和 Hadoop 集成起来，在 Hadoop 集群上运行任务。

1.5.2.9 TipDM

TipDM(顶尖数据挖掘平台)使用 JAVA 语言开发，能从各种数据源获取数据，建立多种数据挖掘模型(目前已集成数十种预测算法和分析技术，基本覆盖了国外主流挖掘系统支持的算法）。TipDM 支持数据挖掘流程所需的主要过程：数据探索（相关性分析、主成分分析、周期性分析）；数据预处理（属性选择、特征提取、坏数据处理、空值处理）；预测建模（参数设置、交叉验证、模型训练、模型验证、模型预测）；聚类分析、关联规则挖掘等一系列功能。

第2章 数据清洗与预处理

在地球科学观测数据中存在不完整(有缺失值)、不一致、有异常的数据,例如,地球化学测试数据中经常存在个别特异样本点,特别是异常高值点,本书中称之为异常值,严重影响分析的效率,甚至可能导致分析结果的偏差。所以,进行数据清洗就显得尤为重要,数据清洗完成后接着进行或者同时进行数据集成、转换、规约等一系列的处理,该过程就是数据预处理。数据预处理一方面是要提高数据的质量,另一方面是要让数据更好地适应特定的数据挖掘技术或工具。统计发现,在各个领域的数据挖掘过程中,数据预处理工作量占到了整个过程的60%。

数据预处理的主要内容包括数据清洗、数据集成、数据变换和数据规约。处理过程如图2-1所示。

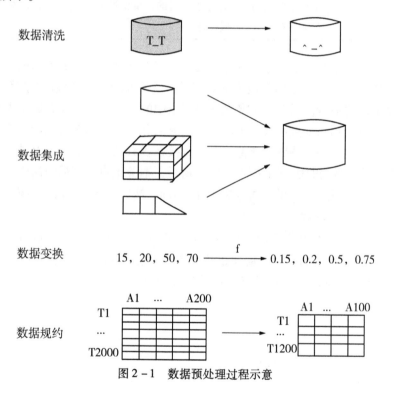

图2-1 数据预处理过程示意

2.1 数据清洗

在对岩矿样本地球化学数据进行分析的过程中,数据重复会导致数据的方差变小,且数据分布会发生较大变化。缺失会导致样本信息减少，不仅增加了数据分析的难度，而且会导致数据分析的结果产生偏差。异常值则会产生"伪回归"。因此，需要对数据进行检测，查询是否有重复值、缺失值和异常值，并且要对这些数据进行适当的处理。

2.1.1 缺失值处理

处理缺失值的方法可分为三类：删除记录、数据插补和不处理。其中，常用的数据插补方法如表2-1所示。

表2-1 处理缺失值处理常用的插补方法

插补可方法	方法描述
均值/中位数/众数插补	根据属性值的类型，用该属性取值的平均数/中位数/众数进行插补
使用固定值	将缺失的属性值用一个常量替换
最近临插补	在记录中找到与缺失样本最接近的样本的该属性值插补
回归方法	对带有缺失值的变量，根据已有数据和与其有关的其他变量（因变量）的数据建立拟合模型来预测缺失的属性值
插值法	插值法是利用已知点建立合适的插值函数 $f(x)$，未知值由对应点 x_i 求出的函数值 $f(x_i)$ 近似代替

如果通过删除小部分记录达到既定的目标，那么删除含有缺失值的记录这种方法是最有效的。然而，这种方法却有很大的局限性。它是以减少历史数据来换取数据的完备，会造成资源的浪费，丢弃了隐藏在这些记录中的信息。尤其在数据集本来就包含很少记录的情况下，删除少量记录就可能会严重影响分析结果的客观性和正确性。一些模型可以将缺失值视作一种特殊的取值，允许直接在含有缺失值的数据上进行建模。

在数据挖掘中常用的插补方法如表2-1所示，本节重点介绍插值法中的 Lagrange 插值法和 Newton 插值法。其他的插值方法还有 Hermite 插值、分段插值、样条插值法等。

2.1.1.1 Lagrange 插值法

若已知函数 $f(x)$ 在互异的两个点 x_0 和 x_1 处的函数值 $y_0 = f(x_0)$ 和 $y_1 = f(x_1)$。估计出该函数在点 ζ 处的函数值，简单的方法是，做过点 (x_0, y_0) 和点 (x_1, y_1) 的直线 $L_1(x)$，用 $L_1(\zeta)$ 作为 $f(\zeta)$ 的近似值，如图2-2所示。

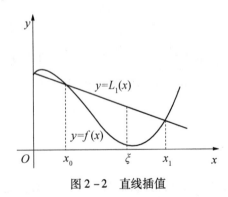

图2-2 直线插值

若已知 $f(x)$ 在互异的 3 个点 x_0，x_ζ 和 x_1 处的函数值为 $y_i=f(x_i)(i=0,1,2)$。简单的方法是过三点 $(x_i,y_i)(i=0,1,2)$ 构造一条抛物线 $y=L_2(x)$，用 $L_2(\zeta)$ 作为 $f(\zeta)$ 的近似值，如图 2-3 所示。

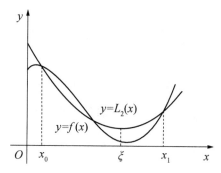

图 2-3　抛物线插值

对于一般情况，若已知函数 $f(x)$ 在 $n+1$ 个互异的点 x_0，x_1，$\cdots$，x_n 处的函数值 $y_k=f(x_k)(k=0,1,\cdots,n)$，常用的插值方法是 Lagrange 插值法。

设函数 $y=f(x)$ 在区间 $[a,b]$ 上有定义，且已知在 $a\leqslant x_0<x_1<\cdots<x_n\leqslant b$ 上的值 y_0，y_1，$\cdots$，y_n，若存在一个次数不超过 n 的多项式 $L_n(x)=a_0+a_1x+\cdots+a_nx^n$，使其满足式(2-1)，称 $L_n(x)$ 为 $f(x)$ 的 n 次 Lagrange 插值多项式，称点 $x_k(k=0,1,\cdots,n)$ 为插值节点，称条件式(2-1)为插值条件，包含插值节点的区间称为插值区间。值得注意的是，满足插值条件式(2-1)的次数不超过 n 的多项式 $L_n(x)=a_0+a_1x+\cdots+a_nx^n$ 是存在且唯一的。

$$L_n(x_k)=y_k\quad(k=0,1,\cdots,n) \tag{2-1}$$

当 $n=1$ 时，函数 $f(x)$ 在 x_0 和 x_1 两个点上互异，则其插值为线性插值，可以写为 $L_1(x)=y_0+\dfrac{y_1-y_0}{x_1-x_0}(x-x_0)$，等价于 $L_1(x)=y_0\dfrac{x-x_1}{x_0-x_1}+y_1\dfrac{x-x_0}{x_1-x_0}$。

当 $n=2$ 时，函数 $f(x)$ 在 x_0，x_1，x_2 3 个节点上互异，则其插值为抛物线插值，$L_2(x)=y_0\dfrac{(x-x_1)(x-x_2)}{(x_0-x_1)(x_0-x_2)}+y_1\dfrac{(x-x_0)(x-x_2)}{(x_1-x_0)(x_1-x_2)}+y_2\dfrac{(x-x_0)(x-x_1)}{(x_2-x_0)(x_2-x_1)}$。

同理，函数 $f(x)$ 在 $n+1$ 个点上互异的，构造一个次数不超过 n 的多项式，其插值公式可写为式(2-2)。

$$\begin{aligned}L_n(x)&=\sum_{k=0}^n y_k\frac{(x-x_0)\cdots(x-x_{k-1})(x-x_{k+1})\cdots(x-x_n)}{(x_k-x_0)\cdots(x_k-x_{k-1})(x_k-x_{k+1})\cdots(x_k-x_n)}\\&=\sum_{k=0}^n y_k\Big(\prod_{\substack{j=0\\j\neq k}}^n\frac{x-x_j}{x_k-x_j}\Big)\end{aligned} \tag{2-2}$$

称式(2-2)为 n 次 Lagrange 插值公式。$n=1$ 和 $n=2$ 分别是它的两种特殊情况，即线性插值公式和抛物线插值公式。

2.1.1.2　Newton 插值法

Lagrange 公式有一个缺点，当对给定的若干个节点求出其插值函数后，如果需要再增加一个节点并求出新的插值函数时,整个插值函数都要重新计算。因此,这种公式只适用于插值节点已给定的情况,如果在计算过程中需要增加插值节点,就需要考虑其他形式的插值公式,使之能够尽可能利用已经得到的数据信息。Newton 插值公式就是基于这种想法提出的插值公式,它需要用到均差的概念。

已知函数在点 x_0 和 x_1 处的函数值,称其比值 $\frac{f(x_1)-f(x_0)}{x_1-x_0}$ 为函数 $f(x)$ 在点 x_0 和 x_1 处的一阶差商(也称为均差),记为 $f[x_0, x_1]$,即 $f[x_0, x_1] = \frac{f(x_1)-f(x_0)}{x_1-x_0}$。从几何上判断,差商 $f[x_0, x_1]$ 等价于点 x_0 和 x_1 所代表的线性方程的斜率,如图 2-4 所示。

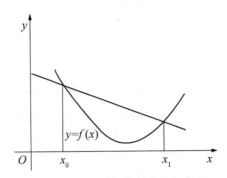

图 2-4　Newton 插值差商几何意义

称函数 $f(x)$ 的一阶均差 $f[x_0, x_1]$ 在点 x_1 和 x_2 处的均差为 $f(x)$ 的二阶均差,记为 $f[x_0, x_1, x_2]$,即 $f[x_0, x_1] = \frac{f[x_1, x_2] - f[x_0, x_1]}{x_2 - x_0}$。

同理,称函数 $f(x)$ 的 $n-1$ 阶均差 $f[x_0, \cdots, x_{n-2,x}]$ 在点 x_{n-1} 和 x_n 处的差商为 $f(x)$ 的 n 阶均差,记为 $f[x_0, x_1, \cdots, x_n]$,即

$$f[x_0, x_1, \cdots, x_n] = \frac{f[x_1, \cdots, x_{n-2}, x_n] - f[x_0, \cdots, x_1, \cdots, x_{n-1}]}{x_n - x_0}。$$

设 x 是插值区间 $[a, b]$ 上的一点,在点 x_0 和 x 处做一阶均差 $f[x_0, x] = \frac{f(x)-f(x_0)}{x-x_0}$,移项可得式(2-3)。令 $N(x_0 = f(x_0)$,则称 $N(x_0)$ 为函数 $f(x)$ 的零次插值多项式。

$$f(x) = f(x_0) + f[x_0, x](x - x_0) \tag{2-3}$$

增加一个点 x_1,考虑在点 x_0、x_1 和 x 处做二阶均差。$f[x_0, x_1, x] = \frac{f[x_1, x] - f[x_0, x_1]}{x - x_1}$。移项可得 $f[x_0, x] = f[x_0, x_1] + f[x_0, x_1, x](x - x_1)$。将其代入式(2-3)可得式(2-4)。令 $N_1(x_1) = f(x_0) + f[x_0, x_1](x - x_0)$,则可容易验证式(2-5),因此,$N_1(x)$ 是函数 $f(x)$ 以 x_0 和 x_1 为插值节点的线性插值多项式。

$$f(x) = f(x_0)f[x_0, x](x - x_0) + f[x_0, x_1x](x_0, x_1, x) \tag{2-4}$$

$$\begin{cases} N_1(x_0) = f(x_0) \\ N_1(x_1) = f(x_0) + \dfrac{f(x_1) - f(x_0)}{x_1 - x_0}(x - x_0) = f(x_1) \end{cases} \quad (2-5)$$

同理，函数 $f(x)$ 以 x_0，x_1 和 x_2 为插值节点的二次插值多项式为 $N_2(x) = f(x_0) + f[x_0, x_1](x - x_0) + f[x_0, x_1, x_2](x - x_0)(x - x_1)$。

以此类推，函数 $f(x)$ 以 x_0，x_1，$\cdots$，x_n 为插值节点的 n 次插值多项式可表示为式 (2-6)。

$$\begin{aligned} N_n(x) = & f(x_0) + f[x_0, x_1](x - x_0) + f[x_0, x_1 x_2](x - x_0)(x - x_1) \\ & + \cdots + f[x_0, x_1, \cdots, x_n](x - x_0)(x - x_1) \cdots (x - x_{n-1}) \end{aligned} \quad (2-6)$$

当 $x = x_k$ 时，有 $f(x_k) = N_n(x_k)$，满足插值条件。因此，称 $N_n(x)$ 为 Newton 基本插值公式。当 $n = 0$，1 和 2 时，分别是零次、一次和二次插值公式。

2.1.2 异常值处理

异常值处理常用方法如表 2-2 所示。

表 2-2 异常值处理常用方法

异常值处理方法	方法描述
删除含有异常值的记录	直接将含有异常值的记录删除
视为缺失值	将异常值视为缺失值，利用缺失值处理的方法进行处理
平均值修正	可用前后两个观测值的平均值修正该异常值
不处理	直接在具有异常值的数据集上进行挖掘建模

将含有异常值的记录直接删除这种方法简单易行，但缺点也很明显，在观测值很少的情况下，这种删除会造成样本量不足，可能会改变变量的原有分布，从而造成分析结果的不准确。视为缺失值处理的好处是可以利用现有变量的信息，对异常值（缺失值）进行填补。

很多情况下，要先分析异常值出现的可能原因，再判断异常值是否应该舍弃，如果是正确的数据，可以直接在具有异常值的数据集上进行挖掘建模。

2.2 数据集成与融合

数据挖掘需要的数据往往分布在不同的数据源中。数据集成就是将多个数据源合并存放在一个一致的数据存储（如数据仓库）中的过程。

数据集成时，来自不同数据源的现实世界实体的表达形式是不一样的，有可能不匹配，要考虑实体识别问题和属性冗余问题，从而将源数据在最低层上加以转换、提炼和集成。

在地球科学中，经常需要将遥感、地球物理、地球化学等多种来源的数据进行集成。由于不同来源的数据常常处于特定的坐标系统中，因此，需要将多源数据关联到同一空间坐标中，然后形成数据集成和融合，这种方法简单易行高效。

地质数据往往还具有片面性和多解性，为了使不同来源的数据得出一致的地质意义，需要基于地质知识对多源数据进行约束，处理相互地质意义相互矛盾的数据，得出一致的地质意义，即地质认知的融合。通过空间位置的融合和地质认知的融合，得到空间位置和地质信息统一的地球科学数据库。

2.2.1 实体识别

实体识别是从不同数据源识别出现实世界的实体，它的任务是统一不同源的数据的矛盾之处，常见的矛盾如下。

2.2.1.1 同名异义

当两个事物或多个事物有一个共同名称，而和名称相应的实体的定义有所区别时，事物的名称就是同名异义。例如，数据源 A 中的"属性"和数据源 B 中的"属性"分别描述的是矿物共生组合和热液围岩蚀变特征，即描述的是不同的实体。

2.2.1.2 异名同义

当两个事物或多个事物有相同的属性，但描述该相同属性的名称却不同时，称这种情况为异名同义。例如，数据源 A 中的 sample_dt 和数据源 B 中的 sample_date 都用来描述采集岩矿石样本日期的数据，即 A. sample_dt = B. sample_date。

2.2.1.3 单位不统一

在数据预处理过程中，有时会遇到单位不统一的情况。特别是我国较早的地质数据经常会用到中国传统计量单位，若要使用必须与国际单位加以区分，令单位统一。

检测和解决这些冲突就是实体识别的任务。

2.2.2 冗余属性识别

数据集成往往导致数据冗余，可分为如下两种情况：同一属性多次出现，同一属性命名不一致导致重复。

仔细整合不同源数据能减少甚至避免数据冗余与不一致，从而提高数据挖掘的速度和质量。对于冗余属性要先分析，检测到后再将其删除。

有些冗余属性可以用相关分析检测。给定两个数值型的属性 A 和 B，根据其属性值，用相关系数度量一个属性在多大程度上蕴含另一个属性。

2.2.3 数据融合

在三维地质模拟时，由于各种地质数据所反映的地质实体呈现了多样性、不确定性和复杂性的属性，使用单一的数据类型重构复杂地质形体就会存在多解性等问题，已不能满足实际应用的需求。因此，综合多种来源的数据进行三维模型的构建是当今三维地质模型构建技术中需要解决的一个基本问题。

在理想的建模系统中，不同勘探方法和手段所获取的数据所构建出来的三维模型应该是一致的。但是，由于数据的片面性、对数据和地质现象理解的差异性导致了数据本身之间存在矛盾，所构建的三维模型可能出现不一致。数据融合包含两个方面的内容：数据参照系的融合，即在同一坐标系下进行数据集成；地质认知的融合，即保持不同来源地质数据之间的地质意义上具有一致性。可见，要实现多源地质数据的真正融合，最重要的在于地质认知的融合。

2.2.3.1 基于地质知识的多源数据融合方法的基本思想

基于地质知识的多源数据融合方法的基本思想为：针对不同的数据源，建立相应的标准数据格式；在统一的空间坐标系下（如三维欧氏空间），对数据进行坐标统一，使之统一于同一坐标系内，保证数据之间具有可比较性；在各种数据融合工具的支持下，将地质数据按照空间数据模型的组织方式进行分类组织和存储，利用地质知识库所提供的约束条件和准则处理存在地质意义相互矛盾的数据，最终实现空间信息和地质意义之间的统一。

2.2.3.2 基于地质知识的多源数据融合体系架构

多源地质数据的融合通常是以空间位置的融合为核心。但仅以空间位置作为地质数据唯一的融合依据，则可能忽略了数据本身的地质意义。

地质数据的空间分布是地质意义的外在表现，因此，基于地质意义的数据融合才真正反映地质数据之间的关系。为充分利用各种地质数据所蕴含的地质意义和地质知识相关的约束准则，提出了如图2-5所示的数据融合方法的体系架构。

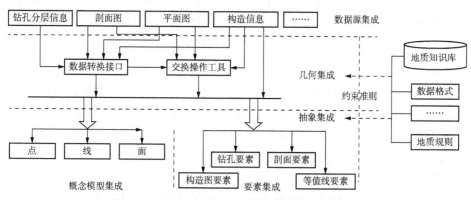

图2-5 基于地质知识的多源数据融合体系架构

基于地质知识的数据融合方法的体系架构包括数据源集成、几何集成和抽象集成三个层次。数据源集成是对各种来源的地质数据进行标准化处理。几何集成部分是以地质数据空间位置信息为基础，对地质数据进行空间坐标统一和空间位置统一。包括数据转换接口和交互操作工具两大部分。数据转换接口实现对各种标准化后的数据进行坐标转换，各种数据与抽象融合层次之间的数据交换。交互操作工具为用户提供自动、半自动、交互式的数据调整工具，包括二维编辑工具和三维编辑工具两大类。抽象集成又可以细分成概念模型集成和要素集成两个方面。概念模型集成是将经过标准化后的空间数据按照空间数据模型进行分类组织，该部分体系结构与面向源的集成相类似。它将数据按照点、线、面的形式分层次进行组织，建立起模型与数据之间的关联关系。要素集成则是以经过标准化处理后的数据为基础，根据地质知识库所提供的相应约束准则进行调整，使每一类地质数据如钻孔、剖面、等值线等按照要素的方式进行集成，该融合过程可以为后期的模型构建、信息查询和模型分析提供基础。

2.3 数据变换

数据变换是比较常用的数据预处理方法。地球化学原始数据中，各属性的量纲不同，其值的量级差异很大，如地质体中的 Al、Si、Fe 等常量元素的含量为 $10^{-1} \sim 10^{-2}$（百分含量），Cu、Pb、Zn 的含量为 $10^{-4} \sim 10^{-6}$（百万分之一，即 ppm），而 Au 的含量则为 10^{-9}（十亿分之一，即 ppb），这会给后续的数据挖掘任务带来困难。这时就需要对数据作数据变换。数据变换主要是对数据进行规范化处理，将数据转换成"适当的"形式，以适用于挖掘任务及算法的需要。

2.3.1 简单函数变换

简单函数变换是对原始数据进行某些数学函数变换，常用的包括 $x' = x^2$（平方变换）、$x' = \sqrt{x}$（开方变换）、$x' = \log(x)$（对数变换）、$\nabla f(x_k) = f(x_{k+1}) - f(x_k)$（差分运算变换）等。

简单的函数变换常用来将不具有正态分布的数据变换成具有正态分布的数据。在时间序列分析中，有时简单的对数变换或者差分运算就可以将非平稳序列转换成平稳序列。在数据挖掘中，简单的函数变换可能更有必要。

2.3.2 规范化

不同属性往往具有不同的量纲，数值间的差别可能很大。为了消除属性之间的量纲和取值范围差异的影响，通常采用标准化处理。将数据按照不同比例进行缩放，使之落入一个特定的区域，便于进行综合分析。

数据规范化对于基于距离的挖掘算法尤为重要。

2.3.2.1 最小－最大规范化

最小－最大规范化也称为离差标准化，是对原始数据的线性变换，将数值映射到 [0, 1] 之间，转换公式如式 (2-7) 所示。

$$x^* = \frac{x - \min}{\max - \min} \tag{2-7}$$

其中，max 为样本数据的最大值，min 为样本数据的最小值。max－min 为极差。离差标准化保留了原来数据中存在的关系，是消除量纲和数据取值范围影响的最简单的方法。这种处理方法的缺点是若数值集中某个数值很大，则规范化后各值会接近于 0，并且将会相差不大。若将来遇到超过目前属性 [min, max] 取值范围的时候，会引起系统出错，需要重新确定 min 和 max。

2.3.2.2 零－均值规范化

零－均值规范化也称标准差标准化，经过处理的数据的均值为 0，标准差为 1，转化公式如式 (2-8) 所示。

$$x^* = \frac{x - \bar{x}}{\sigma} \tag{2-8}$$

其中，$\bar{x}$ 为原始数据的均值，σ 为原始数据的标准差，是当前用得最多的数据标准化方法。

2.3.2.3 小数定标规范化

通过移动属性值的小数位数，将属性值映射到$[-1,1]$之间，移动的小数位数取决于属性值绝对值的最大值，转化公式如式(2-9)所示。

$$X^* = \frac{x}{10^k} \quad (2-9)$$

2.3.3 连续属性离散化

一些数据挖掘算法，特别是某些分类算法如ID3算法、Apriori算法等，要求数据是分类属性形式。这样，需要将连续属性变换成分类属性，即连续属性离散化。

2.3.3.1 离散化的过程

连续属性的离散化就是在数据的取值范围内设定若干个离散的划分点，将取值范围划分为一些离散化的区间，最后用不同的符号或整数值代表落在每个子区间中的数据值。所以，离散化涉及两个子任务：确定分类数以及如何将连续属性值映射到这些分类值。

2.3.3.2 常用的离散化方法

常用的离散化方法有等宽法、等频法和(一维)聚类。

(1)等宽法。将属性的值域分成具有相同宽度的区间，区间的个数由数据本身的特点决定或者用户指定，类似于制作频率分布表。

(2)等频法。将相同数量的记录放进每个区间。

这两种方法简单，易于操作，但都需要人为地规定划分区间的个数。同时，等宽法的缺点在于它对离群点比较敏感，倾向于不均匀地把属性值分布到各个区间。有些区间包含许多数据，而另外一些区间的数据极少，这样会严重损坏建立的决策模型。等频法虽然避免了上述问题的产生，却可能将相同的数据值分到不同的区间以满足每个区间中固定的数据个数。

(3)基于聚类分析的方法。一维聚类的方法包括两个步骤，首先将连续属性的值用聚类算法进行聚类，然后再将聚类得到的簇进行处理，合并到一个簇的连续属性值做同一标记。聚类分析的离散化方法也需要用户指定簇的个数，从而决定产生的区间数。

2.3.4 属性构造

在数据挖掘的过程中，为了帮助提取更有用的信息、挖掘更深层次的模式，提高挖掘结果的精度，需要利用已有的属性集构造出新的属性，并加入到现有的属性集合中。

例如，岩石学的里特曼指数是表示岩浆岩中全碱含量与二氧化硅含量之间关系的指数，具体表示形式如式(2-10)。

$$\sigma = \frac{(Na_2O + K_2O)^2}{SiO_2 - 43}(wt\%) \quad (2-10)$$

根据计算结果，若里特曼指数小于3.3称为钙碱性岩，里特曼指数为3.3~9称为碱性岩，里特曼指数大于9称为过碱性岩。

2.3.5 小波变换

小波变换是一种新型的数据分析工具，是近年来兴起的信号分析手段。小波分析的理论和方法在信号处理、图像处理、语音处理、模式识别、量子物理等领域得到越来越广泛的应用，被认为是近年来在工具及方法上的重大突破。小波变换具有多分辨率的特点，在时域和频域都具有表征信号局部特征的能力，通过伸缩和平移等运算过程对信号进行多尺度聚焦分析，提供了一种非平稳信号的时频分析手段，可以由粗及细地逐步观察信号，从中提取有用信息。

能够刻画某个问题的特征量往往是隐含在一个信号中的某个或者某些分量中，小波变换可以把非平稳信号分解为表达不同层次不同频带信息的数据序列即小波系数，选取适当的小波系数，即完成了信号的特征提取。下面将介绍基于小波变换的信号特征提取方法。

2.3.5.1 基于小波变换的特征提取方法

基于小波变换的特征提取方法主要有：基于小波变换的多尺度空间能量分布特征提取、基于小波变换的多尺度空间中模极大值特征提取、基于小波包变换的特征提取、基于适应性小波神经网络的特征提取，见表2-3。

表2-3 基于小波变换的特征提取方法

基于小波变换的特征提取方法	方法描述
基于小波变换的多尺度空间能量分布特征提取方法	各尺度空间内的平滑信号和细节信号能提供原始信号的时频局域信息，特别是能提供不同频段上信号的构成信息。把不同分解尺度上信号的能量求解出来，就可以将这些能量尺度顺序排列形成特征向量供识别用
基于小波变换的多尺度空间中模极大值特征提取方法	利用小波变换的信号局域化分析能力，求解小波变换的模极大值特性来检测信号的局部奇异性，将小波变换模极大值的尺度参数 s、平移参数 t 及其幅值作为目标的特征量
基于小波包变换的特征提取方法	利用小波分解，可将时域随机信号序列映射为尺度域各子空间内的随机系数序列，按小波包分解得到的最佳子空间内随机系数序列的不确定性程度最低，将最佳子空间的熵值及最佳子空间在完整二叉树中的位置参数作为特征量，可以用于目标识别
基于适应性小波神经网络的特征提取方法	基于适应性小波神经网络的特征提取方法可以把信号通过分析小波拟合表示，进行特征提取

2.3.5.2 小波基函数

小波基函数是一种具有局部支集的函数，并且平均值为0，小波基函数满足 $\psi(0) = \int \psi(t) dt = 0$。常用的小波基有 Haar 小波基、db 系列小波基等。Haar 小波基函数如图2-6所示。

2.3.5.3 小波变换

对小波基函数进行伸缩和平移变换，公式如式(2-11)所示。

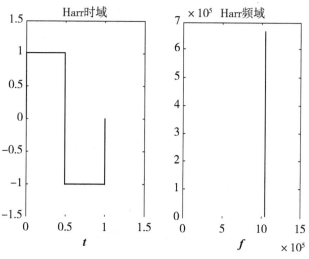

图2-6 Haar小波基函数

$$\psi_{a,b}(t) = \frac{1}{\sqrt{|a|}}\psi(\frac{t-b}{a}) \tag{2-11}$$

其中，a 为伸缩因子，b 为平移因子。

任意函数 $f(t)$ 的连续小波变换（CWT）如式（2-12）所示。

$$W_t(a,b) = |a|^{-1/2}\int f(t)\psi\frac{t-b}{a}dt \tag{2-12}$$

可知，连续小波变换为 $f(t) \to W_f(a,b)$ 的映射，对小波基函数 $\psi(t)$ 增加约束条件 $C_\psi = \int \frac{|\hat{\psi}(t)|^2}{t}dt < \infty$ 就可以由 $W_f(a,b)$ 逆变换得到 $f(t)$。其中，$\hat{\psi}(t)$ 为 $\psi(t)$ 的傅立叶变换。

其逆变换如式（2-13）所示。

$$f(t) = \frac{1}{C_\psi}\iint \frac{1}{a^2}W_f(a,b)\psi(\frac{t-b}{a})da \cdot db \tag{2-13}$$

下面介绍基于小波变换的多尺度空间能量分布特征提取方法。

2.3.5.4 基于小波变换的多尺度空间能量分布特征提取方法

应用小波分析技术可以把信号在各频率波段中的特征提取出来，基于小波变换的多尺度空间能量分布特征提取方法是对信号进行频带分析，再分别计算所得的各个频带的能量作为特征向量。

信号 $f(t)$ 的二进小波分解可表示为式（2-14）。

$$f(t) = A^j + \sum D^j \tag{2-14}$$

其中，A 是近似信号，为低频部分；D 是细节信号，为高频部分，此时信号的频带分布如图2-7所示。

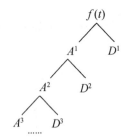

图 2-7 多尺度分解的信号频带分布

信号的总能量如式(2-15)所示。

$$E = EA_j + \sum ED_j \quad (2-15)$$

选择第 j 层的近似信号和各层的细节信号的能量作为特征,构造特征向量如式(2-16)所示。

$$F = [EA_j, ED_1, ED_2, \cdots, ED_j] \quad (2-16)$$

利用小波变换可以对声波信号进行特征提取,提取出可以代表声波信号的向量数据,即完成从声波信号到特征向量数据的变换。此处利用小波函数对声波信号数据进行分解,得到5个层次的小波系数。利用这些小波系数求得各个能量值,这些能量值即可作为声波信号的特征数据。

2.4 数据规约

在大数据集上进行复杂的数据分析和挖掘将需要很长的时间,使用数据规约能够产生更小的但保证了原数据完整性的新数据集。在规约后的数据集上进行分析和挖掘将更有效率。

数据规约的基本意义如下。
(1)降低无效、错误数据对建模的影响,提高建模的准确性。
(2)少量且具代表性的数据将大幅缩减数据挖掘所需的时间。
(3)降低储存数据的成本。

2.4.1 属性规约

属性规约通过属性合并创建新属性维数,或者直接通过删除不相关的属性(维)来减少数据维数,从而提高数据挖掘的效率、降低计算成本。属性规约的目标是寻找出最小的属性子集,并确保新数据子集的概率分布尽可能接近原来数据集的概率分布。属性规约常用方法如表2-4所示。

表2-4 属性规约常用方法

属性规约方法	方法描述	方法解析
合并属性	将一些旧属性合为新属性	初始属性集： $\{A_1, A_2, A_3, A_4, B_1, B_2, B_3, C\}$ $\{A_1, A_2, A_3, A_4\} \rightarrow A$ $\{B_1, B_2, B_3\} \rightarrow B$ $\Rightarrow$ 规约后属性集：$\{A, B, C\}$
逐步向前选择	从一个空属性集开始，每次从原来属性集合中选择一个当前最优的属性添加到当前属性子集中。直到无法选择出最优属性或满足一定阈值约束为止	初始属性集：$\{A_1, A_2, A_3, A_4, A_5, A_6\}$ $\{\} \Rightarrow \{A_1\} \Rightarrow \{A_1, A_4\}$ $\Rightarrow$ 规约后属性集：$\{A_1, A_4, A_6\}$
逐步向后删除	从一个全属性集开始，每次从当前属性子集中选择一个当前最差的属性并将其从当前属性子集中消去。直到无法选择出最差属性为止或满足一定阈值约束为止	初始属性集：$\{A_1, A_2, A_3, A_4, A_5, A_6\}$ $\Rightarrow \{A_1, A_3, A_4, A_5, A_6\}$ $\Rightarrow \{A_1, A_4, A_5, A_6\}$ $\Rightarrow$ 规约后属性集：$\{A_1, A_4, A_6\}$
决策树归纳	利用决策树的归纳方法对初始数据进行分类归纳学习，获得一个初始决策树，所有没有出现在这个决策树上的属性均可认为是无关属性，因此，将这些属性从初始集合中删除，就可以获得一个较优的属性子集	初始属性集：$\{A_1, A_2, A_3, A_4, A_5, A_6\}$ （决策树图：根节点 A_4，Y 分支到 A_1，N 分支到 A_6；A_1 的 Y 分支到类1，N 分支到类2；A_6 的 Y 分支到类1，N 分支到类2） $\Rightarrow$ 规约后属性集：$\{A_1, A_4, A_6\}$
主成分分析	用较少的变量去解释原始数据中的大部分变量，即将许多相关性很高的变量转化成彼此相互独立或不相关的变量	见第三章

逐步向前选择、逐步向后删除和决策树归纳是属于直接删除不相关属性（维）方法。主成分分析则是对构造原始数据施加一个正交变换，使新空间的基底去除了原始空间基底下数据的相关性，只需使用少数新变量就能够解释原始数据中的大部分变异。在应用中，通常是选出比原始变量个数少、能解释大部分数据中的变量的几个新变量，即所谓主成分，来代替原始变量进行建模。

2.4.2 数值规约

数值规约通过选择替代的、较小的数据来减少数据量,包括有参数方法和无参数方法两类。

有参数方法是使用一个模型来评估数据,只需存放参数,而不需要存放实际数据。例如,回归(线性回归和多元回归)和对数线性模型(近似离散属性集中的多维概率分布)。

无参数方法与有参数方法大致相同,区别在于无参数方法需要存放实际数据。常见的无参数方法有直方图、聚类、抽样(采样)。

2.4.2.1 直方图

直方图使用分箱,近似数据分布,是一种流行的数据规约形式。属性 A 的直方图将 A 的数据分布划分为不相交的子集或桶。如果每个桶只代表单个属性值/频数对,则该桶称为单桶。通常,桶表示给定属性的一个连续区间。

设某次矿物流体包裹体均一温度(℃)数据测试如下:

170,170,175,175,175,200,200,200,200,200,200,290,290,290,290,290,335,335,335,335,335,335,340,340,340,340,340,360,360,380,380,390。

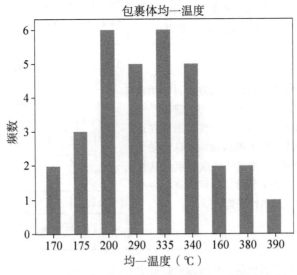

图 2-8 使用单桶的矿物流体包裹体均一温度直方图
(每个桶代表一个温度/频数对)

图 2-8 使用单桶显示了这些数据的直方图。为进一步压缩数据,通常让每个桶代表给定属性的一个连续值域。在图 2-9 中每个桶分别代表长度为 30、50、30 的温度区间。

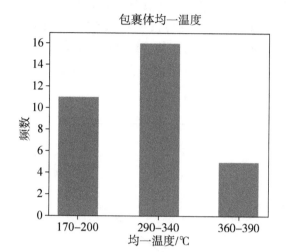

图2-9　某次矿物流体包裹体均一温度的等宽直方图
（每个桶代表一个温度区间/频数对）

2.4.2.2　聚类

聚类技术将数据元组（即记录，数据表中的一行）视为对象。它将对象划分为簇，使一个簇中的对象相互"相似"，而与其他簇中的对象"相异"。在数据规约中，用数据的簇替换实际数据。该技术的有效性依赖于簇的定义是否符合数据的分布性质。

2.4.2.3　抽样

抽样也是一种数据规约技术，它用比原始数据小得多的随机样本（子集）表示原始数据集。假定原始数据集 D 包含 N 个元组，可以采用抽样方法对 D 进行抽样。下面介绍常用的抽样方法。

（1）s 个样本无放回简单随机抽样。从 D 的 N 个元组中抽取 s 个样本（$s<N$），其中，D 中任意元组被抽取的概率均为 $1/N$，即所有元组的抽取是等可能的。

（2）s 个样本有放回简单随机抽样。该方法类似于无放回简单随机抽样，不同在于每次一个元组从 D 中抽取后，记录它，然后放回原处。

聚类抽样。如果 D 中的元组分组放入 M 个互不相交的"簇"，则可以得到 s 个簇的简单随机抽样，其中，$s<M$。例如，数据库中元组通常一次检索一页，这样每页就可以视为一个簇。

分层抽样。如果 D 划分成互不相交的部分，称作层，则通过对每一层的简单随机抽样就可以得到 D 的分层样本。例如，可以得到关于顾客数据的一个分层样本，按照顾客的每个年龄组创建分层。

用于数据规约时，抽样最常用来估计聚集查询的结果。在指定的误差范围内，可以确定（使用中心极限定理）估计一个给定的函数所需的样本大小。通常样本的大小 s 相对于 N 非常小。而通过简单地增加样本大小，这样的集合可以进一步求精。

2.4.2.4　参数回归

简单线性模型和对数线性模型可以用来近似给定的数据。

利用简单线性模型对数据建模，使之拟合一条直线，例：

把点(2,5),(3,7),(4,9),(5,12),(6,11),(7,15),(8,18),(9,19),(11,22),(12,25),(13,24),(15,30),(17,35)规约成线性函数 $y = wx + b$。

可得拟合函数：$y = 2x + 1.3$。其线上对应的点可以近似看作已知点，如图 2 - 10 所示。

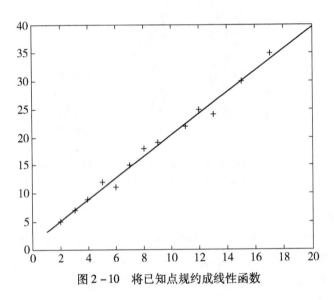

图 2 - 10　将已知点规约成线性函数

其中，y 的方差是 13.44。在数据挖掘中，x 和 y 是数值属性。回归系数 2 和 1.3 分别为直线的斜率和 y 轴截距。系数可以用最小二乘方法求解，它使数据的实际直线与估计直线之间的误差最小化。多元线性回归是(简单)线性回归的扩充，允许响应变量 y 建模为两个或多个预测变量的线性函数。

对数线性模型是用来描述期望频数与协变量(指与因变量有线性相关并在探讨自变量与因变量关系时通过统计技术加以控制的变量)之间的关系。考虑期望频数 m 正无穷之间，故需要进行对数变换为 $f(m) = \ln m$，使它的取值在 $-\infty$ 与 $+\infty$ 之间。

对数线性模型如式(2 - 17)所示。

$$\ln m = \beta_0 + \beta_1 x_1 + \cdots + \beta_k x_k \qquad (2 - 17)$$

对数线性模型一般用来近似离散的多维概率分布。在一个 n 元组的集合中，每个元组可以看作 n 维空间中的一个点。可以使用对数线性模型基于维组合的一个较小子集，估计离散化的属性集的多维空间中每个点的概率，这使得高维数据空间可以由较低维空间构造。因此，对数线性模型也可以用于维规约(由于低维空间的点通常比原来的数据点占据较少的空间)和数据光滑(因为与较高维空间的估计相比，较低维空间的聚集估计较少受抽样方差的影响)。

2.5 离群点检测

测量矿物流体包裹体均一温度时,经常有个别样本的均一温度值奇高或奇低的情况。同一块样本中的包裹体来源和成因往往一致,特征相似。如果发现个别均一温度偏离群体的样本,结合对其形态特征的判别,就可以将这些样本数据视为离群点。

离群点检测是数据挖掘中重要的一部分。它的任务是发现与大部分其他对象显著不同的对象。大部分数据挖掘方法都将这种差异信息视为噪声而丢弃,然而,在一些应用中,罕见的数据可能蕴含着更大的研究价值。

在数据的散布图中,如图 2-11 所示,离群点远离其他数据点。因为离群点的属性值明显偏离期望的或常见的属性值,所以离群点检测也称偏差检测。

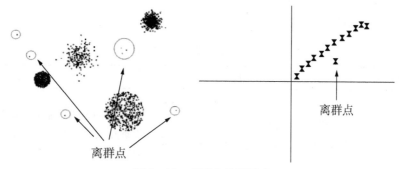

图 2-11 离群点检测示意

离群点检测除了运用到地球科学外,还被广泛应用于电信和信用卡的诈骗检测、贷款审批、电子商务、网络入侵、天气预报等领域,如可以利用离群点检测分析运动员的统计数据,以发现异常的运动员。

离群点的主要成因有:数据来源于不同的类、自然变异、数据测量和收集误差。

对离群点的大致分类如表 2-5、图 2-12 所示。

表 2-5 离群点的大致分类

分类标准	分类名称	分类描述
从数据范围	全局离群点和局部离群点	从整体来看,某些对象没有离群特征,但是,从局部来看,却显示了一定的离群性。如图 2-12 所示,C 是全局离群点,D 是局部离群点
从数据类型	数值型离群点和分类型离群点	这是以数据集的属性类型进行划分的
从属性的个数	一维离群点和多维离群点	一个对象可能有一个或多个属性

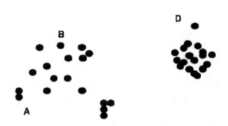

图 2-12 全局离群点和局部离群点

2.5.1 离群点检测方法

常用离群点检测方法如表 2-6 所示。

表 2-6 常用离群点检测方法

离群点检测方法	方法描述	方法评估
基于统计	大部分基于统计的离群点检测方法是构建一个概率分布模型,并计算对象符合该模型的概率,把具有低概率的对象视为离群点	基于统计模型的离群点检测方法的前提是必须知道数据集服从什么分布;对于高维数据,检验效果可能很差
基于邻近度	通常可以在数据对象之间定义邻近性度量,把远离大部分点的对象视为离群点	简单,二维或三维的数据可以做散点图观察;大数据集不适用;对参数选择敏感;具有全局阈值,不能处理具有不同密度区域的数据集
基于密度	考虑数据集可能存在不同密度区域这一事实,从基于密度的观点分析,离群点是在低密度区域中的对象。一个对象的离群点得分是该对象周围密度的逆	给出了对象是离群点的定量度量,并且即使数据具有不同的区域也能够很好地处理;大数据集不适用;参数选择是困难的
基于聚类	一种利用聚类检测离群点的方法是丢弃远离其他簇的小簇;另一种更系统的方法是首先聚类所有对象,然后评估对象属于簇的程度(离群点得分)	基于聚类技术来发现离群点可能是高度有效的;聚类算法产生的簇的质量对该算法产生的离群点的质量影响非常大

基于统计模型的离群点检测方法需要满足统计学原理,如果分布已知,则检验可能非常有效。基于邻近度的离群点检测方法比统计学方法更容易使用,因为确定数据集有意义的邻近度量比确定它的统计分布更容易。基于密度的离群点检测与基于邻近度的离群点检测密切相关,因为密度常用邻近度定义:一种是定义密度为到 K 个最邻近的平

均距离的倒数,如果该距离小,则密度高;另一种是使用 DBSCAN 聚类算法,一个对象周围的密度等于该对象指定距离 d 内对象的个数。

2.5.2 基于模型的离群点检测方法

通过估计概率分布的参数来建立一个数据模型,如果一个数据对象不能很好地跟该模型拟合,即如果它很可能不服从该分布,则它是一个离群点。

2.5.2.1 一元正态分布中的离群点检测

正态分布是统计学中最常用的分布之一。

若随机变量 x 的密度函数 $\varphi(x) = \frac{1}{\sqrt{2\pi}} e^{\frac{(x-\mu)^2}{2\sigma^2}}$ ($x \in \mathbf{R}$),则称 x 从正态分布,简称 x 服从正态分布 $N(\mu, \sigma)$,其中,参数 μ 和 σ 分别为均值和标准差。

$N(0,1)$ 的密度函数如图 2-13 所示。

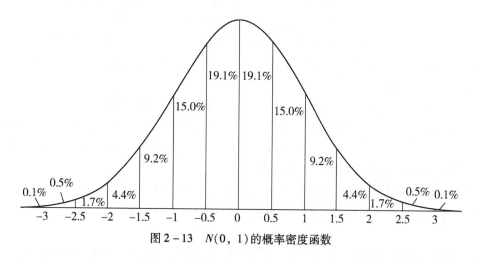

图 2-13 $N(0,1)$ 的概率密度函数

$N(0,1)$ 的数据对象出现在该分布的两边尾部的概率很小,因此,可以用它作为检测数据对象是否是离群点的基础。数据对象落在 3 倍标准差中心区域之外的概率仅为 0.0027。

2.5.2.2 混合模型的离群点检测

混合是一种特殊的统计模型,它使用若干统计分布对数据建模。每一个分布对应一个簇,而每个分布的参数提供对应簇的描述,通常用中心和发散来描述。

混合模型将数据看作从不同的概率分布得到的观测值的集合。概率分布可以是任何分布,但是通常是多元正态的,因为这种类型的分布不难理解,容易从数学上进行处理,并且已经证明在许多情况下都能产生好的结果。这种类型的分布可以对椭圆簇建模。

总的来讲,混合模型数据的产生过程为:给定几个类型相同但参数不同的分布,随机地选取一个分布并由它产生一个对象。重复该过程 m 次,其中,m 是对象的个数。

具体地讲,假定有 K 个分布和 m 个对象 $\chi = \{x_1, x_2, \cdots, x_m\}$。设第 j 个分布的参数为 α_j,并设 A 是所有参数的集合,即 $A = \{\alpha_1, \alpha_2, \cdots, \alpha_k\}$。则 $P(x_i | \alpha_j)$ 是第 i 个

对象来自第 j 个分布的概率。选取第 j 个分布产生一个对象的概率由权值 $w_j(1\leq j\leq K)$ 给定，其中，权值(概率)受限于其和为 1 的约束，即 $\sum_{j=1}^{k}w_j = 1$。于是，对象 x 的概率如式(2-18)所示。

$$P(x\mid A) = \sum_{j=1}^{k}w_j P_j(x\mid\theta_j) \tag{2-18}$$

如果对象以独立的方式产生，则整个对象集的概率是每个个体对象 x_j 的概率的乘积，公式如式(2-19)所示。

$$P(\chi\mid\alpha) = \prod_{i=1}^{m}P(x_i\mid\alpha) = \prod_{i=1}^{m}\sum_{j=1}^{k}w_j P_j(x\mid\alpha_j) \tag{2-19}$$

对于混合模型，每个分布描述一个不同的组，即一个不同的簇。通过使用统计方法，可以由数据估计这些分布的参数，从而描述这些分布(簇)。也可以识别哪个对象属于哪个簇。然而，混合模型只是给出具体对象属于特定簇的概率。

聚类时，混合模型方法假定数据来自混合概率分布，并且每个簇可以用这些分布之一识别。同样，对于离群点检测，数据用两个分布的混合模型建模，一个分布为正常数据，而另一个为离群点。

聚类和离群点检测的目标都是估计分布的参数，以最大化数据的总似然。

这里提供一种离群点检测常用的简单的方法：先将所有数据对象放入正常数据集，这时离群点集为空集；再用一个迭代过程将数据对象从正常数据集转移到离群点集，只要该转移能提高数据的总似然。具体操作如下。

假设数据集 U 包含来自两个概率分布的数据对象，M 是大多数(正常)数据对象的分布，而 N 是离群点对象的分布。数据的总概率分布可以记作：

$$U(x) = (1-\lambda)M(x) + \lambda N(x)$$

其中，x 是一个数据对象；$\lambda[0,1]$，给出离群点的期望比例。分布 M 由数据估计得到，而分布 N 通常取均匀分布。设 M_t 和 N_t 分别为时刻 t 正常数据和离群点对象的集合。初始 $t=0$，$M_0=D$，而 $N_0=\varnothing$。

根据公式混合模型中公式 $P(x\mid A)=\sum_{j=1}^{k}w_j P_j(x\mid\alpha_j)$ 推导，在整个数据集的似然和对数似然可分别由式(2-20)和式(2-21)给出。

$$L_t(U) = \prod_{x_i\in U}P_U(x_i) = \left((1-\lambda)^{|M_t|}\prod_{x_i\in M_t}P_{M_i}(x_i)\right)\left(\lambda^{|N_t|}\prod_{x_i\in N_t}P_{N_i}(x_i)\right) \tag{2-20}$$

$$\ln L_t(U) = |M_t|\ln(1-\lambda) + \sum_{x_j\in M_t}\ln P_{M_i}(x_i) + |N_t|\ln\lambda + \sum_{x_i\in N_t}\ln p_{N_i}(x_i) \tag{2-21}$$

其中，P_D，P_{M_t}，P_{N_t} 分别是 D，M，N_t 的概率分布函数。

因为正常数据对象的数量比离群点对象的数量大很多，因此，当一个数据对象移动到离群点集后，正常数据对象的分布变化不大。在这种情况下，每个正常数据对象的总似然的贡献保持不变。此外，如果假定离群点服从均匀分布，则移动到离群点集的每一个数据对象对离群点的似然贡献为一个固定的量。这样，当一个数据对象移动到离群点集时，数据总似然的改变粗略地等于该数据对象在均匀分布下的概率（用 λ 加权）减去该数据对象在正常数据点的分布下的概率（用 $1-\lambda$ 加权）。从而，离群点由这样一些数据对象组成，数据对象在均匀分布下的概率比正常数据对象分布下的概率高。

但在某些情况下是很难建立模型的。因为数据的统计分布未知或没有训练数据可用。在这种情况下，可以考虑其他不需要建立模型的检测方法。

2.5.3 基于聚类的离群点检测方法

聚类分析用于发现局部强相关的对象组，而异常检测用来发现不与其他对象强相关的对象。因此，聚类分析非常自然地可以用于离群点检测。

2.5.3.1 丢弃远离其他簇的小簇

一种利用聚类检测离群点的方法是丢弃远离其他簇的小簇。通常，该过程可以简化为丢弃小于某个最小阈值的所有簇。

这种方法可以和其他任何聚类技术一起使用，但是需要最小簇大小和小簇与其他簇之间距离的阈值，而且这种方法对簇个数的选择高度敏感，使用这个方案很难将离群点得分附加到对象上。

如图 2-14 所示，聚类簇数 $K=2$，可以直观地看出其中一个包括 5 个对象的小簇远离大部分对象，可以视其为离群点。

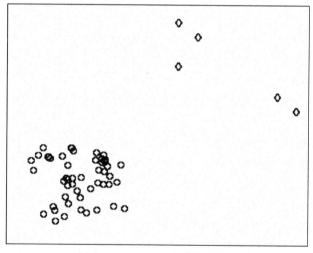

图 2-14 K-Means 算法的聚类

2.5.3.2 基于原型的聚类

另一种更系统的方法，首先聚类所有对象，然后评估对象属于簇的程度（离群点得分）。在这种方法中，可以用对象到它的簇中心的距离来度量属于簇的程度。特别地，如果删除一个对象导致该目标的显著改进，则可将该对象视为离群点。例如，在 K-Means 算法中，删除远离其相关簇中心的对象能够显著地改进该簇的误差项平方和（sum of squares forerror, SSE）。

对于基于原型的聚类，评估对象属于簇的程度（离群点得分）主要有两种方法：一是度量对象到簇原型的距离,并用它作为该对象的离群点得分;二是考虑到簇具有不同的密度,可以度量簇到原型的相对距离,相对距离是点到质心的距离与簇中所有点到质心的距离的中位数之比。

如图2-15所示,如果选择聚类簇数$K=3$,则对象A,B,C应分别属于距离它们最近的簇,但相对于簇内的其他对象,这3个点又分别远离各自的簇,所以,有理由怀疑对象A,B,C是离群点。

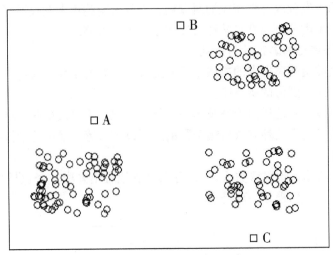

图2-15 基于距离的离群点检测

具体诊断步骤如下。

(1)进行聚类。选择聚类算法(如K-Means算法),将样本集聚为K簇,并找到各簇的质心。

(2)计算各对象到它的最近质心的距离。

(3)计算各对象到它的最近质心的相对距离。

(4)与给定的阈值作比较。

如果某对象距离大于该阈值,就认为该对象是离群点。

基于聚类的离群点检测可作如下两种改进。

(1)离群点对初始聚类的影响:通过聚类检测离群点时,离群点会影响聚类结果。为了处理该问题,可以使用如下方法:对象聚类,删除离群点,对象再次聚类(这个不能保证产生最优结果)。

(2)还有一种更复杂的方法:取一组不能很好地拟合任何簇的特殊对象,这组对象代表潜在的离群点。随着聚类过程的进展,簇在变化。不再强属于任何簇的对象被添加到潜在的离群点集合;而当前在该集合中的对象被测试,如果它现在强属于一个簇,就可以将它从潜在的离群点集合中移除。聚类过程结束时还留在该集合中的点被分类为离群点(这种方法也不能保证产生最优解,甚至不比前面的简单算法好,在使用相对距离计算离群点得分时,这个问题特别严重)。

对象是否被认为是离群点可能依赖于簇的个数(如K很大时的噪声簇)。该问题也没有简单的答案。一种策略是对于不同的簇个数重复该分析。

另一种方法是找出大量小簇，其想法是：较小的簇倾向于更加凝聚；如果存在大量小簇时一个对象是离群点，则它多半是一个真正的离群点。不利的一面是一组离群点可能形成小簇从而逃避检测。

2.6 Python 主要数据预处理函数

表 2-6 给出了本节要介绍的 Python 中常用的数据预处理函数和方法。

表 2-6 Python 中常用的数据预处理方法

功 能	所属模块	函数/方法名	作 用
缺失值处理	pandas	isnull	检测缺失值
	scipy.interpolate	lagrange	Lagrange 插值
	自定义函数	get_Newton_inter	Newton 插值
	pandas	dropna	删除缺失值
	pandas	fillna	替换缺失值
重复值处理/数据集成	pandas	drop_duplicates	记录去重
	pandas	corr	计算相似度矩阵
	自定义函数	FeatureEquals	属性去重
规范化处理	sklearn.preprocessing	MinMaxScaler	最小-最大规范化
	sklearn.preprocessing	StandardScaler	零-均值规范化
	自定义函数	DecimalScaler	小数定标规范化
离散化处理	pandas	cut	等宽法离散化
	自定义函数	SameRateCut	等频法离散化
	自定义函数	KmeanCut	基于聚类的离散化
小波变换	pywt	wavedec	特征提取
属性规约	sklearn.decomposition	PCA	主成分分析降维
离群点检测	sklearn.cluster	KMeans	K-Means 聚类

2.6.1 缺失值处理

2.6.1.1 检测缺失值

可以使用 Series 对象的 isnull 方法来检测缺失值。当 Series 对象元素为空值时，返回"True"，否则，返回"False"。可以结合 sum 函数和 isnull，检测数据中缺失值的分布以及数据中一共含有多少缺失值。

2.6.1.2 Lagrange 插值

Lagrange 函数的语法格式如下。

scipy. interpolate. lagrange(x, w)

  Lagrange 函数的示例代码如代码 2-1。由于篇幅所限，这里只提供语法格式，如需参数说明请自行查阅。

代码 2-1　用 interpolate 模块进行 Lagrange 插值

In[1]:	```
	import numpy as np
	import scipy
	x = np.array([1, 2, 3, 4, 5, 8, 9, 10]) #创建自变量 x
	y1 = np.array([2, 8, 18, 32, 50, 128, 162, 200]) #创建因变量 y1
	y2 = np.array([3, 5, 7, 9, 11, 17, 19, 21]) #创建因变量 y2
	Lag_Value1 = scipy.interpolate.lagrange(x, y1) # Lagrange 插值拟合 x, y1
	Lag_Value2 = scipy.interpolate.lagrange(x, y2) # Lagrange 插值拟合 x, y2
	print('当 x 为 6, 7 时，使用 Lagrange 插值 y1 为：', Lag_Value1([6, 7]))
	print('当 x 为 6, 7 时，使用 Lagrange 插值 y2 为：', Lag_Value2([6, 7]))
	``

Out[1]:	当 x 为 6, 7 时，使用 Lagrange 插值 y1 为：[72.　98.] 当 x 为 6, 7 时，使用 Lagrange 插值 y2 为：[13.　15.]

2.6.1.3　Newton 插值

  Python 中没有现成的 Newton 插值函数，其自定义函数如代码 2-2 所示。

代码 2-2　自定义 Newton 插值

In[2]:	```
	#自定义一阶跳跃差分函数
	def diff_self(xi, k):
	    '''
	    xi：接收 array。表示自变量 x。无默认，不可省略
	    k：接收 int。表示差分的次数。无默认，不可省略
	    '''
	    diffValue = []
	    for i in range(len(xi) - k):
	        diffValue.append(xi[i+k] - xi[i])
	    return diffValue
	#自定义求取差商函数
	def diff_quot(xi, yi):
	    '''
	    xi：接收 array。表示自变量 x。无默认，不可省略
	    yi：接收 array。表示因变量 y。无默认，不可省略
	    '''
	    length = len(xi)
	    quot = []
	    temp = yi
	``

续上表

|  | ```
            for i in range(1, length):
                tem = np.diff(temp, 1)/diff_self(xi, i)#此处需要numpy广播特性支持
            quot.append(tem[0])
                temp = tem
            return(quot)
#自定义求取(x-x0)*(x-x1)…..*(x-x0)
def get_Wi(k=0, xi=[]):
    '''
        xi: 接收array。表示自变量x。无默认,不可省略
        yi: 接收array。表示因变量y。无默认,不可省略
    '''
    def Wi(x):
        '''
            x: 接收int, float, ndarray。表示插值节点。无默认
        '''
        result = 1.0
        for each in range(k):
            result *= (x - xi[each])
        return result
    return Wi
#自定义牛顿插值公式
def get_Newton_inter(xi, yi):
    '''
        xi: 接收array。表示自变量x。无默认,不可省略
        yi: 接收array。表示因变量y。无默认,不可省略
    '''
    diffQuot = diff_quot(xi, yi)
    def Newton_inter(x):
        '''
            x: 接收int, float, ndarray。表示插值节点。无默认
        '''
        result = yi[0]
        for i in range(0, len(xi)-1):
            result += get_Wi(i+1, xi)(x) * diffQuot[i]
        return result
    return Newton_inter
Newt_Value1 = get_Newton_inter(x, y1)    # Newton 插值拟合 x, y1
Newt_Value2 = get_Newton_inter(x, y2)   # Newton 插值拟合 x, y2
print('当x为6,7时,使用Newton插值y1为:', Newt_Value1([6,7]))
print('当x为6,7时,使用Newton插值y2为:', Newt_Value2([6,7]))
``` |
| Out[1]: | 当x为6,7时,使用Newton插值y1为: [72. 98.]
当x为6,7时,使用Newton插值y2为: [13. 15.] |
```

2.6.1.4 删除缺失值

pandas 中提供了简便的删除缺失值的方法 dropna。通过参数控制，该方法既可以删除观测记录，也可以删除属性，该方法的基本语法如下。

> pandas.DataFrame.dropna(self, axis=0, how='any', thresh=None, subset=None, inplace=False)

2.6.1.5 替换缺失值

缺失值所在属性为数值型时，通常利用其均值、中位数和众数等描述其集中趋势的统计量来代替缺失值；缺失值所在属性为类别型时，则选择使用众数来替换缺失值。pandas 库中提供了缺失值替换的方法名为 fillna，其基本语法如下。

> pandas.DataFrame.fillna(value=None, method=None, axis=None, inplace=False, limit=None)

2.6.2 重复值处理/数据集成

2.6.2.1 对记录去重

pandas 提供了一个名为 drop_duplicates 的去重方法。该方法只对 DataFrame 或者 Series 类型有效。这种方法不会改变数据原始排列，其基本语法如下。

> pandas.DataFrame(Series).drop_duplicates(self, subset=None, keep='first', inplace=False)

2.6.2.2 对属性去重

（1）对数值型属性去重。去除连续型特征重复可以利用特征间的相似度将两个相似度为 1 的特征去除一个。在 pandas 中相似度的计算方法为 corr，其语法格式如下。

> pandas.DataFrame.corr(self, method='pearson', min_periods=1)

（5）对类别型属性去重。可以通过 DataFrame.equals 的方法进行属性去重规范化处理。

最小 – 最大规范化：sklearn 提供最小 – 最大规范化函数 MinMaxScaler，其语法格式如下。

> class sklearn.preprocessing.StandardScaler(sklearn.base.BaseEstimator, sklearn.base.TransformerMixin)

小数定标规范化：python 中没有现成的函数或方法能进行小数定标规范化，其自定义函数如代码 2 – 3 所示。

代码2-3　小数定标标准化示例

In[3]:	##自定义小数定标差标准化函数 def DecimalScaler(data): 　　data = data/10 ** np.ceil(np.log10(data.abs().max())) 　　return data

2.6.3　离散化处理

2.6.3.1　等宽法离散化

将数据的值域分成具有相同宽度的区间，区间的个数由数据本身的特点决定或者用户指定，与制作频率分布表类似。pandas 提供了 cut 函数，可以进行连续型数据的等宽离散化，其基础语法格式如下。

pandas.cut(x, bins, right = True, labels = None, retbins = False, precision = 3, include_lowest = False)

2.6.3.2　等频法离散化

cut 函数虽然不能够直接实现等频离散化，但是可以通过定义将相同数量的记录放进每个区间。如代码2-4所示。

代码2-4　等频法离散化示例

In[3]:	def SameRateCut(data, k): 　　w = data.quantile(np.arange(0, 1 + 1.0/k, 1.0/k)) 　　data = pd.cut(data, w) 　　return data

2.6.3.3　基于聚类的离散化

一维聚类的方法包括两个步骤。首先将连续型数据用聚类算法（如 K-Means 算法等）进行聚类，然后再处理聚类得到的簇，将合并到一个簇的连续型数据做同一标记。聚类分析的离散化方法需要用户指定簇的个数，用来决定产生的区间数。

菜品售价使用聚类分析的方法如代码2-5所示。

代码2-5　基于聚类分析的离散化

In[4]:	##自定义数据 K-Means 聚类离散化函数
	def KmeanCut(data, k):
	　　from sklearn.cluster import KMeans #引入 KMeans
	　　kmodel = KMeans(n_clusters = k, n_jobs = 4)　　##建立模型，n_jobs 是并行数
	　　kmodel.fit(data.reshape((len(data), 1)))　　　##训练模型

续上表

c = pd.DataFrame(kmodel.cluster_centers_).sort_values(0)　##输出聚类中心并排序 w = pd.rolling_mean(c, 2).iloc[1:]　##相邻两项求中点，作为边界点 w = [0] + list(w[0]) + [data.max()]　##把首末边界点加上 data = pd.cut(data, w) return data

K-Means 聚类分析的离散化方法可以很好地根据现有特征的数据分布状况进行聚类，但是由于 K-Means 算法本身的缺陷，用该方法进行离散化时依旧需要指定离散化后类别的数目。此时需要配合聚类算法评价方法，找出最优的聚类簇数目。

2.6.4 小波变换

属性提取：

```
pywt.wavedec(data, wavelet, mode='symmetric', level=None, axis=-1)
```

2.6.5 属性规约

主成分分析降维：

```
sklearn.decomposition.PCA(n_components=None, copy=True, whiten=False)
```

2.6.6 案例：对 GEOROC 数据库玄武岩地球化学数据进行预处理

首先进行初步筛选。

剔除超镁铁岩、中酸性岩、侵入岩的数据，仅保留玄武岩、辉绿岩和粒玄岩的数据；

剔除 $SiO_2 < 45\%$ 和 $SiO_2 > 55\%$ 的数据，剔除非玄武岩样品；

剔除 $TiO_2 < 0.1\%$ 的样品，个别玄武质玻璃会出现这种情况；

剔除 $Al_2O_3 < 10\%$ 和 $Al_2O_3 > 18\%$ 的样品，个别玄武质玻璃会出现这种情况；

剔除烧失量和 $H_2O > 7\%$、$CO_2 > 3\%$ 的数据，挥发分和 H_2O 含量高，指示蚀变作用强烈；CO_2 含量高，指示碳酸盐化、方解石化强烈；

剔除 $K_2O > 8\%$、$Na_2O > 10\%$ 和 $CaO > 20\%$ 的样品，防止其他类型的样品混入。

随后进行缺失值与异常值处理，如代码 2-6 所示。

代码 2-6　对 GEOROC 数据库玄武岩进行数据预处理

In[1]:	`import pandas as pd`
	`basalt = pd.read_csv('./basalt_pre.csv')`#初步筛选
	`basalt = basalt.loc[(basalt['SIO2(WT%)']>45)&(basalt['SIO2(WT%)']<55),:]`
	`basalt = basalt.loc[(basalt['TIO2(WT%)']>0.1),:]`

续上表

```python
basalt = basalt. loc [ ( basalt [ 'AL2O3 ( WT% )'] > 10 ) & ( basalt [ 'AL2O3 ( WT% )'] < 18),:]
basalt = basalt. loc [ ( basalt [ 'H2OT( WT% )'] < 7 ) | ( basalt [ 'H2OT( WT% )']. isnull ()),:]
basalt = basalt. loc [ ( basalt [ 'LOI ( WT% )'] < 7 ) | ( basalt [ 'LOI ( WT% )']. isnull ()),:]
basalt = basalt. loc [ ( basalt [ 'CO2 ( WT% )'] < 3 ) | ( basalt [ 'CO2 ( WT% )']. isnull ()),:]
basalt. drop(labels = [ 'H2OT( WT% )','CO2( WT% )','LOI( WT% )'], axis = 1, inplace = True)
#查看每个属性的缺失值数量
basalt. isnull( ). sum( )
print('去除缺失的前 basalt 的形状为:', basalt. shape)
print('去除缺失的行后 basalt 的形状为:', basalt. dropna( axis = 0, how = 'any'). shape)
#删除缺失值
basalt = basalt. dropna( axis = 0, how = 'any')

#定义异常值处理函数
def outRange(Ser1):
    QL = Ser1. quantile(0. 1)
    QU = Ser1. quantile(0. 9)
    IQR = QU - QL
    Ser1. loc[ Ser1 > ( QU + 1. 5 * IQR ) ] = None
    Ser1. loc[ Ser1 < ( QL - 1. 5 * IQR ) ] = None
    return Ser1
#异常值处理
df = basalt. copy( )
names = df. columns
for j in names[7:]:
    df[ j] = outRange( df[ j] )
df. isnull( ). sum( )
df. dropna( axis = 0, how = 'any', inplace = True)
#保存数据
df. to_csv('./basalt. csv', index = False)
```

第3章 高维数据的降维

高维数据是一个普遍存在的现象。设想一个外星人莅临地球上的某所大学,窥视到历届学生的名单(数量设为 N)和课程目录(设数量为 M)。设一名学生选修某课程记为1,否则为0。这样这位外星人看到的将是一个由1和0组成的 $M \times N$ 价矩阵。这就是一个 M 维或 N 维的空间。

由于技术和社会的快速发展,使得数据收集变得越来越容易,导致数据库规模越来越大、复杂性越来越高。它们的维度(属性)通常可以达到成百上千维,甚至更高,以致出现"维数灾难"。因此,降维将数据从高维映射到低维,然后用低维数据的处理办法进行处理,是人类的正常诉求。

对高维数据的降维是一个客观需求。一个没有大学经验的人,看到由某所大学历届学生和课程目录组成的 $M \times N$ 价矩阵,能把该大学的院系结构或专业设置识别出来吗?

高维特征集合存在以下几方面的问题:①大量的特征;②存在许多与类别仅有微弱相关度的特征;③特征相互之间存在强烈的相关度;④噪声数据。

降维(dimension reduction)就是要从初始高维特征集合中选出低维特征集合,以便根据一定的评估准则最优化缩小特征空间的过程。通过降维有效地消除无关和冗余特征,改善预测精确性等学习性能,增强学习结果的易理解性。

特征降维的基本思路是,从特征集 $T = \{t_1, \cdots, t_s\}$ 中选择一个真子集 $T' = \{t'_1, \cdots, t'_{s'}\}$,满足($s' \ll s$)。其中,$s$ 为原始特征集的大小;s' 是选择后的特征集大小。特征选择不改变原始特征空间的性质,只是从原始特征空间中选择一部分重要的特征,组成一个新的低维空间。

目前,相关分析、哈希算法、主成分分析等都是较常用的数学降维工具。

3.1 相关分析

相关分析主要用来度量连续变量之间线性相关程度的强弱,并用适当的统计指标表示出来。

3.1.1 直接绘制散点图

判断两个变量是否具有线性相关关系的最直观的方法是直接绘制散点图,如图3-1所示。

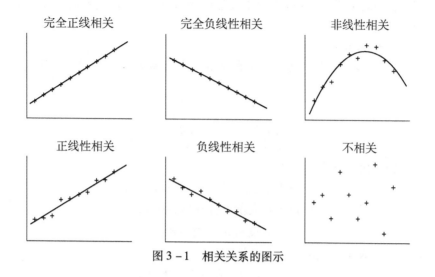

图 3-1 相关关系的图示

3.1.2 绘制散点图矩阵

需要同时考察多个变量间的相关关系时,一一绘制它们间的简单散点图会十分麻烦。此时,可利用散点图矩阵来同时绘制各变量间的散点图,从而快速发现多个变量间的主要相关性,这在进行多元线性回归时显得尤为重要。散点图矩阵如图 3-2 所示。

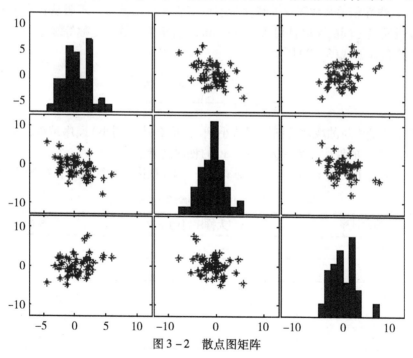

图 3-2 散点图矩阵

3.1.3 计算相关系数

为了更加准确地描述变量之间的线性相关程度,可以通过计算相关系数来进行相关分析。在二元变量的相关分析过程中比较常用的有 Pearson 相关系数、Spearman 秩相关系数和判定系数。

3.1.3.1 Pearson 相关系数

一般用于分析两个连续性变量之间的关系，其计算公式如式(3-1)所示。

$$r = \frac{\sum_{i=1}^{n}(x_i - \overline{x})(y_i - \overline{y})}{\sqrt{\sum_{i=1}^{n}(x_i - \overline{x})^2 \sum_{i=1}^{n}(y_i - \overline{y})^2}} \quad (3-1)$$

相关系数 r 的取值范围：$-1 \leq r \leq 1$。

$$\begin{cases} r > 0 \text{ 为正相关}, r < 0 \text{ 为负相关}; \\ |r| = 0 \text{ 表示不存在线性关系}; \\ |r| = 1 \text{ 表示完全线性相关}。 \end{cases}$$

$0 < |r| < 1$ 表示存在不同程度线性相关：

$$\begin{cases} |r| \leq 0.3 \text{ 为不存在线性相关}; \\ 0.3 < |r| \leq 0.5 \text{ 为低度线性相关}; \\ 0.5 < |r| \leq 0.8 \text{ 为显著线性相关}; \\ |r| > 0.8 \text{ 为高度线性相关}。 \end{cases}$$

3.1.3.2 Spearman 秩相关系数

Pearson 线性相关系数要求连续变量的取值服从正态分布。不服从正态分布的变量、分类或等级变量之间的关联性可采用 Spearman 秩相关系数，也称等级相关系数来描述。其计算公式如式(3-2)所示。

$$r_s = 1 - \frac{6\sum_{i=1}^{n}(R_i - Q_i)^2}{n(n^2 - 1)} \quad (3-2)$$

对两个变量成对的取值分别按照从小到大(或者从大到小)顺序编秩，R_i 代表 x_i 的秩次，Q_i 代表 y_i 的秩次，$R_i - Q_i$ 为 x_i、y_i 的秩次之差。

下面给出一个变量 $x(x_1, x_2, \cdots, x_i, \cdots, x_n)$ 秩次的计算过程，如表 3-1 所示。

表 3-1 秩次的计算过程

x_i 从小到大排序	从小到大排序时的位置	秩次 R_i
0.5	1	1
0.8	2	2
1.0	3	3
1.2	4	(4+5)/2=4.5
1.2	5	(4+5)/2=4.5
2.3	6	6
2.8	7	7

因为一个变量的相同的取值必须有相同的秩次,所以,在计算中采用的秩次是排序后所在位置的平均值。

易知,只要两个变量具有严格单调的函数关系,那么它们就是完全 Spearman 相关的,这与 Pearson 相关不同,Pearson 相关只有在变量具有线性关系时才是完全相关的。

上述两种相关系数在实际应用计算中都要对其进行假设检验,使用 t 检验方法检验其显著性水平以确定其相关程度。研究表明,在正态分布假定下,Spearman 秩相关系数与 Pearson 相关系数在效率上是等价的,而对于连续测量数据,更适合用 Pearson 相关系数来进行分析。

3.2 典型相关分析

两个随机变量 X,Y 的相关性可用它们的相关系数 $\rho_{X,Y} = \frac{cov(X,Y)}{\sqrt{var(X)var(Y)}}$ 来度量。但在许多实际问题中,需要研究多个变量间的相关关系。对于变量组 $(X_1, X_2, \cdots, X_p)$ 和 $(Y_1, Y_2, \cdots, Y_q)'$,虽然每个 X_i 与每个 Y_j 之间的相关关系也反映了两组变量中各对之间的联系,但不能反映这两组变量整体之间的相关性,而且使用这么多的相关系数来整体描述两组变量之间的相关性显得过于烦琐。

典型相关分析由霍特林提出,其基本思想和主成分分析非常相似。首先,在每组变量中找出变量的线性组合,使得两组的线性组合之间具有最大的相关系数。然后,选取和最初挑选的这对线性组合不相关的线性组合,使其配对,并选取相关系数最大的一对,如此继续下去,直到两组变量之间的相关性被提取完毕为此。被选出的线性组合配对称为典型变量,它们的相关系数称为典型相关系数。典型相关系数度量了这两组变量之间联系的强度。

3.2.1 总体典型相关

设 $X = (X_1, X_2, \cdots, X_p)^T$ 和 $Y = (Y_1, Y_2, \cdots, Y_q)^T$ 是两组随机向量,令式(3-3)、式(3-4)、式(3-5)、式(3-6)成立。

$$var(X) = E[X - E(X)][X - E(X)]^T = \sum\nolimits_{11} \quad (3-3)$$

$$var(Y) = E[Y - E(Y)][Y - E(Y)]^T = \sum\nolimits_{22} \quad (3-4)$$

$$cov(X,Y) = E[X - E(X)][Y - E(Y)]^T = \sum\nolimits_{12} \quad (3-5)$$

$$cov(Y,X) = E[Y - E(Y)][X - E(X)]^T = \sum\nolimits_{21} \quad (3-6)$$

即有式(3-7)。

$$\sum = \begin{bmatrix} \sum_{11} & \sum_{12} \\ \sum_{21} & \sum_{22} \end{bmatrix} \quad (3-7)$$

其中,$\sum_{12} \sum_{21} T$,则 $\sum$ 是 $(X_1, X_2, \cdots, X_p, Y_p, Y_1, \cdots, Y_2, Y_q)^T$ 的协方差矩阵。

考虑 U 和 V 两组变量的线性组合,如式(3-8)所示,由于式(3-9),则 U 和 V 的相关系数如式(3-10)所示。

$$\begin{cases} U = \boldsymbol{a}^T \boldsymbol{X} = a_1 X_2 + a_2 X_2 + \cdots + a_p X_p \\ V = \boldsymbol{b}^T \boldsymbol{X} = b_2 Y + b_2 Y_2 + \cdots + b_q Y_q \end{cases} \quad (3-8)$$

$$\begin{cases} var(U) = var(\boldsymbol{a}^T \boldsymbol{X}) = \boldsymbol{a}^T \sum_{11} \boldsymbol{a} \\ var(V) = var(\boldsymbol{b}^T \boldsymbol{Y}) = \boldsymbol{b}^T \sum_{22} \boldsymbol{b} \\ cov(U, V) = cov(\boldsymbol{a}^T \boldsymbol{X}, \boldsymbol{b}^T \boldsymbol{Y}) = \boldsymbol{a}^T \sum_{22} \boldsymbol{b} \end{cases} \quad (3-9)$$

$$\rho_{U,V} = \frac{\boldsymbol{a}^T \sum_{12} \boldsymbol{b}}{\sqrt{\boldsymbol{a}^T \sum_{11} \boldsymbol{a}} \sqrt{\boldsymbol{b}^T \sum_{22} \boldsymbol{b}}} \quad (3-10)$$

典型相关分析即确定 $\boldsymbol{a}$ 和 $\boldsymbol{b}$，使得 $\rho_{U,V}$ 达到最大。

由式(3-10)可以看出，给 $\boldsymbol{a}$ 和 $\boldsymbol{b}$ 同时乘以非零常数 C，U 和 V 的相关系数不变，故可对 $\boldsymbol{a}$ 和 $\boldsymbol{b}$ 作如式(3-11)所示的约束。

$$\boldsymbol{a}^T \sum_{11} \boldsymbol{a} = 1, \boldsymbol{b}^T \sum_{22} \boldsymbol{b} = 1 \quad (3-11)$$

于是，典型相关分析即在式(3-11)的约束之下，确定 $\boldsymbol{a}$ 和 $\boldsymbol{b}$，使得 $\rho_{U,V}$ 达到最大。此时，称 U 和 V 为典型变量。

如果只有一对 U 和 V 还不足以反映 $\boldsymbol{X}$ 和 $\boldsymbol{Y}$ 之间的相关性，可进一步构造与 U 和 V 互不相关的另一对典型变量，称第 k 对典型变量间的相关系数为第 k 个典型相关系数。

定理 3-1 若 $\boldsymbol{X} = (X_1, X_2, \cdots, X_p)^T$ 和 $\boldsymbol{Y} = (Y_1, Y_2, \cdots, Y_q)^T$，$var(\boldsymbol{X}) = \sum_{11}$，$var(Y) = \sum_{22}$，$cov(X,Y) = \sum_{12}$，则 X 和 Y 的第 k 对典型变量为 $U_k = \boldsymbol{e}_k^T \sum_{11}^{-\frac{1}{2}} \boldsymbol{X}$，$V_k = \boldsymbol{f}_k^T \sum_{22}^{\frac{1}{2}} \boldsymbol{Y}(k=1,2,\cdots,p)$，其典型相关系数为 $\rho_{U_k,V_k} = \rho_k(k=1,2,\cdots,p)$。其中，$e_k$ 为 p 阶矩阵 $\sum_{11}^{-1} \sum_{12} \sum_{22}^{-1} \sum_{21}$ 的正交单位特征向量，f_k 为 p 阶矩阵 $\sum_{22}^{-1} \sum_{21} \sum_{11}^{-1} \sum_{12}$ 的正交单位特征向量，$k = 1, 2, \cdots, p$。

可以得到典型变量 U_k 和 V_k 有如下性质。

(1) $var(U_k) = var(V_k) = 1 (k = 1, 2, \cdots, p)$。
(2) $cov(U_k, U_l) = 0$，$k \neq l$。
(3) $cov(V_k, V_l) = 0$，$k \neq l$。
(4) $cov(U_k, V_l) = 0$，$k \neq l$。

对 $\boldsymbol{X}$ 和 $\boldsymbol{Y}$ 的各分量进行标准化，得到 $\boldsymbol{X}^* = (X_1^*, X_2^*, \cdots, X_p^*)^T$，$\boldsymbol{Y}^* = (Y_1^*, Y_2^*, \cdots, Y_q^*)^T$

其中，$X_t^* = \dfrac{x_i - E(x_i)}{\sqrt{var(x_i)}}(i = 1, 2, \cdots, p)$，$Y_j^* = \dfrac{Y_j - E(Y_i)}{\sqrt{var(Y_j)}}(j = 1, 2, \cdots, q)$。

则有 $var(X^*) = \rho_{11}$，$var(Y^*) = \rho_{22}$，$cov(X^*, Y^*) = \rho_{12} = \rho_{22}^T$。其中，$\rho_{11}$ 和 ρ_{22} 分别为 $\boldsymbol{X}^*$ 和 $\boldsymbol{Y}^*$ 的相关矩阵。而 $\rho = \begin{pmatrix} \rho_{11} & \rho_{22} \\ \rho_{22} & \rho_{22} \end{pmatrix}$ 为 $(X_1, X_2, \cdots, X_P)$ 与 $(Y_1, Y_2, \cdots, Y_q)^T$ 的

相关矩阵。

从 ρ 出发做典型相关分析，有类似的结果，即第 k 对典型相关变量如式(3-12)所示。

$$\begin{cases} U_k^* = (\boldsymbol{a}_k^*)^T X^* = (\boldsymbol{e}_k^*)^T \rho_{11}^{-\frac{1}{2}} X^* \\ V_k^* = (\boldsymbol{b}_k^*)^T Y^* = (\boldsymbol{f}_k^*)^T \rho_{22}^{-\frac{1}{2}} Y^* \end{cases} \tag{3-12}$$

典型相关系数为 $\rho_{U_k^*, V_k^*} = \rho_k^* (k=1, 2, \cdots, p)$。

3.2.2 样本典型相关

在实际应用中，协方差矩阵 $\sum = \begin{bmatrix} \sum_{11} & \sum_{12} \\ \sum_{21} & \sum_{22} \end{bmatrix}$ 一般是未知的，应根据样本来进行估计。

设 $\begin{pmatrix} \boldsymbol{x}_i \\ \boldsymbol{y}_i \end{pmatrix} (i=1, 2, \cdots, n)$，是来自总体 $\begin{pmatrix} X \\ Y \end{pmatrix}$ 的一个样本，其中，$\boldsymbol{x}_i = (x_{1i}, x_{2i}, \cdots x_{pi})^T$，$\boldsymbol{y}_i = (y_{1i}, y_{2i}, \cdots, y_{qi})^T (i=1, 2, \cdots, n)$，则样本协方差矩阵如式(3-13)所示。

$$\boldsymbol{S}_{11(p+q)(p+q)} = \begin{pmatrix} \boldsymbol{S}_{11(p \times p)} & \boldsymbol{S}_{12(p \times q)} \\ \boldsymbol{S}_{21(q \times p)} & \boldsymbol{S}_{22(q \times q)} \end{pmatrix} \tag{3-13}$$

式(3-13)中，$\begin{cases} \boldsymbol{S}_{11} = \dfrac{1}{n-1} \sum_{i=1}^{n} (\boldsymbol{x}_i - \bar{\boldsymbol{x}})(\boldsymbol{x}_i - \bar{\boldsymbol{x}})^T, \bar{\boldsymbol{x}} = \dfrac{1}{n} \sum_{i=1}^{n} \boldsymbol{x}_i \\ \boldsymbol{S}_{22} = \dfrac{1}{n-1} \sum_{i=1}^{n} (\boldsymbol{y}_i - \bar{\boldsymbol{y}})(\boldsymbol{y}_i - \bar{\boldsymbol{y}})^T, \bar{\boldsymbol{y}} = \dfrac{1}{n} \sum_{i=1}^{n} \boldsymbol{y}_i \\ \boldsymbol{S}_{12} = \dfrac{1}{n-1} \sum_{i=1}^{n} (\boldsymbol{x}_i - \bar{\boldsymbol{x}})(\boldsymbol{y}_i - \bar{\boldsymbol{y}})^T = \boldsymbol{S}_{21}^T \end{cases}$。

以 $\boldsymbol{S}_{11}$，$\boldsymbol{S}_{12}$，$\boldsymbol{S}_{22}$，$\boldsymbol{S}_{22}$ 分别代替定理 3-1 中的 $\sum_{11}$，$\sum_{12}$，$\sum_{22}$，$\sum_{21}$ 而得到的典型变量称为样本典型变量，相应的典型相关系数称为样本典型相关系数。

此时，样本典型变量为式(3-14)。

$$\begin{cases} \hat{U}_k = \hat{\boldsymbol{a}}_k^T \boldsymbol{x} = \hat{\boldsymbol{e}}_k^T S_{11}^{-\frac{1}{2}} \boldsymbol{x} \\ \hat{V}_k = \hat{\boldsymbol{b}}_k^T \boldsymbol{y} = \hat{\boldsymbol{f}}_k^T S_{22}^{-\frac{1}{2}} \boldsymbol{y} \end{cases} (k=1,2,\cdots,p) \tag{3-14}$$

样本典型相关系数为 $\rho_{\hat{U}_k \hat{V}_k} = \hat{\rho}_k (k=1, 2, 2, \cdots, p)$。

为了消除量纲的影响，也可以对样本观测值进行标准化，如式(3-15)所示。

$$\begin{cases} x_{ki}^* = \dfrac{x_{ki} - \bar{x}_k}{\sqrt{s_{kk}^{(1)}}} (i=1,2,\cdots,n; k=1,2,\cdots,p) \\ y_{ki}^* = \dfrac{y_{ki} - \bar{y}_k}{\sqrt{s_{kk}^{(2)}}} (i=1,2,\cdots,n; k=1,2,\cdots,q) \end{cases} \tag{3-15}$$

其中，$s_{kk}^{(1)}$ 和 $s_{kk}^{(2)}$ 分别为 S_{11} 和 S_{22} 的主对角线上的第 k 个元素，$\bar{\boldsymbol{x}}_k$ 和 $\bar{\boldsymbol{y}}_k$ 分别为 $\bar{\boldsymbol{x}}$ 和 $\bar{\boldsymbol{y}}$ 的第 k 个分量。

标准化样本 $\begin{pmatrix} x_i^* \\ y_i^* \end{pmatrix}$ 的样本协方差矩阵即为原样本的样本相关矩阵 R。令 $R_{(p+q)(p+q)} = \begin{bmatrix} R_{11(p\times p)} & R_{12(p\times q)} \\ R_{21(q\times p)} & R_{22(q\times q)} \end{bmatrix}$，以 R_{11}，R_{12}，R_{22}，R_{22} 代替 S_{11}，S_{12}，S_{21}，S_{22}，则得到标准化样本的典型变量和典型相关系数。

在实际应用中，为使典型变量易于解释，通常从 R 出发，求标准化样本的典型变量，选择样本典型相关系数较大的少数几对样本典型变量，以反映原来两组变量间的关系。

那么，样本典型相关系数多大时，才可认为相应的一对典型变量之间存在显著相关性呢？可用 Bartlett 检验来讨论此问题。

3.2.3 典型相关系数的显著性检验

假定总体 $\begin{pmatrix} X \\ Y \end{pmatrix}$ 服从 $p+q$ 维正态分布 $N_{p+q}(\mu, \Sigma)$，且 $\mu = \begin{pmatrix} \mu_2 \\ \mu_2 \end{pmatrix} = \begin{pmatrix} E(X) \\ E(Y) \end{pmatrix}$，$\Sigma = \begin{pmatrix} \Sigma_{11} & \Sigma_{12} \\ \Sigma_{21} & \Sigma_{22} \end{pmatrix}$。如果 X 和 Y 互不相关，则有 $\Sigma_{12} = 0$，典型相关系数 $\rho_k = 0$，$k = 1, 2, \cdots, p$；反之，则只有 $\Sigma_{12} = 0$。

因此，通过检验 $\rho_1 = \rho_2 = \cdots = \rho_k = 0$，便可判断 X 和 Y 是否显著相关。

建立式(3-16)所示的假设检验。

$$H_0^{(1)}: \rho_1 = 0, \quad H_1^{(1)}: \rho_1 \neq 0 \quad (3-16)$$

若接受 $H_0^{(1)}$ 时，即认为 X 与 Y 不相关，这时相关分析便无意义；当拒绝 $H_0^{(1)}$ 时，可进一步建立式(3-17)所示的检验假设。

$$H_0^{(2)}: \rho_2 = 0, \quad H_2^{(2)}: \rho_2 \neq 0 \quad (3-17)$$

若接受 $H_0^{(2)}$ 时，则认为除第一对典型变量显著相关以外，其余各对典型变量的相关性不显著，故可知考虑用第一对典型变量反映 X 与 Y 的相关性；若拒绝 $H_0^{(2)}$ 时，则需要进一步检验 ρ_2 是否为零。以此类推，直至接受 $H_0^{(k)}$ 为止。

上述假设的 Bartlett 检验方法如下所述。

在满足 $\begin{pmatrix} X \\ Y \end{pmatrix} \sim N_{p+q}(\mu, \Sigma)$ 条件下，一般地，若第 $k-1$ 步检验拒绝 $H_0^{(k-1)}$，则需检验 $H_0^{(k)}$。令 $W_k = \prod_{i=k}^{p}(1-\hat{\rho}_i^2)$，$A_k = -[n-k-\frac{1}{2}(p+q+1)]\ln W_k$，当 $H_0^{(k)}$ 为真时，A_k 渐近服从自由度为 $(p+q+1)(q-k+1)$ 的 χ^2 分布，当满足 $A_k \geq \chi_\alpha^2[(p-k+1)(q-k+1)]$ 时，拒绝 $H_0^{(k)}$；否则接受 $H_0^{(k)}$。检验结束，即认为只有前 $k-1$ 个典型变量显著相关。

判定系数：判定系数是相关系数的平方，用 r^2 表示；用来衡量回归方程对 y 的解释程度。判定系数取值范围：$0 \leq r^2 \leq 1$。r^2 越接近于 1，表明 x 与 y 之间的相关性越强；r^2 越接近于 0，表明两个变量之间几乎没有直线相关关系。

3.3 哈希算法

哈希(Hash)原理，就是两个集合间的映射关系函数，在集合 A 里的一条记录去查找集合 B 中的对应记录。

哈希算法将任意长度的二进制值映射为较短的固定长度的二进制值，这个小的二进制值称为哈希值。哈希值是一段数据唯一且极其紧凑的数值表示形式。哈希函数可以将任意长度的输入经过变化以后得到固定长度的输出。哈希函数的这种单向特征和输出数据长度固定的特征使得它可以生成消息或者数据。好的哈希算法使得构造两个相互独立且具有相同哈希的输入不能通过计算方法实现。

哈希表是根据设定的哈希函数 $H(\text{key})$ 和处理冲突方法将一组关键字映象到一个有限的地址区间上，并以关键字在地址区间中的象作为记录在表中的存储位置，这种表称为哈希表或散列，所得存储位置称为哈希地址或散列地址。作为线性数据结构与表格和队列等相比，哈希表是查找速度比较快的一种。

3.3.1 最小哈希

数据挖掘中的一个基本问题就是比较不同数据集合的相似度。对于这项任务，最原始的方法是两两遍历对比各集合中的所有元素，统计相同元素的数量，进而通过欧式距离、余弦相似度、Jaccard 相似度等度量标准计算集合的相似度。但是，当这各集合中的元素数量巨大(即特征空间维数很大)，且集合数量很多时，这种方法计算消耗的存储和时间成本将无法承受。此时，利用最小哈希方法可以将元素数量巨大的集合(高维向量)进行压缩，并基于压缩后的结果推导原始集合的相似度。

3.3.1.1 Jaccard 相似度及最小哈希

通过计算交集的相对大小，来获得两个集合之间的相似度，称为 Jaccard 相似度。其计算方法为，假设有两个集合 A 和 B，则 $\text{Jaccard}(A, B) = |A \cap B| / |A \cup B|$。例如，在图 3-3 中，$A$ 和 B 两个集合的交集有 2 个元素，并集有 7 个元素，因此，相似度 $sim(A, B) = 2/7$。

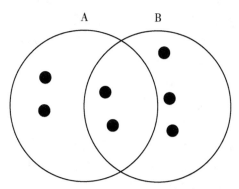

图 3-3 Jaccard 相似度为 2/7 的两个集合

假设现在有 4 个集合，分别为 S_1，S_2，S_3，S_4；其中，$S_1 = \{a, d\}$，$S_2 = \{c\}$，$S_3 = \{b, d, e\}$，$S_4 = \{a, c, d\}$，所以全集 $U = \{a, b, c, d, e\}$。则可以构造如表 3-2 所示的特征矩阵，表中第一行和第一列并非矩阵的一部分，而是表示各行和各列的含义。

表 3-2 4 个集合的特征矩阵

元素	S_1	S_2	S_3	S_4
a	1	0	0	1
b	0	0	1	0
c	0	1	0	1
d	1	0	1	1
e	0	0	1	0

为了得到各集合的最小哈希值，首先对矩阵的行进行重新随机排序，某集合（某一列）的最小哈希值就等于重排后的该列第一个值为 1 的行所在的行号。举一个例子：定义一个最小哈希函数 h，用于模拟对矩阵进行随机行排序，打乱后的特征矩阵如表 3-3 所示。

表 3-3 重新排序后的特征矩阵

元素	S_1	S_2	S_3	S_4
b	0	0	1	0
e	0	0	1	0
a	1	0	0	1
d	1	0	1	1
c	0	1	0	1

在新矩阵中，h 函数对每一个集合 S 从上往下扫描，直到遇见 1 为止。于是，得到 $h(S_1) = a$，$h(S_2) = c$，$h(S_3) = b$，$h(S_4) = a$。在经过随机排列后，两个集合的最小哈希值相等的概率就等于这两个集合的 Jaccard 相似度。

为了便于对原因进行简要说明，仅考虑 S_1 和 S_2 所对应的列。这两列所在的行按所有可能的结果可分为以下三类：

(1) 两列的值均为 1，记为 X 类。
(2) 其中一列的值为 0，另一列的值为 1，记为 Y 类。
(3) 两列的值都为 0，记为 Z 类。

由于特征矩阵的稀疏，很多行都为 Z 类，但 X 类和 Y 类行数目的比例决定了 $sim(A, B)$ 及 $h(A) = h(B)$ 概率的大小。假定 X 类行的数目为 x，Y 类行的数目为 y，则 $sim(A, B) = x/(x + y)$，因为 $A \cap B = x$，$A \cup B = x + y$。

接下来，考虑 $h(A) = h(B)$ 的概率。经过行随机排列之后，对特征矩阵从上往下扫描，在碰到 Y 类行之前碰到 X 类行的概率是 $x/(x + y)$；又因为 X 类行中 $h(A) = h(B)$，所以，$h(A)=h(B)$ 的概率为 $x/(x+y)$，即这两个集合 Jaccard 相似度。

3.3.1.2 最小哈希签名

上面用一个行随机排序来处理特征矩阵，然后可以得到每个集合的最小哈希值，这样多个集合就会有多个最小哈希值，这些值就可以组成一列。如果我们用 n 个行随机行排序来处理包含 m 个集合的特征矩阵，然后分别计算得到每个集合的 n 个最小哈希值，这 n 个哈希值就可以组成一个列向量，为 $[h_1(S), h_2(S), \cdots, h_n(S)]$。因此，对于一个集合，经过上面的处理后，就能得到一个列向量；如果有 m 个集合，就会有 m 个列向量，每个列向量中有 n 个元素。把这 m 个列向量组成一个矩阵，这个矩阵就是特征矩阵的最小哈希签名矩阵；这个签名矩阵的列数与特征矩阵相同，但行数为 n，也即哈希函数的个数。通常来说，n 都会比特征矩阵的行数要小很多，所以，签名矩阵所占的空间就会比特征矩阵小很多。

在得到最小哈希签名矩阵之后，可以用签名矩阵中列与列之间的相似度来计算集合间的 Jaccard 相似度。但是，这样会带来一个问题，就是当一个特征矩阵很大时(假设有上百万甚至上亿行)，那么，对其进行多次行随机排序都是非常耗时的，因此，缺乏实际的可操作性。

为了解决这个问题，可以通过一些随机哈希函数来模拟行随机排序的效果。假设要进行 n 次行随机排序，为了模拟排序效果，选用 n 个随机哈希函数 $[h_1, h_2, \cdots, h_n]$ 作用于特征矩阵的行，然后根据每行在哈希之后的位置来构建签名矩阵。令 $SIG(i, c)$ 表示签名矩阵中第 i 个哈希函数在第 c 列上的元素。开始时，将所有的 $SIG(i, c)$ 初始化为无穷大，然后对第 r 行进行如下处理：

(1) 计算 $[h_1(r), h_2(r), \cdots, h_n(r)]$。

(2) 对于每一列 c，如果 c 所在的第 r 行为 0，则什么都不做；如果 c 所在的第 r 行为 1，则对于每个 $i=1, 2, \cdots, n$，将 $SIG(i, c)$ 置为原来的 $SIG(i, c)$ 和 $h_i(r)$ 之间的最小值。

例如，考虑表 3-2 的特征矩阵，将 a, b, c, d, e 换成对应的行号 0, 1, 2, 3, 4，在后面加上两个哈希函数，分别为 $h_1(x)=(x+1) \bmod 5$，$h_2(x)=(3x+1) \bmod 5$ (注意这里 x 指的是行号)，得到表 3-4。

表 3-4 表 3-2 哈希处理后得到的数据

元素	S_1	S_2	S_3	S_4	$(x+1) \bmod 5$	$(3x+1) \bmod 5$
0	1	0	0	1	1	1
1	0	0	1	0	2	4
2	0	1	0	1	3	2
3	1	0	1	1	4	0
4	0	0	1	0	0	3

接下来，计算签名矩阵。一开始时，全部初始化为 ∞，如表 3-5 所示。

表 3-5 初始化的签名矩阵

元素	S_1	S_2	S_3	S_4
h_1	∞	∞	∞	∞
h_2	∞	∞	∞	∞

首先，考虑表 3-4 中的第 0 行，S_2 和 S_3 的值都为 0，无须改动。S_1 和 S_4 的值都是 1，需要变动，h_1 和 h_2 的值均为 1，1 小于∞。因此，将 S_1 和 S_4 原列值由∞替换成 1。替换后得到的签名矩阵如表 3-6 所示。

表 3-6 第 0 行替换后的签名矩阵

元素	S_1	S_2	S_3	S_4
h_1	1	∞	∞	1
h_2	1	∞	∞	1

接下来，考虑表 3-4 中的第 1 行，第 1 行中只有 S_3 为 1，需要变动；对应的 $h_1=2$，$h_2=4$，2 和 4 均小于∞，于是，把 S_3 对应位置分别替换成 2 和 4，得到表 3-7。

表 3-7 第 1 行替换后的签名矩阵

元素	S_1	S_2	S_3	S_4
h_1	1	∞	2	1
h_2	1	∞	4	1

再考虑表 3-4 中的第 2 行，第 2 行只有 S_2 和 S_4 为 1。对应的 $h_1=3$，$h_2=2$，3 和 2 都小于∞，因此，S_2 对应位置分别替换成 3 和 2；S_4 中序列值分别为 1 和 1，小于对应的哈希值 3 和 2，因此不予替换。经过第 2 行变换后得到的签名矩阵如表 3-8 所示。

表 3-8 第 2 行变换后的签名矩阵

元素	S_1	S_2	S_3	S_4
h_1	1	3	2	1
h_2	1	2	4	1

接下来，处理表 3-4 中的第 3 行，第 3 行中有 S_1、S_3 和 S_4 为 1，对应的 h_1 和 h_2 分别为 4 和 0。经过第 2 行替换后，S_1、S_3 和 S_4 中的 h_1 分别为 1、2、1，都小于 4，无须替换；而 h_2 都大于 0，全部替换为 0。第 3 行变换后得到签名矩阵如表 3-9 所示。

表 3-9 第 3 行替换后的签名矩阵

元素	S_1	S_2	S_3	S_4
h_1	1	3	2	1
h_2	0	2	0	0

最后处理表3-4中的第4行，第4行中只有S_3为1，对应的h_1和h_2分别为0和3。第3行变换后，S_3对应的列值分别为2和0，依据规则，2替换为0，0不变，最终得到变换后的签名矩阵见如表3-10所示。

表3-10　第4行替换后的签名矩阵

元　　素	S_1	S_2	S_3	S_4
h_1	1	3	0	1
h_2	0	2	0	0

基于这个签名矩阵，可以估计原始集合之间的Jaccard相似度。由于S_1和S_4对应的列向量完全一样，所以可以估计$sim(S_1, S_4)=1.0$；而回到表3-4中，S_1和S_4的真实Jaccard相似度为2/3。需要注意最小哈希签名矩阵中的Jaccard相似度是真实Jaccard相似度的估计值，本例中由于样本量较少，因此误差较大。

3.3.2　局部敏感哈希算法

通过最小哈希算法的处理，一个高维的数据集（例如，一份大的文档），可以转变成由一个很小的最小哈希签名矩阵来表达，在保持原始文档间的相似度的前提下，大大节省了内存空间。但还有一个问题需要解决，就是如果有很多份文档，如何从中高效地寻找具有最大相似度的文档。

最初级的做法依然是将所有文档进行两两对比。这样做的缺点是，如果有数百万份文档，则两两对比需要万亿级的对比量，这样的计算成本依然是不可接受的。实际应用中，往往只需要找出相似度最高或者相似度很高的那部分文档，对于那些相似度很低的文档，并不需要关注。这种情况下，只对相似度很高的那部分文档进行比较，对相似度低的文档直接忽略，这样能大大降低计算量，局部敏感哈希算法就能解决这个问题。

首先，通过最小哈希处理，得到一个签名矩阵，然后将签名矩阵划分为b个行条，每个行条由r行构成。对每个行条，存在一个哈希函数能够将行条中的每r个整数组成的列向量（行条中的每一列）映射到某个桶中。可以对所有行条使用相同的哈希函数，但是，对于每个行条都使用一个独立的桶数组，因此，即便是不同行条中的相同列向量，也不会被哈希到同一个桶中。这样，只要两个集合在某个行条中有落在相同桶的两列，这两个集合就被认为可能相似度比较高，作为后续计算的候选对。

例如，有一个12行的签名矩阵，把这个矩阵分为4个行条，每个行条有3行，如图3-4所示。由图中可看出，行条1的第2列和第4列向量都为[0, 2, 1]，所以，这两列会哈希到行条1的同一个桶中。这种情况下不管这两列向量在其他3个行条中是否哈希到相同的桶，它们都会成为相似候选对。行条1中不相等的任意两列也可能被哈希到行条1的同一个桶中，这种情况被称为"伪正例"，但这种冲突发生的预期概率非常低，因此，我们可以假设当且仅当两个向量相等时，才会被哈希到同一个桶中。

在行条1中没有哈希到同一个桶中的任意两个向量，还有另外3次机会成为候选对，因为他们只需在剩下的3个行条中有一次相等即可。可以直观地发现，签名矩阵的两列越相似，它们在多个行条中向量相等的可能性越大。

经过上述处理后，可以找出相似度可能会很高的一些候选对，接下来只需对这些候选队进行比较，可以直接忽略那些不是候选对的集合。

	1	0	0	0	2
行条1	3	2	1	2	2
	0	1	3	1	1
行条2			⋯		
行条3			⋯		
行条4			⋯		

图 3-4 将 12 行的签名矩阵分为 4 个行条

3.4 主成分分析

主成分分析是一种通过降维技术把多个原始变量重新组合成少数几个互不相关的主成分（综合变量）的统计分析方法。主成分能够反映原始变量的绝大部分信息，通常表示为原始变量的某种线性组合。

3.4.1 总体主成分

3.4.1.1 主成分的定义

设 $\boldsymbol{x} = (x_1, x_2, \cdots, x_p)^T$ 为一个 p 维随机向量，并假定二阶矩阵存在，记 $\boldsymbol{\mu} = E(\boldsymbol{x})$，$\sum = V(\boldsymbol{x})$。考虑如式 (3-18) 所示的线性变换。

$$\begin{cases} y_1 = a_{11}x_1 + a_{22}x_2 + \cdots + a_{p1}x_p = \boldsymbol{a}_1^T \boldsymbol{x} \\ y_2 = a_{12}x_1 + a_{22}x_2 + \cdots + a_{p2}x_p = \boldsymbol{a}_2^T \boldsymbol{x} \\ y_p = a_{1p}x_1 + a_{2p}x_2 + \cdots + a_{pp}x_p = \boldsymbol{a}_p^T \boldsymbol{x} \end{cases} \quad (3-18)$$

式 (3-18) 有以下约束条件。

(1) $\boldsymbol{a}_i^T \boldsymbol{a} = a_{1i}^2 + a_{2i}^2 + \cdots + a_{pi}^2 = 1 (i=1, 2, \cdots, p)$。

(2) 当 $i > 1$ 时，$cov(y_i, y_j) = 0 (j=1, 2, \cdots, i-1)$，即 y_i 与 y_j 不相关。

(3) $var(y_i) = \max\limits_{\boldsymbol{a}^T\boldsymbol{a}=1, cov(y_i, y_j)=0} var(\boldsymbol{a}^T\boldsymbol{x})$ $(j=1, 2, \cdots, i-1)$。

这里的 $y_1, y_2, \cdots, y_p$ 在本章中应有实际意义。设 $\lambda_1 \geqslant \lambda_2 \geqslant \cdots \geqslant \lambda_p \geqslant 0$ 为 $\sum$ 的特征值，$\boldsymbol{t}_1, \boldsymbol{t}_2, \cdots, \boldsymbol{t}_p$ 为相应的一组正交单位特征向量。$x_1, x_2, \cdots, x_p$ 的主成分就是以 $\sum$ 的特征向量为系数的线性组合，它们互不相关，其方差为 $\sum$ 的特征值。

定义 3-1 当 $\boldsymbol{a}_1 = \boldsymbol{t}_1$ 时，$V(y_1) = \boldsymbol{a}_1^T \sum \boldsymbol{a}_1 = \lambda_1$ 达到最大值，所求的 $y_1 = \boldsymbol{t}_1^T\boldsymbol{x}$ 就是第一主成分。当第一主成分所含信息不够多，不足以代表原始的 p 个变量，则需要再考虑使用 y_2，为了使 y_2 所含的信息与 y_1 不重叠，所以要求 $cov(y_1, y_2) = 0$。当 $\boldsymbol{a}_2 = \boldsymbol{t}_2$ 时，$V(y_2) = \boldsymbol{a}_2^T \sum \boldsymbol{a}_2 = \lambda_2$ 达到最大值，所求的 $y_2 = \boldsymbol{t}_2^T\boldsymbol{x}$ 就是第二主成分。类似地，可以再定义第三主成分，……，第 p 主成分。一般 x 的第 i 主成分是指在约束条件下的 y_i

$= \boldsymbol{a}_i^T \boldsymbol{x}$。

记 $\boldsymbol{y} = (y_1, y_2, \cdots, y_p)^T$，主成分向量 $\boldsymbol{y}$ 与原始向量 $\boldsymbol{x}$ 的关系为 $\boldsymbol{y} = \boldsymbol{T}^T \boldsymbol{x}$，其中，$\boldsymbol{T} = (t_1, t_2, \cdots, t_p)$。

第 i 主成分 y_i 在总方差 $\sum_{i=1}^{p} \lambda_i$ 中的比例 $\lambda_i / \sum_{i=1}^{p} \lambda_i$，称为主成分 y_i 的贡献率。第一主成分 y_1 的贡献率最大，表明它解释原始变量的能力最强，而 $y_2, \cdots, y_p$ 的解释能力依次减弱。主成分分析的目的就是为了减少变量的个数，因而一般是不会使用所有 p 个主成分的，忽略一些带有较小方差的主成分将不会给总方差带来太大的影响。

前 m 个主成分的贡献率之和为 $\sum_{i=1}^{m} \lambda_i / \sum_{i=1}^{p} \lambda_i$，称为主成分 $y_1, y_2, \cdots, y_m$ 的累计贡献率，它表明 $y_1, y_2, \cdots, y_m$ 解释原始变量的能力。通常取（相对于 p）较小的 m，使得累计贡献率达到一个较高的百分比（如 80%～90%）。此时，$y_1, y_2, \cdots, y_m$ 可代替 $x_1, x_2, \cdots, x_p$，从而达到降维的目的，而信息的损失却不多。

3.4.1.2 主成分的性质

(1) 主成分向量的协方差矩阵 $V(\boldsymbol{y}) = \boldsymbol{\Lambda}$。该性质表明主成分向量的协方差矩阵为对角矩阵，$\boldsymbol{\Lambda} = diag(\lambda_1, \lambda_2, \cdots, \lambda_p)$，即 $V(y_i)(i=1, 2, \cdots, p)$，且 $(y_1, y_2, \cdots, y_p)$ 互不相关。

(2) 主成分的总方差 $\sum_{i=1}^{p} \sigma_{ii} = \sum_{i=1}^{p} \lambda_i$，其中 $\sum_{i=1}^{p} \sigma_{ii}$ 为原始变量 $x_1, x_2, \cdots, x_p$ 的总方差。该性质表明总方差可分解为互不相关的主成分 $y_1, y_2, \cdots, y_p$ 的方差之和 $\sum_{i=1}^{p} \lambda_i$。且存在 $m(m<p)$ 使 $\sum_{i=1}^{p} \sigma_{ii} = \sum_{i=1}^{m} \lambda_i$，即 p 个原始变量所提供的总信息（总方差）的绝大部分信息只需用前 m 个主成分来代替。

(3) 主成分 y_k 与原始变量 x_i 的相关系数 $\rho(y_k, x_i) = \dfrac{t_{ik}\sqrt{\lambda_k}}{\sqrt{\sigma_{ii}}}(i, k = 1, 2, \cdots, p)$，称为因子载荷量。

(4) $\sum_{i=1}^{p} \rho^2(y_k, x_i) = \sum_{i=1}^{p} \dfrac{t_{ik}^2 \lambda_k}{\sigma_{ii}} = 1(i, k = 1, 2, \cdots, p)$，因 $y_1, y_2, \cdots, y_p$ 互不相关，故 x_i 与 $y_1, y_2, \cdots, y_p$ 的全相关系数的平方等于 1。

(5) $\sum_{i=1}^{p} \sigma_{ii} \rho^2(y_k, x_i) = \lambda_k (i, k = 1, 2, \cdots, p)$，主成分 y_k 对应的每一列关于自变量相关系数的加权平方和为 λ_k，即为 $V(y_i)$。

3.4.1.3 从相关矩阵出发求主成分

通常有两种情形不适合直接从协方差矩阵出发进行主成分分析：一种是各变量的单位不全相同的情形；另一种是各变量的单位虽相同，但其变量方差的差异甚大的情形。对于这两种情形，通常首先将原始变量作标准化处理，然后从标准化变量（一般已无单位）的协方差矩阵出发求主成分。

最常用的标准化变换是令 $x_i^* = \dfrac{x_i - \mu_i}{\sqrt{\sigma_{ii}}}(i, k = 1, 2, \cdots, p)$，这时标准化的随机向

量 $x^* = (x_1^* - x_2^*, \cdots, x_p^*)^T$ 的协方差矩阵 $\sum^*$ 就是原随机向量 x 的相关矩阵 R，从相关矩阵 R 出发求得的主成分记 $y^* = (y_1^* - y_2^*, \cdots, y_p^*)^{T'}$，则 y_i^* 有以下性质。

(1) $V(y^*) = \Lambda^* = \mathrm{diag}(\lambda_1^*, \lambda_2^*, \cdots, \lambda_p^*)$，其中，$\lambda_1^* \geq \lambda_2^* \geq, \cdots, \geq \lambda_p^*$ 为相关矩阵 R 的特征值。

(2) $\sum_{i=1}^{p} \lambda_i^* = p$。

(3) $\rho(y_k^*, x_i^*) = t_{ik}^* \sqrt{\lambda_k^*}$ $(i, k = 1, 2, \cdots, p)$，其中，$t_k^* = (\lambda_{1k}^*, \lambda_{2k}^*, \cdots, \lambda_{pk}^*)^T$ 是相关矩阵 R 对应于 λ_k^* 的单位正交特征向量。

(4) $\sum_{k=1}^{p} \rho^2(y_k^*, x_i^*) = \sum_{k=1}^{p} (t_{ik}^*)^2 \lambda_k^* = 1$ $(i, k = 1, 2, \cdots, p)$

(5) $\sum_{k=1}^{p} \rho^2(y_k^*, x_i^*) = \sum_{k=1}^{p} (t_{ik}^*)^2 \lambda_k^* = \lambda_k^*$ $(i, k = 1, 2, \cdots, p)$

3.4.2 样本主成分

在实际问题中，总体的协方差矩阵 $\sum$ 和相关矩阵 R 都是未知的，需要通过样本来进行估计，此时求出的主成分称为样本主成分。

设 $X = (x_1, x_2, \cdots, x_n)$ 为来自总体的样本，数据矩阵如式(3-19)所示。

$$X = \begin{pmatrix} x_{11} & x_{12} & \cdots & x_{1p} \\ x_{21} & x_{22} & \cdots & x_{2p} \\ \vdots & \vdots & \vdots & \vdots \\ x_{n1} & x_{n2} & \cdots & x_{np} \end{pmatrix} \quad (3-19)$$

则样本协方差矩阵如式(3-20)所示，样本相关矩阵如式(3-21)所示。

$$S = \frac{1}{n-1} \sum_{i=1}^{n} (x_i - \bar{x})(x_i - \bar{x})^T = (S_{ij})_{p \times p} \quad (3-20)$$

$$\widehat{R} = (r_{ij})_{p \times p} \quad (3-21)$$

式(3-20)中，$\bar{x} = \frac{1}{n} \sum_{i=1}^{n} x_i$ 为样本均值；式(3-21)中，$r_{ij} = \frac{s_{ij}}{\sqrt{s_{ii}} \sqrt{s_{jj}}}$ $(i, j = 1, 2, \cdots, p)$。

用样本协方差矩阵 S 作为总体协方差矩阵 $\sum$ 的估计，或用样本相关矩阵 $\widehat{R}$ 作为总体相关矩阵 R 的估计，再按照求总体主成分的方法，即可获得样本主成分。

类似总体主成分，称 $\lambda_i / \sum_{i=1}^{p} \lambda_i$ 为样本主成分 y_i 的贡献率，称 $\sum_{i=1}^{m} \lambda_i / \sum_{i=1}^{p} \lambda_i$ 为样本主成分 $y_1, y_2, \cdots, y_m (m > p)$ 的累计贡献率。

3.5 因子分析

因子分析是主成分分析的推广和发展，是将具有错综复杂关系的变量综合为少数几个因子，以再现原始变量与因子之间的相互关系，根据不同因子还可以对变量进行分类。例如，一个学生的英语、数学、语文成绩都很好，那么，潜在的共性因子可能是智力水平高，因此，因子分析的过程其实是寻找共性因子和个性因子并得到最优解释的过程。

3.5.1 正交因子模型

3.5.1.1 数学模型

设 $x = (x_1, x_2, \cdots, x_p)^T$ 为一个 p 维随机向量，其均值为 $\mu = (\mu_1, \mu_2, \cdots, \mu_p)^T$，协方差矩阵 $\Sigma = (\sigma_{ii})$。

因子分析的一般模型如式(3-22)所示。

$$\begin{cases} x_1 = \mu_1 + a_{11}f_1 + a_{12}f_2 + \cdots + a_{1m}f_m + \varepsilon_1 \\ x_2 = \mu_2 + a_{22}f_1 + a_{22}f_2 + \cdots + a_{2m}f_m + \varepsilon_2 \\ \cdots \\ x_p = \mu_p + a_{p1}f_1 + a_{p2}f_2 + \cdots + a_{pm}f_m + \varepsilon_p \end{cases} \quad (3-22)$$

用矩阵表示如式(3-23)所示。

$$\begin{pmatrix} x_1 \\ x_2 \\ \vdots \\ x_p \end{pmatrix} = \begin{pmatrix} \mu_1 \\ \mu_2 \\ \vdots \\ \mu_p \end{pmatrix} + \begin{pmatrix} a_{11} & a_{12} & \cdots & a_{1m} \\ a_{21} & a_{22} & \cdots & a_{2m} \\ \vdots & \vdots & \vdots & \vdots \\ a_{p1} & a_{p2} & \cdots & a_{pm} \end{pmatrix} \begin{pmatrix} f_1 \\ f_2 \\ \vdots \\ f_m \end{pmatrix} + \begin{pmatrix} \varepsilon_1 \\ \varepsilon_2 \\ \vdots \\ \varepsilon_p \end{pmatrix} \quad (3-23)$$

简记为式(3-24)。

$$x = \mu + Af + \varepsilon \quad (3-24)$$

式(3-24)中，$f = (f_1, f_2, \cdots, f_m)^T$ 为公共因子向量，$\varepsilon = (\varepsilon_1, \varepsilon_2, \cdots, \varepsilon_p)^T$ 为特殊因子向量，$A = [a_{ij}]$ 称为因子载荷矩阵。一般模型满足式(3-25)，则称该模型为正交因子模型。

$$\begin{cases} E(f) = 0 \\ V(f) = I \\ E(\varepsilon) = 0 \\ V(\varepsilon) = D = diag(\sigma_1^2, \sigma_2^2, \cdots, \sigma_p^2) \\ cov(f, \varepsilon) = E(f\varepsilon^T) = 0 \end{cases} \quad (3-25)$$

3.5.1.2 正交因子模型的性质

(1) x 的协方差矩阵 Σ 的分解如式(3-26)所示。

$$\Sigma = V(Af) + V(\varepsilon) = AV(f)A^T + V(\varepsilon) = AA^T + D \quad (3-26)$$

由于 D 是对角矩阵，故 Σ 的非对角线元素可由 A 的元素确定，即因子载荷完全决定了原始变量之间的协方差。如果 x 为各变量已经标准化了的随机向量，则 Σ 就是相关矩阵 R，即有式(3-27)。

$$R = AA^T + D \quad (3-27)$$

(2) 模型不受单位的影响。将 x 的单位作变化，若 $x^* = Cx$，$C = diag(c_1, c_2, \cdots,$

c_p)($c_i>0$, $i=1,2,\cdots,p$)则有式(3-28)。

$$x^* = C\mu + CAf + C\varepsilon = \mu^* + A^*f + \varepsilon^* \tag{3-28}$$

式(3-28)中,$\mu^* = C\mu$,$A^* = CA$,$\varepsilon^* = C\varepsilon^*$。

式(3-28)这个模型也能够满足类似于式(3-25)的假定,如式(3-29)所示。

$$\begin{cases} E(f) = 0 \\ V(f) = I \\ E(\varepsilon^*) = 0 \\ V(\varepsilon^*) = D^* \\ cov(f,\varepsilon^*) = cov(f,\varepsilon^*)C^T = 0 \end{cases} \tag{3-29}$$

其中,$D^* = diag(\sigma_1^{*2}, \sigma_2^{*2}, \cdots, \sigma_p^{*2})$,$\sigma_i^{*2} = c_i^2\sigma_i^2$。因此,单位变换后的新模型仍为正交因子模型。

(3)因子载荷不唯一。设 T 为任一 $m \times m$ 正交矩阵,则模型式(3-24)可以表示为式(3-30)。

$$x = \mu + ATT^Tf + \varepsilon = \mu + A^*f^* + \varepsilon \tag{3-30}$$

其中,$A^* = AT$,$f^* = T^Tf$。式(3-30)仍满足类似于式(3-25)的假定,如式(3-31)所示。

$$\begin{cases} E(f^*) = T^TE(f) = 0 \\ V(f^*) = TV(f)T^T = I \\ E(\varepsilon) = 0 \\ V(\varepsilon) = D^* \\ cov(f^*,\varepsilon) = E(f^*,\varepsilon^T) = TE(f\varepsilon^T)T^T = 0 \end{cases} \tag{3-31}$$

Σ 也可以分解为 $\Sigma = A^*A^{*T} + D$,显然,因子载荷矩阵 A 不是唯一的。

3.5.1.3 因子载荷矩阵的统计意义

(1)A 的元素 a_{ij}。

由式(3-24)可得式(3-32),也可表达为式(3-33)。

$$cov(x,f) = cov(Af+\varepsilon,f) = AV(f) + cov(\varepsilon,f) = A \tag{3-32}$$

$$cov(x_i,f_j) = a_{ij}(i=1,2,\cdots,p, j=1,2,\cdots,m) \tag{3-33}$$

a_{ij} 是 x_i 与 f_j 之间的协方差。如果 x 为各变量已标准化的随机向量,则 a_{ij} 是 x_i 与 f_j 之间的相关系数。

(2)A 的行元素平方和 $h_i^2 = \sum_{j=1}^{m} a_{ij}^2$。

对式(3-33)各等式两边取方差,得到式(3-34)。

$$V(x_i) = a_{i1}^2V(f_1) + a_{i2}^2V(f_2) + \cdots + a_{im}^2V(f_m) + V(\varepsilon_1) = a_{i1}^2 + a_{i2}^2 + \cdots + a_{im}^2 + \sigma_i^2 \tag{3-34}$$

令 $h_i^2 = \sum_{j=1}^{m} a_{ij}^2 (i=1,2,\cdots,p)$,则可以得到式(3-35)。

$$\sigma_{ii} = h_i^2 + \sigma_i^2 \tag{3-35}$$

h_i^2 反映了公共因子对 x_i 的影响,可以看作公共因子 f_i 对 x_i 的方差贡献,称为共性方差; σ_i^2 是特殊因子 ε_i 对 x_i 的方差贡献,称为特殊方差。当 x 为各变量已标准化的随机向量时 $\sigma_{ii} = 1$,则有式(3 – 36)。

$$h_i^2 + \sigma_i^2 = 1 \qquad (3-36)$$

(3) A 的列元素平方和 $g_j^2 = \sum_{i=1}^{p} a_{ij}^2$。

$$\begin{aligned} V(x_i) &= \sum_{i=1}^{p} a_{i1}^2 V(f_1) + \sum_{i=1}^{p} a_{i2}^2 V(f_2) + \cdots \\ &+ \sum_{i=1}^{p} a_{im}^2 V(f_m) + \sum_{i=1}^{p} V(\varepsilon_i) \\ &= g_1^2 + g_2^2 + \cdots + g_m^2 + \sum \sigma_i^2 \end{aligned} \qquad (3-37)$$

式(3 – 37)中, g_j^2 反映了公共因子 f_i 对 x_i 的影响,可以看作公共因子 f_i 对 x_i 的总方差贡献。

3.5.2 参数估计

设 $x = (x_1, x_2, \cdots, x_p)^T$ 为一组 p 维样本,其均值为 μ 和协方差矩阵 $\sum$ 估计分别如式(3 – 38)和式(3 – 39)所示。

$$\overline{x} = \frac{1}{n} \sum_{i=1}^{n} x_i \qquad (3-38)$$

$$S = \frac{1}{n-1} \sum_{i=1}^{n} (x_i - \overline{x})(x_i - \overline{x})^T \qquad (3-39)$$

为了建立因子模型,需要估计因子载荷矩阵 $A = (A_{ij})_{p \times m}$ 和特殊方差矩阵 $D = diag(\sigma_1^2, \sigma_2^2, \cdots, \sigma_p^2)$。常用的参数估计方法有:主成分法、主因子法和极大似然法等。本小节主要介绍主成分法和主因子法。

3.5.2.1 主成分法

设样本方差矩阵 S 的特征值依次为 $\hat{\lambda}_1 \geq \hat{\lambda}_2 \geq \cdots \geq \hat{\lambda}_p \geq 0$,相应的正交单位特征向量为 $\hat{t}_1, \hat{t}_2, \cdots, \hat{t}_p$。选取相对较小的因子数 m,并使得累计贡献率 $\sum_{i=1}^{p} \hat{\lambda}_i$ 达到一个较高的百分比,此时 $\hat{\lambda}_{m+i}, \cdots, \hat{\lambda}_p$ 已经相对较小,所以 S 可做近似分解,如式(3 – 40)所示。

$$\begin{aligned} S &= \hat{\lambda}_1 \hat{t}_1 \hat{t}_1^T + \cdots + \hat{\lambda}_m \hat{t}_m \hat{t}_m^T + \hat{\lambda}_{m+1} \hat{t}_{m+1} \hat{t}_{m+1}^T + \cdots + \hat{\lambda}_p \hat{t}_p \hat{t}_p^T \\ &\approx \hat{\lambda}_1 \hat{t}_1 \hat{t}_1^T + \cdots + \hat{\lambda}_m \hat{t}_m \hat{t}_m^T + \hat{D} \\ &= \hat{A} \hat{A}^T + \hat{D} \end{aligned} \qquad (3-40)$$

其中, $\hat{A} = (\sqrt{\hat{\lambda}_1} \hat{t}_1, \cdots, \sqrt{\hat{\lambda}_m} \hat{t}_m) = (a_{ij})_{p \times m}$, $\hat{D} = diag(\hat{\sigma}_1^2, \hat{\sigma}_2^2, \cdots, \hat{\sigma}_p^2)$, $\hat{\sigma}_1^2 = s_{ii} - \sum_{j=1}^{m} \hat{a}_{ij}^2 (i = 1, 2, \cdots, p)$。这里的 $\hat{A}$ 和 $\hat{D}$ 就是因子模型的一个解。因子载荷矩阵 $\hat{A}$ 的第 j 列与

从 S 出发求得的第 j 个主成分的系数向量仅相差一个倍数 $\sqrt{\hat{\lambda}_i}(1,2,\cdots,m)$，因此，这个解称为主成分解。

$S-(\hat{A}\hat{A}^T+\hat{D})$ 则称为残差矩阵，它的对角线元素为零，当其他非对角线元素都很小时，可以认为这 m 个因子的模型很好地拟合了原始数据。

3.5.2.2 主因子法

主因子法是对主成分法的修正。根据正交因子模型性质（1）中的式（3-27），可以得到式（3-41）。

$$R^* = R - D = AA^T \qquad (3-41)$$

称 R^* 为 x 的约相关矩阵。R^* 中的对角线元素是 h_i^2，而不是1，非对角线元素和 R 中是完全一样的，并且 R^* 也是一个非负定矩阵。

设 $\hat{\sigma}_i^2$ 是特殊方差 σ_i^2 的一个合适的初始估计，则约相关矩阵可估计如式（3-42）所示。

$$\hat{R}^* = \hat{R} - \hat{D} = \begin{pmatrix} \hat{h}_1^2 & r_{12} & \cdots & r_{1p} \\ r_{12} & \hat{h}_2^2 & \cdots & r_{2p} \\ \vdots & \vdots & \vdots & \vdots \\ r_{p1} & r_{p2} & \cdots & \hat{h}_p^2 \end{pmatrix} \qquad (3-42)$$

其中，$\hat{R}=(r_{ij})_{p\times p}$，$\hat{D}=diag(\hat{\sigma}_1^2,\hat{\sigma}_2^2,\cdots,\hat{\sigma}_p^2)$，$\hat{h}_i^2=1-\hat{\sigma}_i^2$ 是 $\hat{h}_i^2$ 的初始估计。样本的约相关矩阵 $\hat{R}^*$ 的特征值依次为 $\hat{\lambda}_1^* \geq \hat{\lambda}_2^* \geq \cdots \geq \hat{\lambda}_p^* \geq 0$，相应的正交单位特征向量为 $\hat{t}_1^*$，$\hat{t}_2^*$，$\cdots$，$\hat{t}_p^*$。则取前 m 个特征值得 A 的主因子解如式（3-43）所示。

$$\hat{A} = (\sqrt{\hat{\lambda}_1^*}\,\hat{t}_1^*,\cdots,\sqrt{\hat{\lambda}_m^*}\,\hat{t}_m^*) \qquad (3-43)$$

由此可以重新估计特殊方差，σ_i^2 的最终估计如式（3-44）所示。

$$\hat{\sigma}_i^2 = 1 - \hat{h}_i^2 = 1 - \sum_{j=1}^m \hat{a}_{ij}^2 \quad (i=1,2,\cdots,p) \qquad (3-44)$$

如果希望得到拟合程度更好的解，可以利用式（3-44）中的 $\hat{\sigma}_i^2$ 再作为特殊方差的初始估计，重复上述步骤，直至得到稳定的解，该估计方法称为迭代因子法。

特殊方差 $\hat{\sigma}_i^2$（或共性方差 h_i^2）的常用初始值估计方法有如下几种。

（1）取 $\hat{\sigma}_i^2 = \dfrac{1}{r^{ii}}$，其中，$r^{ii}$ 是 $\hat{R}^{-1}$ 的第 i 个对角线元素，此时共性方差的估计为 $\hat{h}_i^2 = 1-\hat{\sigma}_i^2$，它是 x_i 与其他 $p-1$ 个变量的复相关系数平方，该方法一般要求 $\hat{R}$ 满秩。

（2）取 $\hat{h}_i^2 = \max_{j\neq i} |r_{ij}|$，此时 $\hat{\sigma}_i^2 = 1-\hat{h}_i^2$。

（3）$\hat{h}_i^2 = 1$，此时 $\hat{\sigma}_i^2 = 0$，得到的 $\hat{A}$ 是一个主成分解。

3.5.3 因子旋转

因子模型的参数估计完成之后，还需对模型中的公共因子进行合理的解释，以便更好地理解因子。但估计方法所求出的公共因子的典型代表变量并不突出，容易使公共因子的实际意义含糊不清,不利于解释,常常通过旋转因子的方法来达到其结构简化的目的。

因子是否易于解释,取决于因子载荷矩阵 A 的元素结构。如果是从相关矩阵出发求得 A,则 A 的元素在$(-1,1)$区间上;如果载荷矩阵 A 的所有元素都接近0或±1,则模型的因子易于解释;反之,如果载荷矩阵 A 的元素多数居中,则模型的因子不易解释。所以,对因子载荷矩阵 A 进行旋转,使因子载荷矩阵 A 的列或行的元素平方值向0和1两极分化。

因子旋转方法有正交旋转和斜交旋转两个类,本小节只介绍正交旋转。正交矩阵 T 的不同选取法构成了正交旋转的不同方法,如四次方最大法、方差最大法、等量最大法,其中使用最普遍的是方差最大法。

对公共因子做正交旋转 $f^* = T^T f$ 的同时,载荷矩阵也相应地变为 $A^* = AT$,记 $A = (a_1, a_2, \cdots, a_p)^T$,$A^* = (a_1^*, a_2^*, \cdots, a_p^*)^T$,于是 $A_i^* = T^T a_i (i = 1, 2, \cdots, p)$。

令式(3-45)和式(3-46)成立,其中,$A^* = (a_{ij}^*)$,则第 j 列元素平方的相对方差,如式(3-47)所示。

$$d_{ij} = \frac{a_{ij}^*}{h_i} \qquad (3-45)$$

$$\overline{d}_j = \frac{1}{p} \sum_{i=1}^{p} d_{ij}^2 \qquad (3-46)$$

$$V_j = \frac{1}{p} \sum_{i=1}^{p} (d_{ij}^2 - \overline{d}_j)^2 \qquad (3-47)$$

$\frac{a_{ij}^*}{h_i}$ 可以消除公共因子对各原始变量的方差贡献率不同的影响,取 d_{ij}^2 可以消除 d_{ij} 符号不同的影响。方差最大旋转法就是选择正交矩阵 T,使得矩阵 A^* 所有 m 个列元素平方的相对方差之和式(3-48)达到最大。

$$V = V_1 + V_2 + \cdots + V_m \qquad (3-48)$$

3.5.4 因子得分

在前面的章节中,已经介绍了从样本的协方差 S 或相关矩阵 R 来得到公共因子和因子载荷,并对公共因子进行合理解释。如果得到的公共因子还难以做出解释或希望得到更好的解释,可以尝试做因子旋转,使公共因子有更鲜明的实际意义。在一些情况下,所做的这些已经达到了因子分析的目的,解决了用公共因子的线性组合来表示一组观测变量的有关问题。而在另一些情况下,还希望使用这些因子做其他的研究,比如,把得到的因子作为自变量来做回归分析,对样本进行分类或评价,这就需要给出每一样本关于 m 个公共因子的得分。本小节介绍一种常用的因子得分估计方法——回归法。

假设变量 X 为标准化变量,公共因子 f 也已标准化,则公共因子 f 对变量满足的回归方程如式(3-49)所示。

$$f = BX + \varepsilon \qquad (3-49)$$

式(3-49)中,$B = (b_{ij})_{m \times p}$ 为回归系数矩阵。

估计式(3-49)的回归系数 b_{ij},但 f 是不可观测的,所以由式(3-50)可得回归系

数矩阵 B，如式(3-51)所示。

$$A = E(Xf^T) = E[X(BX+\varepsilon)^T] = E(XX^T)B^T = RB^T \quad (3-50)$$

$$B = A^T R^{-1} \quad (3-51)$$

其中，$A = (a_{ij})_{p \times m}$ 为因子载荷矩阵，$R = (r_{ij})_{p \times p}$ 为相关矩阵。

于是，利用回归法所建立的公共因子对变量的回归方程如式(3-52)所示。

$$\hat{f} = BX = A^T R^{-1} X \quad (3-52)$$

式(3-52)是因子得分函数的计算公式，将各个样本的变量值代入式(3-52)，可以得到得各个样本的因子得分。

3.6 Python 算法实现

3.6.1 典型相关分析

使用 scikit-learn 库中的 CCA 类来实现典型相关分析，具体使用语法格式如下所示。

sklearn. cross_decomposition. CCA (n_components = 2, scale = True, max_iter = 500, tol = 1e-06, copy = True)

使用 scikit-learn 库自带的 iris 数据集，划分为两个分别含两个变量的数据集，计算这两个数据集的典型相关系数，如代码 3-1 所示。

代码 3-1 scikit-learn 库求解典型相关系数过程

| In[1]: | ```
from sklearn import datasets
from sklearn.cross_decomposition import CCA
import numpy as np
iris = datasets.load_iris()      # 导入数据集
iris_x = iris.data[:, 0:2]       # 取样本数据前两个特征
iris_y = iris.data[:, 2:4]       # 取样本数据后两个特征
cca = CCA()                      # 定义一个典型相关分析对象
#调用该对象的训练方法，主要接收两个参数：两个不同的数据集
cca.fit(iris_x, iris_y)
print('降维结果为:', cca.transform(iris_x, iris_y))    # 输出降维结果
``` |
|---|---|
| Out[1]: | 降维结果为:
(array([[-1.22573621e+00, 5.14067264e-01],
       [-1.00229498e+00, -6.26842930e-01],
       ...
       [1.11288088e-01, -8.04542828e-02]]), array([[-0.81963186, -0.11812858],
       [-0.81963186, -0.11812858],
       ...
       [0.45140758, 0.13645718]])) |
```

3.6.2 主成分分析

3.6.2.1 从协方差矩阵出发求主成分

设 $x = (x_1, x_2, x_3)$ 为 40 个随机生成的三维数据,其中,$x_1 \sim N(0, 4)$,$x_2 \sim N(2, 1)$,$x_3 \sim N(1, 10)$。试对该数据做主成分分析,求出 x 的特征值、特征向量及主成分的贡献率。随机生成 40 个三维数据,并计算出协方差矩阵,如代码 3-2 所示。

代码 3-2 计算 40 个三维数据的协方差矩阵

In[1]:	`import numpy as np`
	`random = np.loadtxt("../data/random.csv", delimiter = ",").T`
	`#计算协方差矩阵 Covariance Matrix`
	`cov_mat = np.cov(samples)`
	`print('协方差矩阵:\n', cov_mat)`

Out[1]:	协方差矩阵: [[2.31472802 -0.01659731 -0.1117694] [-0.01659731 0.99550289 0.10692141] [-0.1117694 0.10692141 7.63116319]]

根据代码 3-2 的结果,得到 x 的协方差矩阵为 $\sum = \begin{pmatrix} 2.315 & -0.017 & -0.112 \\ -0.017 & 0.996 & 0.107 \\ -0.112 & 0.107 & 7.631 \end{pmatrix}$。

计算特征值及特征向量,如代码 3-3 所示。

代码 3-3 从协方差矩阵出发计算 40 个三维数据的特征值及特征向量

In[2]:	`#计算特征值和特征向量`
	`eig_val_cov, eig_vec_cov = np.linalg.eig(cov_mat)`
	`print('特征值:', eig_val_cov)`
	`print('特征向量:\n', eig_vec_cov)`

Out[2]:	特征值: [7.6352442 2.31253533 0.99361458] 特征向量: [[0.02105023 -0.99971552 -0.01121415] [-0.0161502 0.01087515 -0.99981043] [-0.99964797 -0.02122735 0.01591668]]

根据代码 3-3 的结果,得到特征值为 $\lambda_1 = 7.635, \lambda_2 = 2.313, \lambda_3 = 0.994$。

相应的特征向量为 $t_1 = \begin{pmatrix} 0.021 \\ -0.016 \\ -1.000 \end{pmatrix}, t_2 = \begin{pmatrix} -1.000 \\ 0.011 \\ -0.021 \end{pmatrix}, t_3 = \begin{pmatrix} -1.011 \\ -1.000 \\ 0.016 \end{pmatrix}$。

则相应的主成分为

$$y_1 = 0.021x_1 - 1.000x_2 - 0.011x_2$$
$$y_2 = -0.016x_1 + 0.011x_2 - 1.000x_2$$
$$y_3 = -1.000x_1 - 0.021x_2 + 0.016x_3$$

进一步计算各主成分的贡献率，及前 m 个主成分的累计贡献率，如代码 3-4 所示。

代码 3-4　计算 40 个三维数据的主成分的贡献率及累计贡献率

In[3]:	#计算贡献率 for i in range(0, len(eig_val_cov)): 　　contribution = eig_val_cov[i]/sum(eig_val_cov) 　　print('第{}主成分的贡献率：{}'.format(i+1, contribution))
Out[3]:	第 1 主成分的贡献率：0.6978310194227293 第 2 主成分的贡献率：0.211356551377233444 第 3 主成分的贡献率：0.09081242920003622
In[4]:	#计算累计贡献率 for i in range(1, len(eig_val_cov)): 　　accumulated_contribution = sum(eig_val_cov[:i])/sum(eig_val_cov) 　　print('前{}个主成分的累计贡献率：{}'.format(i, accumulated_contribution))
Out[4]:	前 1 个主成分的累计贡献率：0.6978310194227293 前 2 个主成分的累计贡献率：0.9091875707999637

根据代码 3-4 的结果，得到主成分的贡献率，如表 3-11 所示，累计贡献率如表 3-12 所示。

表 3-11　从协方差矩阵出发求得的主成分的贡献率

主　成　分	贡　献　率
y_1	0.698
y_2	0.211
y_3	0.091

表3-12 从协方差矩阵出发求得的前 m 个主成分的累计贡献率

前 m 个主成分	累计贡献率
1	0.698
2	0.909
3	1

3.6.2.2 从相关矩阵出发求主成分

从相关矩阵出发求上节中 x 的主成分。计算出40个三维数据的协方差矩阵,如代码3-5所示。

代码3-5 计算40个三维数据的相关矩阵

In[5]:	#计算相关矩阵 Correlation Matrix
	cor_mat = np.corrcoef(random)
	print('相关矩阵:\n', cor_mat)

Out[5]:	相关矩阵: [[1. -0.01093368 -0.02659363] [-0.01093368 1. 0.03879252] [-0.02659363 0.03879252 1.]]

根据代码3-5的结果,得到 x 的相关矩阵为 $\boldsymbol{R} = \begin{pmatrix} 1 & -0.011 & -0.027 \\ -0.011 & 1 & 0.039 \\ -0.027 & -0.039 & 1 \end{pmatrix}$。

计算特征值及特征向量,如代码3-6所示。

代码3-6 从相关矩阵出发计算40个三维数据的特征值及特征向量

In[6]:	#计算特征值和特征向量 eig_val_cor, eig_vec_cor = np.linalg.eig(cor_mat) print('特征值:', eig_val_cor) print('特征向量:\n', eig_vec_cor)
Out[6]:	特征值: [1.05254481 0.98988025 0.95757494] 特征向量: [[-0.4594177 0.83233046 0.31009898] [0.58744661 0.54659054 -0.59677908] [0.66621458 0.09200427 0.74006307]]

根据代码3-6的结果,得到特征值为 $\lambda_1^* = 1.053, \lambda_2^* = 0.990, \lambda_3^* = 0.958$。

相应的特征向量为 $t_1^* = \begin{pmatrix} -0.459 \\ -0.587 \\ -0.666 \end{pmatrix}, t_2^* = \begin{pmatrix} 0.832 \\ 0.547 \\ 0.092 \end{pmatrix}, t_3^* = \begin{pmatrix} 0.310 \\ -0.597 \\ 0.740 \end{pmatrix}$。

则相应的主成分为

$$\begin{cases} y_1^* = -0.459x_1^* + 0.832x_2^* + 0.310x_2^* \\ y_2^* = 0.587x_1^* + 0.547x_2^* - 0.597x_2^* \\ y_3^* = 0.666x_1^* - 0.092x_2^* + 0.740x_3^* \end{cases}$$

进一步计算各主成分的贡献率及前 m 个主成分的累计贡献率,如代码 3-7 所示。

代码 3-7　计算 40 个三维数据的主成分的贡献率及累计贡献率

In[7]:	#计算贡献率 for i in range(0, len(eig_val_cor)): 　　contribution = eig_val_cor[i]/sum(eig_val_cor) 　　print('第{}主成分的贡献率：{}'.format(i+1, contribution))
Out[7]:	第 1 主成分的贡献率：0.3508482703227853 第 2 主成分的贡献率：0.329960084115 52563 第 3 主成分的贡献率：0.31919164556168905
In[8]:	#计算累计贡献率 for i in range(1, len(eig_val_cor)): 　　accumulated_contribution = sum(eig_val_cor[:i])/sum(eig_val_cor) 　　print('前{}个主成分的累计贡献率：{}'.format(i, accumulated_contribution))
Out[8]:	前 1 个主成分的累计贡献率：0.3508482703227853 前 2 个主成分的累计贡献率：0.680808354438311

根据代码 3-7 的结果,得到主成分的贡献率如表 3-13 所示,得到的累计贡献率如表 3-14 所示。

表 3-13　从相关矩阵出发求得的主成分的贡献率

主　成　分	贡　献　率
y_1^*	0.351
y_2^*	0.330
y_3^*	0.319

表3-14 从相关矩阵出发求得的前 m 个主成分的累计贡献率

前 m 个主成分	累计贡献率
1	0.351
2	0.681
3	1

从相关矩阵 R 出发求主成分与案例3-1中从协方差矩阵 $\sum$ 出发求主成分的计算结果，发现从 R 出发求得的主成分 y_1^* 的贡献率与从 $\sum$ 出发求得的主成分 y_1 的贡献率存在明显差异。事实上，原始变量方差之间的差异越大，贡献率的差异也越明显。这说明，数据标准化后的结论完全可能会发生很大的变化，因此标准化并不是无关紧要的。

3.7 应用案例

案例3-1 粤西云开河台地区前寒武系变质地层岩石地球化学研究

粤西云开河台地区是广东的大型金矿产地。该区位于云开变质地体的东北部，出露地层主要是晚前寒武系(震旦系)，在加里东期发生区域变质作用。分析震旦系变质地层对认识云开变质地体的演化历史及该区金矿床形成的地质背景和成矿机制具有重要意义。

该区产出的变质岩石主要为片岩和混合岩，局部出现片麻岩、变粒岩及其他类型的变质岩。片岩的特征矿物有：十字石、矽线石、铁铝榴石。混合岩与普通变质岩呈过渡关系，从西北到东南发育一个完整的混合岩系列：西北段(中心相)为均质混合岩和条痕混合岩、中间为条带状混合岩、东南段(边缘相)河台一带为正常片麻岩和混合岩化片岩。前人对中心相混合岩与同时代花岗岩之间的关系的认识，存在分歧。诗洞周围，均质混合岩和条纹混合岩与加里东花岗岩关系密切，原则上两者难以区分。

对其化学元素进行分析，分析数据引自文献 Zhou(1992) 和 Zhou et al. (1995)。

对其常量元素开展相关分析，结果如表3-15所示。

表3-15 粤西云开河台地区前寒武系变质地层岩石主要元素氧化物相关系数($N=15$)

氧化物	SiO_2	TiO_2	Al_2O_3	Fe_2O_3	FeO	MnO	MgO	CaO	Na_2O	K_2O	P_2O_5
SiO_2	1.00	-0.82	-0.99	-0.54	-0.84	-0.32	-0.91	0.33	0.33	-0.93	-0.01
TiO_2	-0.82	1.00	0.76	0.49	0.84	0.53	0.90	-0.18	-0.56	0.70	-0.20
Al_2O_3	-0.99	0.76	1.00	0.50	0.81	0.26	0.85	-0.43	-0.29	0.93	0.05
Fe_2O_3	-0.54	0.49	0.50	1.00	0.36	0.17	0.55	-0.21	-0.48	0.33	-0.43
FeO	-0.84	0.84	0.81	0.36	1.00	0.45	0.94	-0.45	-0.50	0.66	-0.28

续上表

氧化物	SiO_2	TiO_2	Al_2O_3	Fe_2O_3	FeO	MnO	MgO	CaO	Na_2O	K_2O	P_2O_5
MnO	-0.32	0.53	0.26	0.17	0.45	1.00	0.47	0.07	-0.20	0.28	-0.51
MgO	-0.91	0.90	0.85	0.55	0.94	0.47	1.00	-0.27	-0.60	0.73	-0.24
CaO	0.33	-0.18	-0.43	-0.21	-0.45	0.07	-0.27	1.00	0.17	-0.19	0.12
Na_2O	0.33	-0.56	-0.29	-0.48	-0.50	-0.20	-0.60	0.17	1.00	-0.09	0.40
K_2O	-0.93	0.70	0.93	0.33	0.66	0.28	0.73	-0.19	-0.09	1.00	0.25
P_2O_5	-0.01	-0.20	0.05	-0.43	-0.28	-0.51	-0.24	0.12	0.40	0.25	1.00

表3-15展示的相关分析结果为进一步因子分析打下了很好的基础。对粤西云开河台地区前寒武系变质地层进一步展开因子分析结果列于表3-16、表3-17。

表3-16 粤西云开河台地区前寒武系变质地层片岩的因子分析结果

氧化物	F_1	F_2	F_3
SiO_2	-0.893	-0.001	0.041
TiO_2	0.747	-0.233	0.167
Al_2O_3	0.871	0.034	-0.131
Fe_2O_3	0.211	-0.552	-0.246
FeO	0.697	-0.285	-0.039
MnO	0.379	-0.265	0.658
MgO	0.757	-0.283	0.043
CaO	-0.062	0.330	0.749
Na_2O	-0.073	0.695	0.182
K_2O	0.960	0.322	0.099
P_2O_5	0.276	0.857	-0.086

表3-17 粤西云开河台地区前寒武系变质地层混合岩的因子分析结果

氧化物	F_1	F_2	F_3
SiO_2	-0.800	-0.226	-0.174
TiO_2	0.873	0.186	-0.008
Al_2O_3	0.585	0.232	0.450
Fe_2O_3	0.027	0.579	0.521
FeO	0.977	-0.082	-0.235
MnO	0.377	-0.649	0.538
MgO	0.900	-0.251	0.029

续上表

氧 化 物	F_1	F_2	F_3
CaO	0.658	0.525	0.128
Na_2O	-0.093	0.002	0.891
K_2O	-0.806	0.056	-0.199
P_2O_5	0.016	0.929	-0.005

因子分析显示，混合岩中最具标志特性的主元素组合是 {$-SiO_2$, TiO_2, $-K_2O$, MgO, FeO, CaO}，而片岩中则是 {$-SiO_2$, Al_2O_3, TiO_2, K_2O, MgO, FeO}。SiO_2 和 K_2O 之间的线性关系从片岩的负值到混合岩的正值。这与混合岩形成的特性一致，意味着准原地矿物和化学调整。推断混合岩的形成有 SiO_2 和 K_2O 的带入，也由从低均质混合岩（以样品 S-02 和 S-03 为代表）到均质混合岩（以样品 S-06 为代表）SiO_2 和 K_2O 增加以及 Al_2O_3、Fe_2O_3、FeO、MgO 和 CaO 减少所证实。因此，可以认为，研究区混合岩是高变质作用的直接产物。浅色新成体是与中低级变质作用相当的原地选择熔融作用形成的。若考虑到在震旦纪选择熔融作用发生于深部，产生的熔融体缓慢移动，注入上覆片麻岩或与上覆片麻岩混合，可以较好解释混合岩中 SiO_2、Al_2O_3、K_2O、Na_2O 和 CaO 的含量比片岩高。

案例 3-2　钦杭结构结合带古水震旦系顶部硅质岩研究

钦杭结构结合带古水震旦系顶部硅质岩是重要的标志层。该剖面震旦系 Z^d 组硅岩建造的硅岩矿物成分简单，主要由微晶石英组成。次要矿物包括黏土、赤铁矿，偶见重晶石。沉积构造以层状、纹层状、块状、假角砾状为特征。其中，纹层状构造由微晶石英和富铁氧化物两种纹层韵律交替出现而成；假角砾状构造实质上是原生的半固结硅质沉积物被稍后期的网状细小硅质脉所分割，形似厘米级的红—棕—白色燧石小块悬浮在以绿—白色为基调的微晶石英基质中。它是否是震旦时期古地热系热水沉积成因，对理解钦杭结构结合带的大地构造背景和演化具有重要的影响。

对上述硅质岩首先分析了常量和微量元素含量，分析数据引自文献 Zhou(1992) 和 Zhou *et al.*(1994)、周永章等(1994)。

对其常量元素开展相关分析，进而开展因子分析，结果如下：

常量元素因子：

<MF1>: {TiO_2, Al_2O_3, K_2O, Na_2O, Fe_2O_3, $-SiO_2$}

<MF2>: {FeO, MnO, MgO}

<MF3>: {CaO, P_2O_5}

微量元素因子：

<TF-1>: {Rb, Cs, Ta, Th, Nb, U, Zr, Hf, W, Sn, Sc, Co, Ni, Bi, Sb, Se}

<TF-2>: {As, Au}

<TF-3>: {Hg, Ba, -Sn}

<TF-4>: {Zn, Cu, Ni, Cr, Bi}

进一步地对应因子分析结果显示于图3-5中。

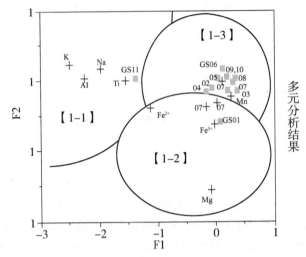

图3-5 钦杭结构结合带古水震旦系顶部硅质岩对应分析结果

可见，因子分析有效地提取了特征的元素组合。在所鉴定出的有意义的因子和元素组合中，{As, Au}，{Ba, Hg, -Sn}和{Ba, Pb}是热水沉积物的特征组合。此外，大部微量元素在表征热水淋滤作用的因子上有显著的体现。热水淋滤因子进一步由两个元素组合组成。一是华南地球化学异常基底的特征元素组合{Rb, Cs, Nb, Ta, U, Zr, Hf, W, Sn, …}；另一则是包括了Bi、Ni、Zr、Cr等过渡族元素和亲硫元素，它们在华南地区属于亏损元素。{TiO$_2$, Al$_2$O$_3$, K$_2$O, Na$_2$O}实际上是图3-5的[I1]域，各氧化物间存在强烈的正线形相关关系。它与富钾的粘土矿物，如伊利石和绿泥石有关，是热水沉积中混杂有正常沉积的证据之一。{Fe$_2$O$_3$}相当于对应分析的[I2]域，是铁氧化物微细结核存在的反映。铁氧化物微细结核和微晶石英交替出现构成了所研究硅岩的纹理状构造。{Fe$_2$O$_3$}及较高的Fe$_2$O$_3$/FeO比值指示了当时的沉积环境是非还原性的。

案例3-3 对广西大厂地区泥盆系剖面小扁豆灰岩段(D_3^{2c})元素变化的分析

对广西大厂地区泥盆系剖面小扁豆灰岩段(D_3^{2c})进行等间距定点采样（每米采样1个），并对每个分析11种常量元素。原始数据引自文献周永章(1987)和Zhou(1999)。

对原始数据开展相关分析显示，小扁豆灰岩段中的Fe^{2+}与Mn之间几乎不存在相关关系($r=0.08$)。

上述结果与地球化学家的已有预测完全不同。沉积地球化学普遍认为，Mn与Fe的沉积地球化学性质是很相似的，在强还原性沉积盆地中，Mn和Fe均以2$^+$价形式存在。在一般情况下，Fe^{2+}和Mn应该具良好的线性正相关。由此，提出重建非线性地球化学动力学，以解释这一奇怪现象。

第4章 分类与预测

4.1 回归分析

在数据分析中，回归分析是一种预测性的建模技术，通过研究因变量之间的关系，实现预测结果或推断未来。

回归分析是一类重要的统计分析方法。例如，区域内 Au 的矿化可能依赖于其他地球化学指标，如 Cu、Fe、As 等的含量，但由于自然现象的复杂性，它们的依赖关系并不是完全确定的，而只是统计意义上的。回归分析就是用来揭示这一统计规律性的方法。

4.1.1 一元线性回归

4.1.1.1 一元线性回归模型

一元线性回归也称简单线性回归(simple linear regression)，它是一种简单的、根据单一自变量 x 预测因变量 y 的方法。

样本数据点(x_i, y_i)分布在一条直线附近，变量 x 和变量 y 之间具有明显的线性关系。同时，这些样本点分布并不完全在一条直线上，x 与 y 的关系并没有确切到给定 x 就可以确定唯一 y 的程度。每个样本点与直线的偏差可以看作其他随机因素的影响，为此可以作如式(4-1)所示的假定。

$$y = \beta_0 + \beta_1 x + \varepsilon \tag{4-1}$$

其中，$\beta_0 + \beta_1 x$ 表示 y 随 x 的变化而线性变化的部分；ε 是随机误差，也称为残差，它是其他随机因素影响的总和，其值不可观测。一般称 y 为被解释变量(因变量)，x 为解释变量(自变量)。式(4-1)中，β_0 和 β_1 统称回归参数，β_0 为回归常数，β_1 为回归系数。

回归分析的主要任务是通过 n 组样本观测值(x_i, y_i)($i = 1, 2, \cdots, n$)，对 β_0 和 β_1 进行估计。一般用 $\hat{\beta}_0$ 和 $\hat{\beta}_1$ 分别表示 β_0 和 β_1 的估计值，则称式(4-2)为 y 关于 x 的一元线性经验回归方程。

$$\hat{y} = \hat{\beta}_0 + \hat{\beta}_1 x \tag{4-2}$$

通常 $\hat{\beta}_0$ 表示经验回归直线在纵轴上的截距；$\hat{\beta}_1$ 表示经验回归直线的斜率，在实际应用中表示自变量 x 每增加一个单位时因变量 y 的平均增加数量。

4.1.1.2 参数估计

为了由样本数据得到回归参数 β_0 和 β_1 的理想估计值，通常使用普通最小二乘(ordinary least square, OLS)估计。

对每一个样本观测值(x_i, y_i)，最小二乘法考虑观测值y_i与其回归值$E(y_i) = \beta_0 + \beta_1 x_i$的离差越小越好，综合考虑$n$个离差值，定义离差平方和为式(4-3)。

$$Q(\beta_0, \beta_1) = \sum_{i=1}^{n} E[y_i - E(y_i)]^2 \\ = \sum_{i=1}^{n} (y_i - \beta_0 - \beta_1 x_i)^2 \quad (4-3)$$

最小二乘法的思想：寻找参数β_0，β_1的最优估计值$\hat{\beta}_0$，$\hat{\beta}_1$，使式(4-3)定义的离差平方和达到极小，即寻找$\hat{\beta}_0$，$\hat{\beta}_1$，满足式(4-4)。

$$Q(\hat{\beta}_0, \hat{\beta}_1) = \sum_{i=1}^{n} (y_i - \hat{\beta}_0 - \hat{\beta}_1 x_i)^2 \\ = \min_{\beta_0, \beta_1} \sum_{i=1}^{n} (y_i - \beta_0 - \beta_1 x_i)^2 \quad (4-4)$$

根据式(4-4)求出的$\hat{\beta}_0$，$\hat{\beta}_1$称为回归参数β_0，β_1的最小二乘估计。称式(4-5)为y_i的回归拟合值，简称回归值或拟合值。称$e_i = y_i - \hat{y}_i$为y_i的残差。

$$\hat{y} = \hat{\beta}_0 + \hat{\beta}_1 x_i \quad (4-5)$$

根据式(4-4)求$\hat{\beta}_0$和$\hat{\beta}_1$是一个求极值问题。根据微积分中求极值的定理，$\hat{\beta}_0$和$\hat{\beta}_1$应满足式(4-6)

$$\begin{cases} \dfrac{\partial Q}{\partial \beta_0}\Big|_{\beta_0 = \hat{\beta}_0} = -2 \sum_{i=1}^{n} (y_i - \hat{\beta}_0 - \hat{\beta}_1 x_i) = 0 \\ \dfrac{\partial Q}{\partial \beta_1}\Big|_{\beta_1 = \hat{\beta}_1} = -2 \sum_{i=1}^{n} (y_i - \hat{\beta}_0 - \hat{\beta}_1 x_i) x_i = 0 \end{cases} \quad (4-6)$$

式(4-6)经整理后，可得式(4-7)所示的正规方程组，式(4-8)为式(4-7)的解。

$$\begin{cases} n\beta_0 + \left(\sum_{i=1}^{n} x_i\right) \hat{\beta}_1 = \sum_{i=1}^{n} y_i \\ \left(\sum_{i=1}^{n} x_i\right) \hat{\beta}_0 + \left(\sum_{i=1}^{n} x_i^2\right) \hat{\beta}_1 = \sum_{i=1}^{n} x_i y_i \end{cases} \quad (4-7)$$

$$\begin{cases} \hat{\beta}_0 = \bar{y} - \hat{\beta}_1 \bar{x} \\ \hat{\beta}_1 = \dfrac{\sum_{i=1}^{n} (x_i - \bar{x})(y_i - \bar{y})}{\sum_{i=1}^{n} (x_i - \bar{x})^2} \end{cases} \quad (4-8)$$

其中，$\bar{x} = \dfrac{1}{n} \sum_{i=1}^{n} x_i$，$\bar{y} = \dfrac{1}{n} \sum_{i=1}^{n} y_i$，记$L_{xx} = \sum_{i=1}^{n} (x_i - \bar{x})^2 = \sum_{i=1}^{n} x_i^2 - n(\bar{x})^2$，$L_{xy} = \sum_{i=1}^{n} (x_i - \bar{x})(y_i - \bar{y}) = \sum_{i=1}^{n} x_i y_i - n \bar{x} \bar{y}$ 则式(4-8)可简写为式(4-9)。

$$\begin{cases} \hat{\beta}_0 = \bar{y} - \hat{\beta}_1 \bar{x} \\ \hat{\beta}_1 = \dfrac{L_{xy}}{L_{xx}} \end{cases} \qquad (4-9)$$

4.1.1.3 显著性检验

当得到一个实际问题的经验回归方程 $\hat{y} = \hat{\beta}_0 + \hat{\beta}_1 x$ 后,还不能马上用它去做分析和预测,因为 $\hat{y} = \hat{\beta}_0 + \hat{\beta}_1 x$ 是否真正描述变量 y 与 x 之间的统计规律性,还需要对回归方程进行检验。在对回归方程进行检验时,通常需要正态性假设 $\varepsilon_i \sim N(0, \delta^2)$,下面介绍的 t 检验和 F 检验都是在此正态性假设下进行的。

(1) t 检验。在回归分析中,t 检验用于检验回归系数的显著性,原假设和备择假设如式(4-10)所示。

$$H_0: \beta_1 = 0, \ H_1: \beta_1 \neq 0 \qquad (4-10)$$

回归系数的显著性检验就是要检验自变量 x 对因变量 y 的影响程度是否显著。如果原假设 H_0 成立,则因变量 y 与自变量 x 之间并没有真正的线性关系,即自变量 x 的变化对因变量 y 并没有影响。

t 检验使用的检验统计量为 t 统计量,如式(4-11)所示。

$$t = \dfrac{\hat{\beta}_1}{\sqrt{var(\hat{\beta}_1)}} \qquad (4-11)$$

当原假设 H_0 成立时,$t = \dfrac{\hat{\beta}_1}{\sqrt{var(\hat{\beta}_1)}} \sim t(n-2)$。

给定显著性水平 α,可查 t 分布表得到该显著性水平下对应的双侧检验的临界值为 $t_{\alpha/2}(n-2)$。当 $|t| \geq t_{\alpha/2}(n-2)$ 时,拒绝原假设 H_0,即一元线性回归成立;当 $|t| < t_{\alpha/2}(n-2)$ 时,接受原假设 H_0,即一元线性回归不成立。

(2) F 检验。对线性回归方程显著性的另外一种检验是 F 检验,F 检验是根据平方和分解式,直接从回归效果检验回归方程的显著性。原假设和备择假设如式(4-10)所示,平方和分解式如式(4-12)所示。

$$\sum_{i=1}^{n}(y_i - \bar{y})^2 = \sum_{i=1}^{n}(\hat{y}_i - \bar{y})^2 + \sum_{i=1}^{n}(y_i - \hat{y})^2 \qquad (4-12)$$

其中,$\sum_{i=1}^{n}(y_i - \bar{y})^2$ 称为总离差平方和,简记为 SST 或 $S_{总}$ 或 L_{yy};$\sum_{i=1}^{n}(\hat{y}_i - \bar{y})^2$ 称为回归平方和,简记为 SSR 或 $S_{回}$,R 表示 Regression;$\sum_{i=1}^{n}(y_i - \hat{y}_i)^2$ 称为残差平方和,简记为 SSE 或 $S_{残}$。所以,式(4-12)可以简写为 $SST = SSR + SSE$。

总离差平方和 SST 反映因变量 y 的波动程度或称不确定性,在建立了 y 对 x 的线性方程后,SST 就分解成 SSR 与 SSE 这两个组成部分,其中,SSR 是由回归方程确定的,也就是由自变量 x 的波动引起的,SSE 是不能由自变量解释的波动,是由 x 之外的未加控制的因素引起的。这样,SST 中,能够由自变量解释的部分为 SSR,不能由自变量解

释的部分为 SSE。

所以，回归平方和 SSR 所占的比重越大，回归的效果越好，可以根据此构造 F 检验的统计量如式(4-13)所示。

$$F = \frac{SSR/1}{SSE/(n-2)} \quad (4-13)$$

在正态假设下，当原假设 H_0 成立时，该 F 服从自由度为 $(1, n-2)$ 的 F 分布。给定显著性水平 α，可查表得到 F 检验的临界值为 $F_\alpha(1, n-2)$。当 $F > F_\alpha(1, n-2)$ 时，拒绝原假设 H_0，说明回归方程显著，x 与 y 有显著的线性关系。也可以根据 P 值做检验，具体检验过程可以放在方差分析表中进行，如表 4-1 所示。

表 4-1 方差分析

方差来源	自由度	平方和	均方	F 值	P 值
回归	1	SSR	$SSR/1$	$\dfrac{SSR/1}{SSE/(n-2)}$	$P(F > F \text{值}) = P \text{值}$
残差	$n-2$	SSE	$SSE/(n-2)$		
总和	$n-1$	SST			

4.1.1.4 区间估计

使用最小二乘估计得到 β_0 和 β_1 后，在实际应用中往往还希望给出回归系数的估计精度，即给出其置信水平为 $1-\alpha$ 的置信区间。置信区间的长度越短，说明估计值 $\hat{\beta}_0$，$\hat{\beta}_1$ 与 β_0，β_1 接近的程度越好，估计值就越精确；置信区间的长度越长，说明估计值 $\hat{\beta}_0$，$\hat{\beta}_1$ 与 β_0，β_1 接近的程度越差，估计值就越不精确。

可知 $t_i = \dfrac{\hat{\beta}_i}{\sqrt{var(\hat{\beta}_i)}} \sim t(n-2), (t=0,1)$，对于给定的置信水平 $1-\alpha$，则有式(4-14)。

$$p\left(\left|\frac{\hat{\beta}_i - \beta_i}{\sqrt{var(\hat{\beta}_i)}}\right| \leq t_{\alpha/2}(n-2)\right) = 1-\alpha \quad (4-14)$$

因此，$\hat{\beta}_i(t=0,1)$ 的区间估计为式(4-15)。

$$\left[\hat{\beta}_i - \sqrt{var(\hat{\beta}_i)}t_{\frac{\alpha}{2}}(n-2), \hat{\beta}_i + \sqrt{var(\hat{\beta}_i)}t_{\frac{\alpha}{2}}(n-2)\right] \quad (4-15)$$

4.1.2 多元线性回归

4.1.2.1 多元线性回归模型

(1) 一般形式。设随机变量 y 与一般变量 $x_1, x_2, \cdots, x_p$ 的线性回归模型为式(4-16)。

$$y = \beta_0 + \beta_1 x_1 + \beta_2 x_2 + \cdots + \beta_p x_p + \varepsilon \quad (4-16)$$

其中，$\beta_0, \beta_1, \cdots, \beta_p$ 是 $p+1$ 个未知参数，β_0 称为回归常数，$\beta_1, \cdots, \beta_p$ 称为回归系数；y 称为被解释变量(因变量)，$x_1, x_2, \cdots, x_p$ 称为解释变量(自变量)；ε 是随机误

差。当 $p=1$ 时，式(4-16)为一元线性回归模型；当 $p \geq 2$ 时，称式(4-16)为多元线性回归模型。

对于一个实际问题，如果有 n 组观测数据 $(x_{i1}, x_{i2}, \cdots, x_{ip}; y_i)(i=1, 2, \cdots, n)$，则线性回归模型式(4-16)可表示为式(4-17)。

$$\begin{cases} y_1 = \beta_0 + \beta_1 x_{11} + \beta_2 x_{12} + \cdots + \beta_p x_{1p} + \varepsilon_1 \\ y_2 = \beta_0 + \beta_1 x_{21} + \beta_2 x_{22} + \cdots + \beta_p x_{2p} + \varepsilon_2 \\ \cdots \cdots \\ y_n = \beta_0 + \beta_1 x_{n1} + \beta_2 x_{n2} + \cdots + \beta_p x_{np} + \varepsilon_n \end{cases} \quad (4-17)$$

式(4-17)写成矩阵形式为 $\boldsymbol{Y} = \boldsymbol{X\beta} + \boldsymbol{\varepsilon}$，其中，$\boldsymbol{Y} \begin{pmatrix} y_1 \\ y_2 \\ \cdots \cdots \\ y_n \end{pmatrix}$，$\boldsymbol{X} \begin{pmatrix} 1 & x_{11} & x_{12} & \cdots & x_{1p} \\ 1 & x_{21} & x_{22} & \cdots & x_{2p} \\ \vdots & \vdots & \vdots & \vdots & \vdots \\ 1 & x_{n1} & x_{n2} & \cdots & x_{np} \end{pmatrix}$，

$\boldsymbol{\beta} = \begin{pmatrix} \beta_0 \\ \beta_2 \\ \vdots \\ \beta_p \end{pmatrix}$，$\boldsymbol{\varepsilon} = \begin{pmatrix} \varepsilon_0 \\ \varepsilon_2 \\ \vdots \\ \varepsilon_p \end{pmatrix}$。$\boldsymbol{X}$ 是一个 $n \times (p+1)$ 阶矩阵，称为回归设计矩阵或资料矩阵。

(2)基本假定。为了方便地进行模型的参数估计，对回归方程式(4-17)有如下一些基本假定。

a. 零均值假定。假定随机干扰项 $\boldsymbol{\varepsilon}$ 的期望向量或均值向量为零，即式(4-18)。

$$E(\boldsymbol{\varepsilon}_i) = E\begin{pmatrix} \varepsilon_1 \\ \varepsilon_2 \\ \vdots \\ \varepsilon_n \end{pmatrix} = \begin{pmatrix} E(\varepsilon_1) \\ E(\varepsilon_2) \\ \vdots \\ E(\varepsilon_n) \end{pmatrix} = \begin{pmatrix} 0 \\ 0 \\ \vdots \\ 0 \end{pmatrix} = 0 \quad (4-18)$$

b. 同方差和无自相关假定。假定随机干扰项 $\boldsymbol{\varepsilon}$ 互不相关且方差相同，即式(4-19)，或式(4-20)，其中，$\boldsymbol{I}_n$ 为 n 阶单位矩阵。

$$\begin{aligned} cov(\varepsilon_i, \varepsilon_k) &= E[(\varepsilon_i - E\varepsilon_i)(\varepsilon_k - E\varepsilon_k)] \\ &= E(\varepsilon_i, \varepsilon_k) \\ &= \begin{cases} \delta^2, i = k \\ 0, i \neq k \end{cases} \quad (i,k = 1,2,\cdots,n) \end{aligned} \quad (4-19)$$

$$\begin{aligned} var(\boldsymbol{\varepsilon}) &= E[(\boldsymbol{\varepsilon} - E\boldsymbol{\varepsilon})(\boldsymbol{\varepsilon} - E\boldsymbol{\varepsilon})^T] = E(\boldsymbol{\varepsilon\varepsilon})^T \\ &= \begin{pmatrix} E(\varepsilon_1\varepsilon_1) & E(\varepsilon_1\varepsilon_2) & \cdots & E(\varepsilon_1\varepsilon_n) \\ E(\varepsilon_2\varepsilon_1) & E(\varepsilon_2\varepsilon_2) & \cdots & E(\varepsilon_2\varepsilon_n) \\ \vdots & \vdots & \vdots & \vdots \\ E(\varepsilon_n\varepsilon_1) & E(\varepsilon_n\varepsilon_2) & \cdots & E(\varepsilon_n\varepsilon_n) \end{pmatrix} = \begin{pmatrix} \delta^2 & 0 & \cdots & 0 \\ 0 & \delta^2 & \cdots & 0 \\ \vdots & \vdots & \vdots & \vdots \\ 0 & 0 & \cdots & \delta^2 \end{pmatrix} \\ &= \delta^2 \boldsymbol{I}_n \end{aligned} \quad (4-20)$$

c. 随机干扰项 $\boldsymbol{\varepsilon}$ 与解释变量不相关假定。即 $cov(x_{ij}, \varepsilon_i) = 0$ ($j = 2,3,\cdots,k; i = 11$,

$2, \cdots, n$)。

  d. 无多重共线性假定。假定数据矩阵 X 列满秩，即 $\text{rank}(X) = p$。
  e. 正态性假定。假定随机干扰项 ε 服从正态分布，即 $\varepsilon \sim N(0, \delta^2 I_n)$。

4.1.2.2 参数估计

  与一元线性回归模型参数的估计类似，多元线性回归模型未知参数的估计通常采用最小二乘估计法，即使残差平方和 $\sum e_i^2 = e^T e$ 达到最小，即式(4-21)。

$$Q(\hat{\boldsymbol{\beta}}) = e^T e = (Y - X\hat{\boldsymbol{\beta}})^T (Y - X\hat{\boldsymbol{\beta}}) \quad (4-21)$$

  对式(4-21)关于 $\hat{\boldsymbol{\beta}}$ 求偏导，并令其为零，可得式(4-22)。

$$\frac{\partial Q(\hat{\boldsymbol{\beta}})}{\partial \hat{\boldsymbol{\beta}}} = -2X^T (Y - X\hat{\boldsymbol{\beta}}) = 0 \quad (4-22)$$

  式(4-22)整理后可得 $(X^T X)\hat{\boldsymbol{\beta}} = X^T Y$，称其为正则方程。所以有 $\hat{\boldsymbol{\beta}} = (X^T X)^{-1} \cdot X^T Y$，即为线性回归模型参数的最小二乘估计量。

4.1.2.3 显著性检验

  (1) F 检验。对多元线性回归方程的显著性检验主要是看自变量 $x_1, x_2, \cdots, x_p$ 从整体上对随机变量 y 是否有明显的影响。为此，提出原假设和备择假设如式(4-23)所示。

$$H_0: \beta_j = 0, \ H_1: \beta_j (j = 1, 2, \cdots, p) \text{ 不全为零} \quad (4-23)$$

  如果 H_0 被接受，则表明随机变量 y 与自变量 $x_1, x_2, \cdots, x_p$ 之间的关系由线性回归模型表示不合适。类似一元线性回归检验，为了建立对 H_0 进行检验的 F 统计量，仍然利用式(4-12)所示的总离差平方和，简写为 $SST = SSR + SSE$。

  构造 F 检验的统计量如式(4-24)所示。

$$F = \frac{SSR/p}{SSE/(n-p-1)} \quad (4-24)$$

  在正态假设下，当原假设 H_0 成立时，F 服从自由度为 $(p, n-p-1)$ 的 F 分布。对给定的数据，计算出 SSR 和 SSE，进而得到 F 值。所示，再由给定的显著性水平 α 查 F 分布，得临界值 $F_\alpha(p, n-p-1)$，如表4-2所示。

表4-2 方差分析

方差来源	自由度	平方和	均方	F 值	P 值
回归	p	SSR	SSR/p	$\dfrac{SSR/p}{SSE/(n-p-1)}$	$P(F > F\text{值}) = P\text{值}$
残差	$n-p-1$	SSE	$SSE/(n-p-1)$		
总和	$n-1$	SST			

  当 $F > F_\alpha(p, n-p-1)$ 时，拒绝原假设 H_0，认为在显著性水平 α 下，y 与 $x_1, x_2, \cdots, x_p$ 有显著的线性关系，即回归方程是显著的。反之，当 $F \leq F_\alpha(p, n-p-1)$ 时，则认为回归方程不显著。也可以根据 P 值做检验。当 P 值 $< \alpha$ 时，拒绝原假设 H_0；当

P 值$\geq \alpha$ 时，接收原假设 H_0。

(2) t 检验。在多元线性回归中，回归方程显著并不意味着每个自变量对 y 的影响都显著，所以需要对每个自变量进行显著性检验。

显然，如果某个自变量 x_j 对 y 的影响不显著，那么在回归模型中，它的系数 β_j 就取值为零。因此，提出原假设和备择假设如式(4-25)所示。

$$H_0: \beta_j = 0, H_1: \beta_j = 0, (j = 1, 2, \cdots, p) \qquad (4-25)$$

记 $var(\hat{\beta}_j) = \delta^2(X^TX)^{-1} = \delta^2 c_{jj}$，可构造式(4-26)所示的统计量，其中，$\hat{\delta} = \sqrt{\dfrac{1}{n-p-1}\sum_{i=1}^{n}e_t^2} = \sqrt{\dfrac{1}{n-p-1}\sum_{i=1}^{n}(y_i - \hat{y}_i)^2}$ 是回归标准差。

$$t_j = \frac{\hat{\beta}_j}{\hat{\beta}\sqrt{c_{jj}}} \qquad (4-26)$$

当原假设 H_0 成立时，服从自由度为的 $n-p-1$ 的 t 分布。由给定的显著性水平 α 查 t 分布，得临界值 $t_{\alpha/2}(n-p-1)$。$|t_j| > t_{\alpha/2}(n-p-1)$ 时，拒绝原假设 H_0，认为 β_j 显著不为零，自变量 x_j 对 y 的线性效果显著；当 $|t_j| < t_{\alpha/2}(n-p-1)$ 时，接受原假设 H_0，认为 β_j 为零，自变量 x_j 对 y 的线性效果不显著。

4.1.2.4 区间估计

与一元线性回归类似，得到参数向量 $\boldsymbol{\beta}$ 的估计值 $\hat{\boldsymbol{\beta}}$ 后，还需要求出回归系数的估计精度。即构造 β_j 的一个区间，以 $\hat{\beta}_j$ 为中心的区间，该区间以一定的概率包含 β_j。

类似一元线性回归系数区间估计的推导过程，可得 β_j 的置信度为 $1-\alpha$ 的置信区间为式(4-27)。

$$\left[\hat{\beta}_j - t_{\frac{\alpha}{2}(n-p-1)}\hat{\delta}\sqrt{c_{jj}},\ \hat{\beta}_j + t_{\frac{\alpha}{2}(n-p-1)}\hat{\delta}\sqrt{c_{jj}}\right] \qquad (4-27)$$

4.1.2.5 逐步回归

前面是先对所有 p 个变量建立回归方程，检验各个回归系数，如果认为某个或某几个 β_j 不显著，则相应的变量 x_j 在回归方程中不起重要作用，可剔除，然后，重建回归方程。

4.1.2.6 趋势面分析

趋势面分析是一种可简化为多元线性回归分析的一种特殊类型，广泛用于研究地球化学变量 z（例如，Au 的含量）在研究区域内的空间分布特征。

地质地球化学特征在区域（$x-y$ 平面）内各点的值的变化即空间分布即为地球化学场，它由三部分组成。

(1) 反映呈区域性变化规律的部分，基本上是一个光滑曲面，称之为趋势面。
(2) 反映局部性变化的部分，如局部矿化导致的异常峰值等。
(3) 随机因素的叠加。

给定一组观测数据 $x_i, y_i, z_i, i = 1, 2, \cdots, n$，则数学上表示为：

$$z_i = f(x_i, y_i) + \Delta z_i$$

其中
$$\hat{z}_i = f(x_i, y_i)$$

为趋势成分，函数 $f(x, y)$ 称趋势函数；Δz_i 是实际地球化学场不能被趋势面所包容的部分，内中既有局部性的异常，也包含了随机性因素，称趋势残差。

地球化学变量在研究区内的变化可用不同类型的函数 $f(x, y)$ 进行拟合。$f(x, y)$ 通常取多项式函数，称多项式趋势分析；当取 $f(x, y)$ 为调和函数（即三角函数）时称调和趋势面分析。下面只讨论多项式趋势分析。

(1) 多项式趋势面。根据多项式次数的不同，趋势函数 $f(x, y)$ 可有

一次趋势面：$f(x, y) = a_0 + a_1 x + a_2 y$；

二次趋势面：$f(x, y) = a_0 + a_1 x + a_2 y + a_3 x^2 + a_4 xy + a_5 y^2$；

三次趋势面：$f(x, y) = a_0 + a_1 x + a_2 y + a_3 x^2 + a_4 xy + a_5 y^2 + a_6 x^3$
$+ a_7 x^2 y + a_8 y^2 x + a_9 y^3$

……

一般而言，项式的次数越高，用来拟合的曲面越复杂，原始数据的空间变化拟合得越好。但多项式的次数过高，也会产生局部的"过冲"，使拟合度反而降低；再者，拟合过好则就把许多本属于局部的变化和随机的变化成分包含在内，不能有效地区分趋势成分的局部变化成分。实际工作中一般很少超过 5 次或 6 次。

确定了趋势多项式的次数后，仍用最小二乘法来确定多项式的系数 a_0, a_1, a_2，…，即使得残差平方和达到最小，即式 (4-28)：

$$Q = \sum_{i=1}^{n} (z_i - \hat{z}_i)^2 = \sum_{i=1}^{n} \Delta z_i^2 = \min \tag{4-28}$$

事实上，若设 $x_1 = x$，$x_2 = y$，$x_3 = x^2$，$x_4 = xy$，$x_5 = y^2$，…，则很容易把它归结为多元线性回归的问题。以二次趋势面为例，对照前面对数据矩阵的定义，记式 (4-29)：

$$X = \begin{pmatrix} 1 & x_1 & y_1 & x_1^2 & x_1 y_1 & y_1^2 \\ 1 & x_2 & y_2 & x_2^2 & x_2 y_2 & y_2^2 \\ \vdots & \vdots & \vdots & \vdots & \vdots & \vdots \\ 1 & x_n & y_n & x_n^2 & x_n y_n & y_n^2 \end{pmatrix}, \; z = \begin{pmatrix} z_1 \\ z_2 \\ \vdots \\ z_n \end{pmatrix}, \; a = \begin{pmatrix} a_1 \\ a_2 \\ \vdots \\ a_n \end{pmatrix} \tag{4-29}$$

则可得求解系数 $a_0, a_1, a_2, \cdots$ 的正规方程 $X'Xa = X'z$，或有 $a = (X'X)^{-1}X'z$。

例如，二次趋势面正规方程的系数矩阵为式 (4-30)：

$$X'X = \begin{pmatrix} n & \sum x & \sum y & \sum x^2 & \sum xy & \sum y^2 \\ \sum x & \sum x^2 & \sum x^2 & \sum x^3 & \sum x^2y & \sum xy^2 \\ \sum y & \sum xy & \sum xy & \sum x^2y & \sum xy^2 & \sum y^3 \\ \sum x^2 & \sum x^3 & \sum x^3 & \sum x^4 & \sum x^3y & \sum x^2y^2 \\ \sum xy & \sum x^2y & \sum x^2y & \sum x^3y & \sum x^2y^2 & \sum xy^3 \\ \sum y^2 & \sum xy^2 & \sum xy^2 & \sum x^2y^2 & \sum xy^3 & \sum y^4 \end{pmatrix} \begin{matrix} 1 \\ x \\ y \\ x^2 \\ xy \\ y^2 \end{matrix} \quad (4-30)$$

上方标注为 $1, x, y, x^2, xy, y^2$。

矩阵中的求和均是对于各样品的坐标而言，因此，$\sum xy$ 应理解为 $\sum_{i=1}^{n} x_i y_i$；上方的行和右侧的列用来提示系数矩阵的生成规则，依次可类推更高次趋势面正规方程的系数矩阵。

(2) 趋势面的拟合度及显著性检验。因为多项式趋势分析本质上是多元线性回归，可计算回归平方和 U 和剩余平方和 Q，两者之和为 Z 的总方差 S_{zz}（采用与前面类似的符号），得式(4-31)：

$$Q = \sum_{i=1}^{n}(z_i - \hat{z}_i)^2, \quad S_{zz} = \sum_{i=1}^{n}(z_i - \bar{z})^2 = Q + U \quad (4-31)$$

定义趋势分析的拟合度为式(4-32)：

$$c = U/S_{zz} \times 100\% = (1 - Q/S_{zz}) \times 100\% \quad (4-32)$$

拟合度越高，说明所得到的趋势面越能反映原始数据的空间变化。

同样，可以作趋势面的显著性检验，其方法与前面完全相同，这里不再重复。

(3) 关于趋势面分析的几点说明：

a. 趋势面分析是研究某个地质地球化学特征（随机变量）与空间坐标之间的关系，是研究场的特征，而本书中介绍的其他大部分多元统计分析都是研究样品中各个变量之间的关系而不考虑样品的空间位置（采样位置）。研究场性质的还有移动平均方法和地质统计学。

b. 趋势面的次数需要根据实际研究的目的，结合似合度来进行选择，拟合度太低固然不好，但也并不是拟合度越高越好。一般来说，若研究的目的是为了拟合地质地球化学特征的空间变化规律，则可要求拟合度高一些，视所研究的地质地球化学特征在空间上的变化程度，可选择适当高的趋势面次数；若研究的目的是为了区分"背景趋势"和局部异常，则拟合度不宜高，可选择适当低的趋势面次数，如3次或4次。不同的趋势面次数将得到不同的结果，要注意对比分析。

c. 数据点数 n 必须远大于趋势方程中的项数，且研究区内采样点的分布应可能地均匀。通常区域的边界外不再有数据点，致使边界附近的趋势分析精度较差，称"边界效应"。将研究区趋势分析结果外推至研究区外都会有很大的误差，趋势面的次数越高，外推所产生的误差也越大。解决"边界效应"的办法是"扩边"，即在采样区适当扩大到边界以外。

d. 趋势面正规方程的系数矩阵中各列元素的量级差异很大(各行也一样)。对于 m 次趋势面分析，正规方程系数矩阵中最后一列元素的量级为第一列元素的量级的 m 次方，若原始坐标值的量级较大，趋势面次数较高，则系数矩阵中第一列元素相对于最后几列元素太小，矩阵的行列式接近于零，称系数矩阵是病态的，这给正规方程解的精度带来了较大影响。

4.1.3 Logistic 回归

4.1.3.1 Logistic 回归模型

Logistic 回归是由统计学家 David Cox 于 1958 年提出的。Logistic 回归实质是将数据拟合到一个 Logistic 函数中，从而预测事件发生的可能性。本书仅介绍二分类 Logistic 回归，即因变量是二分类的。但实际中，因变量也可以是多分类的。

Logistic 回归用于各个领域，包括机器学习。美国媒体经常会用到 Logistic 回归分析来预测选举结果。

设 y 是 $0-1$ 型变量。x_1，x_2，$\cdots$，x_p 是与 y 相关的自变量，y 是因变量。Logistic 回归研究的是 x_1，x_2，$\cdots$，x_p 与 y 发生的概率之间的关系。记 y 取 1 的概率是 $p = p(y = 1 \mid x_1, x_2, \cdots, x_p)$，取 0 的概率是 $1-p$，取 1 和取 0 的概率之比为 $\frac{p}{1-p}$，称为事件的优势比(odds)。

将 odds 取自然对数得 $\ln(\frac{p}{1-p})$，该变换称为 Logistic 变换。然后将问题转换为建立 $\ln(\frac{p}{1-p})$ 与自变量 x 的线性回归模型，可表示为式(4-33)。

$$\ln(\frac{p}{1-p}) = \beta_0 + \beta_1 x_1 + \beta_2 x_2 + \cdots + \beta_p x_p \tag{4-33}$$

可得式(4-34)。

$$E(y) = p = f(\beta_0 + \beta_1 x_1 + \beta_2 x_2 + \cdots + \beta_p x_p) \tag{4-34}$$

其中，函数 $f(x)$ 是在值域 $[0,1]$ 区间内的单调增函数。Logistic 函数为式(4-35)。

$$f(x) = \frac{e^x}{1+e^x} = \frac{1}{1+e^{-x}} \tag{4-35}$$

式(4-35)的图像如图 4-1 所示。

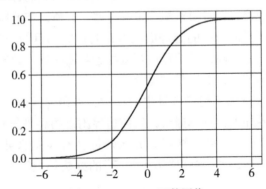

图 4-1 Logistic 函数图像

4.1.3.2 参数估计

回归系数通常使用极大似然估计。由于 y 是均值为 $p = f(\beta_0 + \beta_1 x_1 + \beta_2 x_2 + \cdots + \beta_p x_p)$ 的 $0-1$ 型分布，概率函数为 $P(y=1) = p$，$P(y=0) = 1-p$。可以把 y 的概率函数合写为式(4-36)：

$$P(y) = p^y (1-p)^{1-y}, y = 0, 1 \quad (4-36)$$

于是，似然函数为式(4-37)：

$$L = \prod P(y) = \prod p^y (1-p)^{1-y} \quad (4-37)$$

对似然函数取自然对数，得式(4-38)：

$$\begin{aligned} \text{Ln}L &= \sum [y \ln p + (1-y) \ln(1-p)] \\ &= \sum \left[y \ln \frac{p}{(1-p)} + \ln(1-p) \right] \end{aligned} \quad (4-38)$$

将式(4-36)、式(4-37)联立后带入式(4-38)得式(4-39)：

$$\begin{aligned} \text{Ln}L = \sum [&y(\beta_0 + \beta_1 x_1 + \beta_2 x_2 + \cdots + \beta_p x_p) \\ &- (1 + \exp(\beta_0 + \beta_1 x_1 + \beta_2 x_2 + \cdots + \beta_p x_p))] \end{aligned} \quad (4-39)$$

极大似然估计就是选取 β_0，β_1，β_2，$\cdots$，β_p 的估计值 $\hat{\beta}_0$，$\hat{\beta}_1$，$\hat{\beta}_2$，$\cdots$，$\hat{\beta}_p$，取得极大值，可对 $\beta_i (i = 0, 1, 2, \cdots, p)$ 求偏导，并令等式为零，如式(4-40)所示：

$$\frac{\partial \ln L}{\partial \beta_j} = 0, j = 0, 1, 2, \cdots, p \quad (4-40)$$

即可求得极大似然估计量 $\hat{\beta}_0$，$\hat{\beta}_1$，$\cdots$，$\hat{\beta}_p$。代回式(4-34)所示的 Logistic 函数中得式(4-41)，即可求出要估计的 y 的概率 p。

$$E(y) = p = \frac{exp(\hat{\beta}_0 + \hat{\beta}_1 x_1 + \hat{\beta}_2 x_2 + \cdots + \hat{\beta}_p x_p)}{1 + exp(\hat{\beta}_0 + \hat{\beta}_1 x_1 + \hat{\beta}_2 x_2 + \cdots + \hat{\beta}_p x_p)} \quad (4-41)$$

4.1.3.3 Z 检验

对回归系数进行显著性检验时，可以使用 Z 检验。原假设和备择假设如式(4-42)所示：

$$H_0: \beta_i = 0, H_1: \beta_i \neq 0 \quad (4-42)$$

构造 Z 检验的统计量，如式(4-43)所示：

$$Z = \frac{\hat{\beta}_i}{\sqrt{var(\hat{\beta}_i)}} (j = 0, 1, \cdots, p) \quad (4-43)$$

可以根据 P 值做检验。在显著性水平 α 下，当 P 值 $< \alpha$ 时，拒绝原假设 H_0；当 P 值 $< \alpha$ 时，接收原假设 H_0。

4.1.3.4 Logistic 回归在地球科学中的应用

基于地貌单元的小区域地质灾害易发性分区方法研究。唐川(2015)以汶川县城周边区域为研究区，分别以栅格单元与地貌单元作为单位评价单元，以信息量法与逻辑回归法两种评价模型对研究区进行地质灾害易发性评价分区。根据对评价结果的比较分析，在小区域范围内，基于地貌单元的区域易发性分区不仅仅能够更好地体现出区域内局部综合特性，而且评价分区结果与地质灾害实际分布情况更加吻合，分级层次更加明显，数学模型的适用效率很好。

4.2 聚类分析

正如前述，地球化学数据矩阵可有两种空间表示方法：p 维变量空间中的 n 个样本点和 n 维样本空间中的 p 个变量点。聚类分析(cluster analysis)就是根据空间点群的"亲疏"关系进行分类的一种方法。为此，首先要给出表示空间点与点之间"亲疏"关系的相似性度量，然后讨论根据相似性度量进行点群簇分的方法和应用。

在变量空间中是对样本进行分类，称 Q 型聚类分析。在样本空间中是对变量进行分类，称 R 型聚类分析。

4.2.1 距离与其他相似性系数

两点间的距离(distance)是表征两空间点之间"亲疏"关系的最直接、最自然的度量。在高维的抽象空间中，点 i 和点 j 之间的距离 d_{ij} 可有各种不同的定义，只要其满足所谓的距离公理，定义如下。

(1)对一切的 i, j, $d_{ij} \geq 0$。
(2)$d_{ij} = 0$ 等价于点 i 和点 j 为同一点，即 $x_{(i)} = x_{(j)}$。
(3)对一切的 i, j, $d_{ij} = d_{ji}$。
(4)三角不等式成立，即对一切的 i, j, k，有 $d_{ij} \leq d_{ik} + d_{kj}$。

符合上述距离公理的如下。
(1)绝对值距离，如式(4-44)所示：

$$d_{ij}(1) = \sum_{k=1}^{p} |x_{ik} - x_{jk}| \tag{4-44}$$

注意，这里 d_{ij} 显然是变量空间中样本 i 与样本 j 之间的距离，适用于样本分类，即 Q 型聚类分析。事实上聚类分析主要是 Q 型分析。若欲进行 R 型分析，则相应地为式(4-45)

$$d_{ij}(1) = \sum_{k=1}^{n} |x_{ki} - x_{kj}| \tag{4-45}$$

(2)欧氏距离，如式(4-46)所示：

$$d_{ij}(2) = \left(\sum_{k=1}^{p} (x_{ik} - x_{jk})^2 \right)^{1/2} \tag{4-46}$$

(3)明氏(Minkowski)距离，如式(4-47)所示：

$$d_{ij}(q) = \left(\sum_{k=1}^{p} (x_{ik} - x_{jk})^q \right)^{1/q} \tag{4-47}$$

当 $q = 1, 2$ 时，即为绝对值距离和欧氏距离。
当 q 趋于无穷大时，则为切比雪夫距离，如式(4-48)所示：

$$d_{ij}(\infty) = \max_{1 \leq k \leq p} |x_{ik} - x_{jk}| \tag{4-48}$$

(4)马氏距离：马氏(Mahalanobis)距离是一种改进的距离，用来度量变量之间的相似性,如式(4-49)所示。

$$d_{ij}(M) = (x_{(i)} - x_{(j)})'S^{-1}(x_{(i)} - x_{(j)}) \qquad (4-49)$$

其中,S 为数据矩阵的协方差阵。

理论上讲,距离公理保证不同定义的距离都能表征空间点之间的相对"远近"关系,也就是说都能用于空间点群的划分。在实际应用中一般多采用欧氏距离。

距离均为正值,以距离越小表征两空间点愈相近,因归为同一类。

在计算空间点之间的距离前,必须对变量进行量纲的规一化,否则数量级小的变量在距离公式中基本不起作用。

除距离外,还有其他相似性度量可表征空间点群之间的"亲疏"性:

(1)相关系数,如式(4-50)所示。变量 x_j 与变量 x_k 之间的相关系数是度量两变量的"亲疏"性的自然指标:

$$r_{jk} = \frac{\frac{1}{n}\sum_{i=1}^{n} x_{ij}x_{ik} - n\bar{x}_j\bar{x}_k}{\sqrt{\frac{1}{n}\sum_{i=1}^{n} x_{ij}^2 - n\bar{x}_j^2} \sqrt{\frac{1}{n}\sum_{i=1}^{n} x_{ik}^2 - n\bar{x}_k^2}} \qquad (4-50)$$

相关系数的值域为(-1,1),其值越大,即越接近于1,则相关性愈好,认为两空间点愈相似,因归为同一类。

距离系数主要用于 Q 型分析,而相关系数主要用于 R 型分析。

(2)夹角余弦,如式(4-51)所示。两空间点的"亲疏"程度除用距离表征外还可用两空间点所成的矢量间的夹角的大小得以反映。在样本空间中两变量向量 x_j 和 x_k 的夹角余弦为两向量的内积并为向量长度所标定:

$$\cos\theta_{jk} = \frac{\boldsymbol{x}_j \cdot \boldsymbol{x}_k}{|\boldsymbol{x}_j||\boldsymbol{x}_k|} = \frac{\boldsymbol{x}_j'\boldsymbol{x}_k}{|\boldsymbol{x}_j||\boldsymbol{x}_k|} = \frac{\sum_{i=1}^{n} x_{ij}x_{ik}}{\sqrt{\sum_{i=1}^{n} x_{ij}^2}\sqrt{\sum_{i=1}^{n} x_{ik}^2}} \qquad (4-51)$$

与相关系数比较可发现,若两变量的均值为0,则两变量的夹角余弦等于两者的相关系数。

在变量空间中两样本向量之间的夹角余弦可类似给出。

夹角余弦的值域为(-1,1),其值越大,即越接近于1,则夹角愈小,认为两空间点愈相似,因归为同一类。

4.2.2 系统聚类法

依据表征空间点之间亲疏关系的相似性度量,可以进行空间点群的分类。为简便,设定用欧氏距离作为相似性度量,则系统聚类的步骤如下。

(1)将每个样看成1类,此时共有 n 类。

(2)计算类与类之间的距离,合并距离最近的两个类。

(3)重复步骤(2),直至所有样品归为一类。

由于类与类之间的距离可以有不同的定义,就产生了不同的系统聚类法。

(1)最短距离法。定义类 G_q 与类 G_r 之间的距离为所有 G_q 中的点与所有 G_r 中的点最近的点对的距离，其数学表述为式(4-52)：

$$D_{qr} = \min_{x(i) \in G_q, x(j) \in G_r} d_{ij} \qquad (4-52)$$

当采用例如相关系数或夹角余弦作为相似性度量时，上式中的 min 应为 max。

例 现进行变量分类。为消除各变量量级上的差异，对某数据取以 10 为底的对数后得表 4-3。

表 4-3 取对数后的数据

样 号	Ni	Co	Cu	Cr	S	As
1	3.2794	2.4362	2.2041	3.0711	3.9118	0.6021
2	3.3670	1.8976	0.7782	3.5017	2.7679	1.1461
3	2.8716	1.4150	0	2.9248	2.6284	0.4771
4	3.4444	2.4362	2.1761	3.3802	3.9155	1.5682
5	3.2492	1.9731	1.1139	3.4969	1.7324	0
6	3.0195	1.6435	0.7782	3.3208	2.0170	0.6021

用相关系数作为相似性统计量，得相关系数矩阵，如表 4-4 所示。

表 4-4 相关系数矩阵

元 素	Ni	Co	Cu	Cr	S	As
Ni	1					
Co	0.8459	1				
Cu	0.7576	0.9800	1			
Cr	0.6430	0.2420	0.1814	1		
S	0.4979	0.7280	0.7124	-0.3040	1	
As	0.5602	0.4240	0.3929	0.1998	0.6722	1

其中，相关最大的是元素对为 Co-Cu，将其合并为一类，在相关系数矩阵中划去对应于变量 Co、Cu 的行、列，代之以合并后的类 Co-Cu，其他类(此时尚为单个变量点)与该类的相关系数由最小距离法确定，即类间各点之间相关系数最大者，例如，新类 Co-Cu 与 Ni 的相关系数取 Co 与 Ni 的相关系数 0.8459 和 Cu 与 Ni 的相关系数 0.7576 中之大者，即 0.8459。余可类似获得。新的相关系数矩阵如表 4-5 所示。

表 4-5 新的相关系数矩阵

元 素	Ni	Co-Cu	Cr	S	As
Ni	1				
Co-Cu	0.8459	1			
Cr	0.6430	0.2420	1		
S	0.4979	0.7280	-0.3040	1	
As	0.5602	0.4240	0.1998	0.6722	1

其中，相关性最大的是 Co - Cu 与 Ni，合并成新类，这时，例如变量 S 与新类 Co - Cu - Ni 的相关系数为 S 与 Co、S 与 Cu、S 与 Ni 相关系数中的大者，也就是 S 与 Co - Cu (0.7280)、S 与 Ni (0.4979) 相关系数中之大者，如表 4 - 6 所示。

表 4 - 6 新的相关系数矩阵

元　　素	Co - Cu - Ni	Cr	S	As
Co - Cu - Ni	1			
Cr	0.6430	1		
S	0.7280	- 0.3040	1	
As	0.5602	0.1998	0.6722	1

于是，又可 Co - Cu - Ni 与 S 合并。依次下去，得到聚类谱系图，其中横坐标的值是并类时的相似性度量（上例中为相关系数）的值。

可得金属成矿元素 Co、Cu、Ni 关系最为密切，其中，Co、Cu 的相关系数达 0.98；阴离子 S 与主要成矿元素的关系较 As 更为密切，而 Cr 显然与主要成矿元素 Co、Cu、Ni 较为疏远。这些结论对于我们理解该矿床的地球化学特征显然是重要的，但很难直接从原始数据中看出来。

(2) 最长距离法。如果定义类 G_q 与类 G_r 之间的距离为所有 G_q 中的点与所有 G_r 中的点最远的点对的距离，其数学表述为式 (4 - 53)：

$$D_{qr} = \max_{x(i) \in G_q, x(j) \in G_r} d_{ij} \tag{4-53}$$

就得到最远距离法。

最长距离法的并类步骤与最短距离法完全相同，只是类与类之间的距离定义不同。

(3) 类平均法、加权平均法和重心法。在类平均法中定义两类的距离平方等于两类中空间点两两之间的平均平方距离，即式 (4 - 54)：

$$D_{qr}^2 = \frac{1}{n_q n_r} \sum_{x(i) \in G_q, x(j) \in G_r} d_{ij}^2 \tag{4-54}$$

其中，n_q，n_r 分别 G_q 和 G_r 中的样品数。

设有新类 G_t 为 G_q 和 G_r 合并而成，则该新类与其他类 G_k 之间的距离为式 (4 - 55)：

$$\begin{aligned} D_{kt}^2 &= \frac{1}{n_k n_t} \sum_{x(i) \in G_k, x(j) \in G_t} d_{ij}^2 \\ &= \frac{1}{n_k n_t} \left(\sum_{x(i) \in G_k, x(j) \in G_q} d_{ij}^2 + \sum_{x(i) \in G_k, x(j) \in G_r} d_{ij}^2 \right) \\ &= \frac{n_q}{n_t} D_{kq}^2 + \frac{n_r}{n_t} D_{kr}^2 \end{aligned} \tag{4-55}$$

这是类平均法距离计算的基本公式。

若改上面的平均平方距离为平均距离，即定义类间距离为式 (4 - 56)：

$$D_{qr} = \frac{1}{n_q n_r} \sum_{x(i) \in G_q, x(j) \in G_r} d_{ij} \tag{4-56}$$

并类似地有新类与其他类距离的计算公式，如式 (4 - 57) 所示：

$$D_{kt} = \frac{n_q}{n_t} D_{kq} + \frac{n_r}{n_t} D_{kr} \tag{4-57}$$

则称加权平均法。如果忽略 n_q，n_r 的差异，而取

$$D_{kt} = \frac{1}{2}(D_{kq} + D_{kr}) \quad (4-58)$$

则称为平均距离法，如式(4-58)所示。

从物理的观点来看，一个类用它的重心来代表是比较合理的，于是类与类之间的距离可用重心之间的距离来表示，如式(4-59)所示。设 G_q 和 G_r 的重心分别为 $\bar{x}_q$ 和 $\bar{x}_r$，则

$$D_{qr} = d_{\bar{x}_q, \bar{x}_r} \quad (4-59)$$

(4) 称重心法。同样，设有新类 G_t 为 G_q 和 G_r 合并而成，则该新类与其他类 G_k 之间的距离为，如式(4-60)所示：

$$\begin{aligned}
D_{kt}^2 &= d_{\bar{x}_k, \bar{x}_t}^2 = (\bar{x}_k - \bar{x}_t)'(\bar{x}_k - \bar{x}_t) \\
&= ((\bar{x}_k - \frac{1}{n_t}(n_q\bar{x}_q + n_r\bar{x}_r))'((\bar{x}_k - \frac{1}{n_t}(n_q\bar{x}_q + n_r\bar{x}_r)) \\
&= \bar{x}_k'\bar{x}_k - 2\frac{n_q}{n_t}\bar{x}_k'\bar{x}_q - 2\frac{n_r}{n_t}\bar{x}_k'\bar{x}_r + \frac{1}{n_t^2}[n_q^2\bar{x}_q'\bar{x}_q + 2n_qn_r\bar{x}_q'\bar{x}_r + n_r^2\bar{x}_r'\bar{x}_r]
\end{aligned} \quad (4-60)$$

利用 $\bar{x}_k'\bar{x}_k = \frac{1}{n_t}(n_q\bar{x}_k'\bar{x}_k + n_r\bar{x}_k'\bar{x}_k)$ 代入上式得式(4-61)：

$$\begin{aligned}
D_{kt}^2 &= \frac{n_q}{n_t}(\bar{x}_k'\bar{x}_k - 2\bar{x}_k'\bar{x}_q + \bar{x}_q'\bar{x}_q) \\
&\quad + \frac{n_r}{n_t}(\bar{x}_k'\bar{x}_k - 2\bar{x}_k'\bar{x}_r + \bar{x}_r'\bar{x}_r) - \frac{n_qn_r}{n_t^2}(\bar{x}_q'\bar{x}_q - 2\bar{x}_q'\bar{x}_r + \bar{x}_r'\bar{x}_r) \\
&= \frac{n_q}{n_t}(\bar{x}_k - \bar{x}_q)'(\bar{x}_k - \bar{x}_q) + \frac{n_r}{n_t}(\bar{x}_k - \bar{x}_r)'(\bar{x}_k - \bar{x}_r) - \frac{n_qn_r}{n_t^2}(\bar{x}_q - \bar{x}_r)'(\bar{x}_q - \bar{x}_r) \\
&= \frac{n_q}{n_t}D_{kq}^2 + \frac{n_r}{n_t}D_{kr}^2 - \frac{n_qn_r}{n_t^2}D_{qr}^2
\end{aligned} \quad (4-61)$$

这就是重心法的递推公式。

相同的数据，用加权平均法来对样品进行分类。首先进行数据标准化，得到表 4-7。

表 4-7 标准化后的数据

样 号	Ni	Co	Cu	Cr	S	As
1	0.5687	1.0000	1	0.1444	0.9917	0.0833
2	0.7772	0.2146	0.0314	1	0.0651	0.3611
3	0	0	0	0	0.0454	0.0556
4	1	1	0.9371	0.6680	1	1
5	0.5059	0.2753	0.0755	0.9850	0	0
6	0.1482	0.0729	0.0314	0.5364	0.0061	0.0833

计算样品间的欧氏距离，如表 4-8 所示。

表4-8 样品间的欧氏距离

样 号	1	2	3	4	5	6
1	0					
2	1.8073	0				
3	1.8002	1.3209	0			
4	1.1421	1.6968	2.2644	0		
5	1.7552	0.4627	1.1458	1.9006	0	
6	1.7605	0.8434	0.5642	2.0617	0.6157	0

其中,距离最小的样品对为(2,5),合并为一类,在距离矩阵中划去对应于样品2,5的行、列,代之以合并后的类(2,5),其他类(此时还是单个样品)与该新类的距离加权平均法计算。此时 n_q, n_r 均为1, n_t 为2。代入式(4-52)得到各样品到类(2,5)的举例。例如,样品1到类(2,5)的距离为 $D_{1,(2,5)} = \frac{1}{2}(D_{1,2} + D_{1,5}) = \frac{1}{2}(1.8073 + 1.7552) = 1.7813$。

更新后的距离矩阵如表4-9所示。

表4-9 更新后的距离矩阵

矩 阵	1	(2,5)	3	4	6
1	0				
(2,5)	1.7813	0			
3	1.8002	1.2333	0		
4	1.1421	1.7987	2.2644	0	
6	1.7605	0.7296	0.5642	2.0617	0

其中,距离最短的为样品对为(3,6),合并为一类,并更新距离矩阵。例如, $D_{(2,5),(3,6)} = \frac{1}{2}(D_{(2,5),3} + D_{(2,5),6}) = \frac{1}{2}(1.2333 + 0.7296) = 0.9815$。

得到新的距离矩阵如表4-10所示。

表4-10 新的距离矩阵

矩 阵	1	(2,5)	(3,6)	4
1	0			
(2,5)	1.7813	0		
(3,6)	1.7803	0.9816	0	
4	1.1421	1.7987	2.1631	0

其中,距离最短的为类(2,5)与类(3,6),合并为一类,并更新距离矩阵,此时 n_q, n_r 均为2, n_t 为4。新的距离矩阵如表4-11所示。

表4-11 新的距离矩阵

矩 阵	1	(2, 5, 3, 6)	4
1	0		
(2, 5, 3, 6)	1.7808	0	
4	1.1421	1.9809	0

其中，距离最短的为样品对为(1, 4)，合并为一类，并更新距离矩阵，如表4-12所示。

表4-12 新的距离矩阵

矩 阵	(1, 4)	(2, 5, 3, 6)
(1, 4)	0	
(2, 5, 3, 6)	1.8809	0

最后在距离(称相似性水平)1.8809下(1, 4)与(2, 5, 3, 6)合并成1类，如图4-2所示。

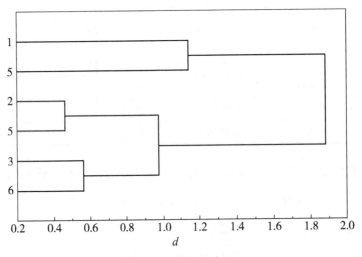

图4-2 最长距离法

结果表明，在主要成矿元素方面，无矿的蛇纹岩与滑镁岩是相似的，聚合为一类，而相对而言，含矿岩石之间的相关性略差，它们与无矿岩石之间的差异是明显的。

(5) 离差平方和法。离差平方和法又称误差平方和法，其思路是：点群在逐次聚合过程中，每一次挑出两个点群，使得二者合并为新群后，其组内离差平方和的增加值比其他任何别的两个点群合并时增加的值都要小，说明这两个点群最为相似。

设 n 个样品分成 g 个点群 $G_k(k=1, 2, \cdots, g)$。记点群 G_k 的样品数为 n_k，$x_{ij(k)}$ 为 k 类内第 i 个样品的第 j 个变量值，$\bar{x}_{j(k)}$ 为 k 类内第 j 个变量的平均值。显然有式(4-62)：

$$\sum_{k=1}^{g} n_k = n;$$

$$\bar{x}_{j(k)} = \frac{1}{n_k}\sum_{i=1}^{n_k} x_{ij(k)} \qquad (4-62)$$

则该类内离差平方和 S_k 为式(4-63)：

$$S_k = \sum_{j=1}^{p}\sum_{i=1}^{n_k}(x_{ij(k)} - \bar{x}_{j(k)})^2 = \sum_{j=1}^{p}\sum_{i=1}^{n_k} x_{ij(k)}^2 - n_k\sum_{j=1}^{p}\bar{x}_{j(k)}^2 \qquad (4-63)$$

离差平方和法是将 G_q 类和 G_r 类的距离平方和定义为 G_t 类时所增加的离差平方和，也就是说，若 G_q 类和 G_r 类合并成 G_t 类产生的离差平方和越小，则 G_q 类和 G_r 类越"靠近"。于是有式(4-64)：

$$D_{qr}^2 = S_t - S_q - S_r$$
$$= \left(\sum_{j=1}^{p}\sum_{i=1}^{n_t} x_{ij(t)}^2 - n_t\sum_{j=1}^{p}\bar{x}_{j(t)}^2\right) - \left(\sum_{j=1}^{p}\sum_{i=1}^{n_q} x_{ij(q)}^2 - n_q\sum_{j=1}^{p}\bar{x}_{j(q)}^2\right) - \left(\sum_{j=1}^{p}\sum_{i=1}^{n_r} x_{ij(r)}^2 - n_r\sum_{j=1}^{p}\bar{x}_{j(r)}^2\right)$$
$$(4-64)$$

因为 t 群内的各样品即原 q 和 r 群的样品，上式中数据的平方和项抵消，为式(4-65)：

$$D_{qr}^2 = n_q\sum_{j=1}^{p}\bar{x}_{j(q)}^2 + n_r\sum_{j=1}^{p}\bar{x}_{j(r)}^2 - n_t\sum_{j=1}^{p}\bar{x}_{j(t)}^2 \qquad (4-65)$$

又因为式(4-66)：

$$n_t = n_q + n_r$$
$$\bar{x}_{j(t)} = \frac{n_q\bar{x}_{j(q)} + n_r\bar{x}_{j(r)}}{n_q + n_r} \qquad (4-66)$$

代入并消去 $\bar{x}_{j(t)}$ 项后可得式(4-67)：

$$D_{qr}^2 = \frac{n_q n_r}{n_q + n_r}\sum_{j=1}^{p}(\bar{x}_{j(q)} - \bar{x}_{j(r)})^2 = \frac{n_q n_r}{n_q + n_r}(\bar{x}_{(q)} - \bar{x}_{(r)})'(\bar{x}_{(q)} - \bar{x}_{(r)}) \qquad (4-67)$$

这个公式十分简捷，它表明两类合并产生的离差平方和增量与两类中心（也称重心，即平均值的位置）之间的距离（欧氏距离）成正比，并以 $n_q n_r/(n_q + n_r)$ 为比例系数。两群的中心位置距离远，合并就会导致大的离差，这看来是最自然不过的了。

当合并 G_q 类和 G_r 类为 G_t 类后，新类 G_t 与其他类 G_k 的距离的递推公式如式(4-68)所示：

$$D_{kt}^2 = \frac{n_q + n_k}{n_t + n_k}D_{kq}^2 + \frac{n_r + n_k}{n_t + n_k}D_{kr}^2 - \frac{n_k}{n_t + n_k}D_{qr}^2 \qquad (4-68)$$

在用离差平方和法和前面的类平均法进行样品分类时，都要求采用欧氏距离的平方作为样本点之间的相似性度量。

不同系统聚类法由于其类与类之间距离定义的不同而所得的结果也并不相同。但若样本点之间本来的分类非常明显，则无论是哪一种系统聚类法，其结果应基本是一致的，只是那些本来分类关系就比较模糊的点群，不同的聚类方法才会有较大的不同。一般而言，类平均法、重心法和离差平方和法要比最小距离法、最大距离法更为合理些。

事实上，各种系统聚类方法可用一个统一的公式来表示，如式(4-69)所示。

$$D_{kt}^2 = \alpha_q D_{kq}^2 + \alpha_r D_{kr}^2 + \beta D_{qr}^2 + \gamma |D_{kq}^2 - D_{kr}^2| \qquad (4-69)$$

其中，α_q，α_r，β，γ 为4个参数，对不同的方法取得如表4-13所示。

表4-13 各种系统聚类方法参数

方法	参数				备注
	a_q	a_r	b	g	
最短距离法	1/2	1/2	0	-1/2	以欧氏距离为相似性度量
最长距离法	1/2	1/2	0	1/2	
重心法	n_q/n_t	n_r/n_t	$-n_q n_r/n_t^2$	0	
类平均法	n_q/n_t	n_r/n_t	0	0	
离差平方和法	$(n_k+n_q)/(n_k+n_t)$	$(n_k+n_r)/(n_k+n_t)$	$-n_k/(n_k+n_t)$	0	

这对于编制统一的计算机程序是有帮助的。

4.2.3 动态聚类

聚类分析主要用于对样品的聚类，当样品数 n 很大时，如 $n=10000$ 时，计算和存贮 $n\times n$ 的距离矩阵、比较其中各距离、从中找出距离最小的，然后计算新类与其他类的距离，更新为 $(n-1)\times(n-1)$ 的矩阵，如此反复，计算的工作量十分繁复，计算机内存也可能不足。尽管实际上是计算和存贮其中的上三角或下三角部分，存贮量为 $(n-1)(n-2)/2$，当 n 很大时近似为 $n^2/2$，依然是一个很大的数；另外，即便不考虑存贮量和计算量，大的样品量的聚类也不可能画出谱系图。

另一种分类思想是，先粗略地进行分类，然后逐步调整，直到比较满意为止，称为动态聚类法。为了得到初始分类，有时选择一批有代表性的点作为凝聚点，以凝聚点作为欲形成类的中心。由于凝聚点的取法、初始分类以及修改分类的方法可以有许多种，因此，有各种动态聚类法。下面只介绍批处理法与逐个修改法。

4.2.3.1 批处理法

批处理法的步骤如下：

(1)根据实际问题确定类数 k，依经验选择 k 个样本点作为凝聚点；或依经验先粗略地把样品分成 k 类，计算每一类的重心，即该类样品的均值向量，以这些重心作为凝聚点。

(2)计算每个样品点到各凝聚点之间的距离，按其与各凝聚点距离最近的原则将每个样品重新进行归类。

(3)计算每一类的重心作为一组新的凝聚点。

(4)重复步骤(2)、(3)直到所有新的凝聚点与前一次的凝聚点不变，即分类不再改变为止。

4.2.3.2 逐个修改法

逐个修改法是1965年由Macqueen提出的，也称K-Means方法，其步骤如下：

(1)根据实际问题确定类数 k，取前 k 个样品作为凝聚点，将其余 $n-k$ 个样品逐个归入与其距离最近的凝聚点,形成一种分类。

(2)将其余 $n-k$ 个样品逐个地归入与其距离最近的凝聚点,并随即计算该类重心,并用重心代替原凝聚点。

(3)将 n 个样品按步骤(2)逐个归类,直到所有新的凝聚点与前一次的凝聚点不变。

经变量标准化后的数据如表4-14所示。

表4-14 标准化后的数据

样 号	Ni	Co	Cu	Cr	S	As
1	0.5687	1.0000	1	0.1444	0.9917	0.0833
2	0.7772	0.2146	0.0314	1	0.0651	0.3611
3	0	0	0	0	0.0454	0.0556
4	1	1	0.9371	0.6680	1	1
5	0.5059	0.2753	0.0755	0.9850	0	0
6	0.1482	0.0729	0.0314	0.5364	0.0061	0.0833

现在按批修改法进行为类。具体步骤如下:

(1)设想这些样品很可能可以分为3类,其初分类为:无矿的蛇纹岩(2,3),无矿的滑镁岩(5,6)和含矿岩体(1,4),其重心分别为(0.3886,0.1073,0.0157,0.5000,0.0553,0.2083)′,(0.3271,0.1741,0.0534,0.7607,0.0031,0.0417)′,(0.7843,1.0000,0.9686,0.4062,0.9959,0.5416)′。

(2)计算各样品到这3个重心的距离,如表4-15所示。

表4-15 计算点到重心的距离

样 号	1	2	3	4	5	6
到凝聚点1的距离	1.6785	0.6605	0.6605	1.8887	0.5721	0.2804
到凝聚点2的距离	1.7307	0.6066	0.8490	1.9588	0.3078	0.3078
到凝聚点3的距离	0.5711	1.6573	1.9642	0.5711	1.7379	1.8301
归 类	3	2	1	3	2	1

得到新的分类:(3,6),(2,5),(1,4)。

(3,6)的重心为(0.0741,0.0365,0.0157,0.2682,0.0258,0.0694)′,(2,5)的重心为(0.6416,0.2450,0.0534,0.9925,0.0326,0.1805)′,(1,4)的重心不变。

(3)重复步骤(2),得表14-16。

表14-16 计算结果归类

样 号	1	2	3	4	5	6
到凝聚点1的距离	1.7580	1.0717	0.2821	2.1470	0.8754	0.2821
到凝聚点2的距离	1.7664	0.2313	1.2146	1.7867	0.2313	0.7012
到凝聚点3的距离	0.5711	1.6573	1.9642	0.5711	1.7379	1.8301
归 类	3	2	1	3	2	1

其分类与(2)相同,最终的分类为(3,6),(2,5),(1,4)。

这个例子样品数很小，只是为了演示其计算过程。事实上，只有当样品数较大时，动态聚类的优越性才能显示出来。

前面介绍的动态聚类方法要求先给定分类数 k，而这有时是困难的。这时可采用如下的方法：先给定一个 k，每次分类完毕后，计算各类的直径（可采用类内离差平方和或类内最远的两点距离）。若某类的直径太大（大于某一给定的阈值 d_1），则将该类分裂成两类，类数 k 加 1；计算类与类之间的距离（根据前面的各种定义，如最小距离法、类平均法中的定义）。若某两类的距离很小（小于另一给定的阈值 d_2），则将该两类合并，类数 k 减 1。当然，这里又有如何给出恰当的 d_1，d_2 的问题。

在某种意义上，聚类分析与诸多统计方法一样，既是科学又是艺术。其科学性是建立在距离空间中点群之间的距离和其他相似性度量的基础上，通过各种数学推导，使分类达到某种意义下的最佳。其艺术性是指灵活性，各种方法很多，各有特点，也各有不足，需要读者在深刻了解每一种方法的基础上灵活运用。

4.2.4 有序样品的聚类

地质数据中，有些样品有一定的排列顺序，如沿地层剖面采集的岩石标本，由钻孔取得的岩芯样品，由测井曲线所得的数据等。在对这些有序样品进行分类时，不能打乱样品的前后次序。这类问题称为有序样品的聚类。这里只讨论一维有序样品的聚类。二维平面上的有序样品的分类问题相对复杂，但其基本思想是相同的。

设 $x_{(1)}, \cdots, x_{(n)}$ 是给定的 n 个样品（每个都是 p 维向量）。由于顺序不能打乱，将其分成 k 类实际上是寻找 k 个分割点，将有序样品序列分割成 k 段。所以，有序样品的分类也称为分割。n 个样品分割成 k 类，就是要在 n 个样品所形成的 $(n-1)$ 个间隔中分割成 k 段，共有 $\binom{n-1}{k-1}$ 种可能的分割法。有序样品的聚类就是要找出最好的分法。

4.2.4.1 最优分割法

Fisher 在 1958 年提出一种最优分割法，其分类依据是离差平方和。

设 n 个样品 $x_{(1)}, \cdots, x_{(n)}$ 分成了 k 类（即 k 段）。以 $G_{i \to j}$ 记某一段 $\{x_{(i)}, x_{(i+1)}, \cdots, x_{(j)}\}$，$j > i$。记 $\bar{x}_{(i \to j)}$ 为这一段 $(j-i+1)$ 个样品的均值，即式(4-70)：

$$\bar{x}_{(i \to j)} = \frac{1}{j-i+1} \sum_{\alpha=i}^{j} x(\alpha) \quad (4-70)$$

$G_{i \to j}$ 的类内离差平方和通常称为 $G_{i \to j}$ 类的直径，记为 $D(i \to j)$，即式(4-71)：

$$D(i \to j) = \sum_{\alpha=i}^{j} (x_{(\alpha)} - \bar{x}_{(i \to j)})'(x_{(\alpha)} - \bar{x}_{(i \to j)}) \quad (4-71)$$

记 n 个有序样品分成 k 类的某种分法 $P(n,k)$，其 $k+1$ 个分割点为 $1 = i_1 < i_2 < \cdots < i_k < i_{k+1} = n$，分类误差为式(4-72)：

$$\hat{e}[P(n,k)] = \sum_{j=1}^{k} D(i_j \to i_{j+1}) \quad (4-72)$$

如果分法 $P(n,k)$ 使得 $\hat{e}[P(n,k)] = $ 最小值，就称其为最优 k 分法，这时的误差函数记为 $e[P(n,k)]$，它的递推公式如式(4-73)、式(4-74)所示：

$$e[P(n,k)] = \min_{2 \leq j < n} \{e[P(j,k-1)] + D(j+1 \to n)\} \quad (4-73)$$

$$e[P(n,2)] = \min_{2 \leq j \leq n} \{D(1 \to j) + D(j+1 \to n)\} \quad (4-74)$$

也就是说，在 n 个有序样品寻找最佳的 k 个分割点等价于先找到一个最佳分割点 j，使得在前面 j 个样品被分割为 $k-1$ 类，后面 $n-j$ 个样品独立为一类的误差最小。然后，再依次在 j 个有序样品寻找最佳的 $k-1$ 个分这割，直至最后为二类分割。

4.2.4.2 逐次二分法

用最优分割法对有序样品进行分类时要计算各直径 $D(i \to j)$，和误差 $e[P(i,j)]$，$1 < i \leq n-1$，$i \leq j \leq n$，当样品数较大时，计算量和占用的计算机内存均很大。下面介绍一种简化算法，即每次采作最优二分割的方法。

设给定 n 个样品 $x_{(1)}, \cdots, x_{(n)}$：

(1)用最优二分割法，先将其分成二类 G_1 和 G_2，使分类误差达到小。

(2)对 G_1 和 G_2 各作最优二分割，比较是分割 G_1 好（所产生的误差小）还是分割 G_2 好。不访设分割 G_1 好，于是 G_1 类分成两类：G_3 和 G_4。这时已分成了 G_2，G_3 和 G_4 3 类。

(3)对 G_2，G_3 和 G_4 类分别作最优二分割，比较是分割哪一类最好，并分割之，如此继续下去，直至达到预期的分组数或分组误差达到一定的阈值，再不就直至每个样品自成一类，形成分类谱系。

按定义，将 $x_{(1)}, \cdots, x_{(n)}$ 进行最优二分割就是选择 j，使式 (4-75)：

$$\hat{e}[P(n,2)] = D(1 \to j) + D(j+1 \to n) \quad \text{式}(4-75)$$

达到最小。因 $D(1 \to n)$ 为全部样品的离差平方和，给定数据后其值为常量，而与分割无关，所以使上式最小等价于使式 (4-76)：

$$E = D(1 \to n) - D(1 \to j) - D(j+1 \to n)$$

$$E = \frac{n_1 n_2}{n}(\bar{x}_{(1)} - \bar{x}_{(2)})'(\bar{x}_{(1)} - \bar{x}_{(2)}) \quad (4-76)$$

其中，$n_1 = j$，$n_2 = n-j$，得式 (4-77)：

$$\bar{x}_{(1)} = \frac{1}{j}\sum_{\alpha=i}^{j} x_{(\alpha)}, \quad (4-77)$$

$$\bar{x}_{(2)} = \frac{1}{n-j}\sum_{\alpha=j+1}^{n} x_{(\alpha)}$$

又由于式 (4-78)：

$$\bar{x} = \frac{1}{n}\sum_{\alpha=i}^{j} x_{(\alpha)} = \frac{n_1}{n}\bar{x}_{(1)} + \frac{n_2}{n}\bar{x}_{(2)} \quad (4-78)$$

于是

$$\bar{x}_{(1)} - \bar{x}_{(2)} = \frac{n}{n_2}(\bar{x}_{(1)} - \bar{x}) \quad (4-79)$$

或

$$\bar{x}_{(1)} - \bar{x}_{(2)} = -\frac{n}{n_1}(\bar{x}_{(2)} - \bar{x}) \quad (4-80)$$

得式 (4-81)：

$$E = \frac{n_1 n}{n_2}(\bar{x}_{(1)} - \bar{x})'(\bar{x}_{(1)} - \bar{x}) \quad (4-81)$$

或式(4-82):

$$E = \frac{n_2 n}{n_1}(\bar{x}_{(2)} - \bar{x})'(\bar{x}_{(2)} - \bar{x}) \qquad (4-82)$$

例 从一钻井测得电阻率 ρ_k 曲线,每隔 1 mm 读出一个 ρ_k 数值,共得 56 个数据。为了示范的简便,又将邻近的 3 个或 4 个数据以其平均值代替,得 16 个数据的序列,如表 4-17 所示。

表 4-17 电阻率 ρ_k 数据

序号	1	2	3	4	5	6	7	8	9	10	11	12	13	14	15	16
ρ_k	6.5	6.5	6.0	7.3	10.5	12.5	12.0	11.0	6.8	9.8	10.0	9.0	5.3	5.0	5.0	6.5

其图形如图 4-3 所示。

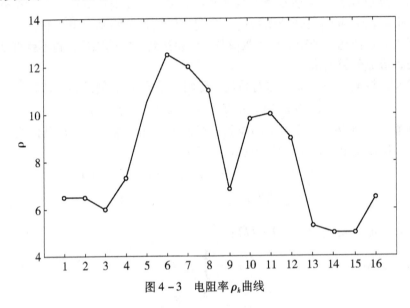

图 4-3 电阻率 ρ_k 曲线

先求二分点,逐一计算。$\bar{x} = 8.1062$,如,分层点在 1 与 2 之间,则 $\bar{x}_{(1)} = 6.5$,得:

$$E = \frac{1 \times 16}{15}(6.5 - 8.1062)^2 = 2.4186$$

又如,分类点在 12 与 13 之间,则 $\bar{x}_{(1)} = 8.9917$,得:

$$E = \frac{12 \times 16}{4}(8.9917 - 8.1062)^2 = 37.6373$$

如此比较各分割点的 E 值,得分类点在 12 与 13 之间的 E 最大。再分别将(1,2,…,12)和(13,…,16)分别作二类分割,这时可得 5 与 6 之间的 E 最大,得:

$$E = \frac{5 \times 12}{7}(7.36 - 8.9917)^2 = 22.8210$$

如此下去,可得各级分割点。

4.2.4.3 有序样品的系统聚类法

系统聚类方法也可用于有序样品的分类,这时只需计算相邻样品间的距离,共 $(n-1)$ 个距离(不再是距离矩阵),其中距离最小的相邻样品合并,用某种类与类之间距离的定义计算并更新合并后的新类与它的两个邻近点或类的距离,如此下去直到全部样品合并成一类,形成有序样品的分类序列。

聚类分析在地球科学研究中有较为广泛的应用,如应用于广西丹池盆地上泥盆统榴江组硅质建造的研究(周永章,1990)。

4.3 判别分析

人们常需要根据个体的某些特征或指标来判别其属于已知的某几个类中的哪一类,例如,在环境调查中需要测定某个水样的多项指标,据以判断是属于严重污染、轻度污染抑或是无污染水体;在地质工作中,要根据岩石的某些特征,如密度、各种常量和微量元素的含量来判断其岩石类型,判断是含矿岩体和非含矿岩体;医生则要根据患者的各种检测结果来判断其患者得了何种疾病。

判别分析是在已知对象分成若类(组别),对给定的一个样本,要判断它属于哪一类。即已知有 g 个类(统计学上称总体或母体)G_k, $k = 1, 2, \cdots, g$。对已知的这 g 个类中分别采 n_k 个样本,并根据某些准则建立判别式,然后对未知进行判别分类。

4.3.1 距离判别

先考虑两个总体的情况。设有两个协方差阵相同的正态总体 G_1 和 G_2,它们的分布分别是 $N_p(\mu^{(1)}, V)$ 和 $N_p(\mu^{(2)}, V)$。对给定的一个样本 y,要判断它属于哪个总体,一个直观的想法是计算 y 到两个总体的距离 $d(y, G_1)$, $d(y, G_2)$,并按下面的规则进行判别,如式(4-83)所示。

$$\begin{cases} y \in G_1, d(y, G_1) \leqslant d(y, G_2) \\ y \in G_2, d(y, G_1) > d(y, G_2) \end{cases} \quad (4-83)$$

在变量空间中通常采用马氏距离,故有式(4-84):

$$\begin{aligned} d^2(y, G_1) &= (y - \mu^{(1)})' V (y - \mu^{(1)}) \\ d^2(y, G_2) &= (y - \mu^{(2)})' V (y - \mu^{(2)}) \end{aligned} \quad (4-84)$$

即 y 到两个总体重心或均值向量的距离。考察它们的差如式(4-85)所示:

$$\begin{aligned} & d^2(y, G_1) - d^2(y, G_2) \\ &= y'Vy - 2y'V^{-1}\mu^{(1)} + \mu^{(1)'}V^{-1}\mu^{(1)} \\ &\quad - (y'Vy - 2y'V^{-1}\mu^{(2)} + \mu^{(2)'}V^{-1}\mu^{(2)}) \\ &= 2y'V^{-1}(\mu^{(2)} - \mu^{(1)}) + \mu^{(1)'}V^{-1}\mu^{(1)} - \mu^{(2)'}V^{-1}\mu^{(2)} \\ &= 2y'V^{-1}(\mu^{(2)} - \mu^{(1)}) + (\mu^{(1)} + \mu^{(2)})'V^{-1}(\mu^{(1)} - \mu^{(2)}) \\ &= -2 \left(y - \frac{\mu^{(1)} + \mu^{(2)}}{2} \right)' V^{-1}(\mu^{(1)} - \mu^{(2)}) \end{aligned} \quad (4-85)$$

令 $\bar{\mu} = (\mu^{(1)} + \mu^{(2)})/2$，如式(4-86)所示。

$$W(y) = (y - \bar{\mu})'V^{-1}(\mu^{(1)} - \mu^{(2)}) \quad (4-86)$$

则判别规则式(4-83)可写成式(4-87)：

$$\begin{cases} y \in G_1, \forall W(y) \geq 0 \\ y \in G_2, \forall W(y) < 0 \end{cases} \quad (4-87)$$

通过考察 $p=1$ 的简单情形来阐明距离判别的意义。当 $p=1$ 时，两母体的分布为 $N_p(\mu^{(1)}, \sigma^2)$ 和 $N_p(\mu^{(2)}, \sigma^2)$，$V^{-1} = \dfrac{1}{\sigma^2}$，得式(4-88)：

$$W(y) = (y - \frac{\mu^{(1)} + \mu^{(2)}}{2})'\frac{1}{\sigma^2}(\mu^{(1)} - \mu^{(2)}) \quad (4-88)$$

不妨设 $\mu^{(1)} < \mu^{(2)}$，这时 $W(y)$ 的符号取决于 $y > \bar{\mu}$ 还是 $y < \bar{\mu}$，$y \leq \bar{\mu}$ 时判定 $y \in G_1$，否则 $y \in G_2$，可以得出：

(1) 这种判断规则是符合习惯的。

(2) 若样品落在两母体分布的重合部分，则可能产生误判。

(3) 如果两母体靠得很近，即统计特征很接近，则无论采用何种方法，误判的概率均很大；只有当两母体的均值有显著差异时作判别分析才有意义。

(4) 以上判别规则未涉及母体分布的类型，而只要二阶矩存在且相等就行了。

实际计算中，母体的均值向量和协方差矩阵可用样本均值和样本协方差估计，判别函数成为式(4-89)：

$$W(y) = (y - \frac{\overline{x}^{(1)} + \overline{x}^{(2)}}{2})' \hat{V}^{-1}(\overline{x}^{(1)} - \overline{x}^{(2)}) \quad (4-89)$$

而：

$$\overline{x}^{(1)} = (\overline{x}_j^{(1)}) = (\frac{1}{n_1}\sum_{i=1}^{n} x_{ij}^{(1)})$$

$$\hat{V}^{-1} = \frac{1}{n_1 + n_2 - 2}(s_{jk})$$

$$= \frac{1}{n_1 + n_2 - 2}(\sum_{i=1}^{n_1}(x_{ij}^{(1)} - \overline{x}_j^{(1)})(x_{ik}^{(1)} - \overline{x}_k^{(1)})) + (\sum_{i=1}^{n_2}(x_{ij}^{(2)} - \overline{x}_j^{(2)})(x_{ik}^{(2)} - \overline{x}_k^{(2)}))$$

$$= \frac{1}{n_1 + n_2 - 2}(S_1 + S_2)$$

$$(4-90)$$

距离判别也可用于多母体的情况。设有 g 个母体 G_k，$k=1, 2, \cdots, g$，它们的均值和协方差阵分别是 $\mu^{(1)}, \mu^{(2)}, \cdots, \mu^{(g)}$；$V^{(1)} = V^{(2)} = \cdots = V^{(g)} = V$，这时判别函数为式(4-91)：

$$W_{kl}(y) = (y - \frac{\mu^{(k)} + \mu^{(l)}}{2})'V^{-1}(\mu^{(k)} - \mu^{(l)}) \quad (4-91)$$

而其判别准则为 $y \in G_k$，如果对于一切的 $l \neq k$ 均有 $W_{kl} > 0$，$k=1, 2, \cdots, g$。

4.3.2 费歇尔准则下的两类判别

费歇尔的判别方法，其基本思想是把 p 个变量 $x_1, x_2, \cdots, x_p$ 综合成一个新变量 y，如式(4-92)所示。

$$y = c_1 x_1 + c_2 x_2 + \cdots + c_p x_p = c' x \quad (4-92)$$

也即产生一个综合判别指标，要求已知的 g 个类 G_k，$k = 1, 2, \cdots, g$，在这个新变量下能最大限度地区分开，于是，可用这个综合判别指标判别未知样品的归属。上式称判别方程，其中，$c = (c_1, c_2, \cdots, c_p)'$ 为待定参数。判别模型式(4-92)除没有常数项外，与上一章讨论的回归方程非常相似，但两者有着本质的区别。在回归方程中，y 为因变量，是一个已知的随机变量，有其样本测试值，回归分析的任务是选择一组参数，使得根据回归方程预测的因变量的值与实测值尽可能地接近；而判别模型式(4-92)中 y 只是一个综合变量，实际上并不存在这样一个变量，因而也没有实测值。

判别模型式(4-92)的几何意义是把 p 维空间的点投影到一维空间(直线)上去，使各已知类在该直线上的投影尽可能分离。

4.3.2.1 线性判别方程的建立

下面只讨论两个总体的情形。设 A，B 为两个总体(类)，在内分别采 n_A 和 n_B 个样本，每个样本都测定 p 个指标(变量)，以 $x_{ij}(A)$ 和 $x_{ij}(B)$ 分别代表总体 A，B 中第 i 个样本的第 j 个变量值，并记总体 A，B 的均值向量和协方差阵分别为式(4-93)、式(4-94)、式(4-95)：

$$\bar{x}(A) = \begin{pmatrix} \bar{x}_1(A) \\ \vdots \\ \bar{x}_p(A) \end{pmatrix}, \bar{x}(B) = \begin{pmatrix} \bar{x}_1(B) \\ \vdots \\ \bar{x}_p(B) \end{pmatrix} \quad (4-93)$$

$$S(A) = \begin{pmatrix} s_{11}(A) & \cdots & s_{p1}(A) \\ \vdots & & \\ s_{1p}(A) & & s_{pp}(A) \end{pmatrix} \quad (4-94)$$

$$S(B) = \begin{pmatrix} s_{11}(B) & \cdots & s_{p1}(B) \\ \vdots & & \\ s_{1p}(B) & & s_{pp}(B) \end{pmatrix} \quad (4-95)$$

例如，$\bar{x}(A)$ 和 $\bar{x}(B)$ 的第 j 个分量为变量 $x_j(j = 1, 2, \cdots, p)$ 的平均值为式(4-96)：

$$\bar{x}_j(A) = \frac{1}{n_A} \sum_{i=1}^{n_A} x_i(A), \bar{x}_j(B) = \frac{1}{n_B} \sum_{i=1}^{n_B} x_i(B) \quad (4-96)$$

而 $V(A)$ 和 $V(B)$ 中第 j 行 k 列的元素为变量 x_j 与变量 $x_k (j = 1, 2, \cdots, p; k = 1, 2, \cdots, p)$ 的协方差，如式(4-97)、式(4-98)所示：

$$s_{jk}(A) = \frac{1}{n_A - 1} \sum_{i=1}^{n} (x_{ij}(A) - \bar{x}_j(A))(x_{ik}(A) - \bar{x}_k(A)) \quad (4-97)$$

$$s_{jk}(B) = \frac{1}{n_B - 1} \sum_{i=1}^{n} (x_{ij}(B) - \bar{x}_j(B))(x_{ik}(B) - \bar{x}_k(B)) \quad (4-98)$$

而各样品的综合判别变量 y 的值(投影点)为式(4-99)、式(4-100)：

$$y_i(A) = c_1 x_{i1}(A) + c_2 x_{i2}(A) + \cdots + c_p x_{ip}(A) = c' x_{(1)}(A) \quad (4-99)$$

$$y_i(B) = c_1 x_{i1}(B) + c_2 x_{i2}(B) + \cdots + c_p x_{ip}(B) = c' x_{(1)}(B) \quad (4-100)$$

其均值和方差分别为式(4-101)至式(4-104):

$$\bar{y}(A) = \frac{1}{n_A}\sum_{i=1}^{n_A} y_i(A) = c'\bar{x}(A) \qquad (4-101)$$

$$\bar{y}(B) = \frac{1}{n_B}\sum_{i=1}^{n_B} y_i(B) = c'\bar{x}(B) \qquad (4-102)$$

$$s_y(A) = \frac{1}{n_A}\sum_{i=1}^{n_A} [y_i(A) - \bar{y}(A)]^2 = c'S(A)c \qquad (4-103)$$

$$s_y(B) = \frac{1}{n_B}\sum_{i=1}^{n_B} [y_i(B) - \bar{y}(B)]^2 = c'S(B)c \qquad (4-104)$$

则在该综合变量下,可定义 A, B 两类总体的类间离差 D 为式(4-105)。

$$D = [\bar{y}(A) - \bar{y}(B)]^2 = [c'(\bar{x}(A) - \bar{x}(B))]^2 = \left(\sum_{j=1}^{p} c_j d_j\right)^2 \qquad (4-105)$$

即两类重心(平均值)之间距离的平方,其中,$d_j = \bar{x}_j(A) - \bar{x}_j(B)$。

为两类之间同一变量的平均值的差异;而 A, B 两类总体的类内离差即为 y 的总方差 s_y 为式(4-106)。

$$s_y = s_y(A) + s_y(B) = c'Sc \qquad (4-106)$$

其中,$S = S(A) + S(B)$。

费歇尔准则是:选择综合判别变量或投影方向,使得各类的点尽可能分别集中,而类与类尽可能地分离,即达到离内离差最小、类间离差最大。记 $I = \dfrac{D}{s_y}$,则费歇尔准则要求选取 $c = (c_1, c_2, \cdots, c_p)'$ 使得 I 最大,这是一个极值问题。为方便,上式两侧取对数后再对各待定参数 c_j 求导数并令其为零,$\dfrac{\partial \ln I}{\partial c_j} = \dfrac{\partial \ln D}{\partial c_j} - \dfrac{\partial \ln s_y}{\partial c_j} = 0$, $j = 1, 2, \cdots, p$,即得式(4-107):

$$\frac{\partial s_y}{\partial c_j} = \frac{1}{I}\frac{\partial D}{\partial c_j}, \quad j = 1, 2, \cdots, p \qquad (4-107)$$

应用式(4-106)和式(4-107)可得式(4-108)、式(4-109):

$$\frac{\partial D}{\partial c_j} = 2\left(\sum_{l=1}^{p} c_l d_l\right) d_j \qquad (4-108)$$

$$\frac{\partial s_y}{\partial c_j} = 2\sum_{l=1}^{p} s_{jl} c_l \qquad (4-109)$$

代入式(4-107)式得式(4-110):

$$\sum_{l=1}^{p} s_{jl} c_l = \frac{1}{I}\left(\sum_{l=1}^{p} c_l d_l\right) d_j, \quad j = 1, 2, \cdots, p \qquad (4-110)$$

记:

$$\frac{1}{I}\left(\sum_{l=1}^{p} c_l d_l\right) = \beta \qquad (4-111)$$

因 β 是一个与 j 无关的因子,只对所求的 $c_1, c_2, \cdots, c_p$ 起着共同放大和缩小的作用,不影响 c_j 之间的相对比例,在实际计算中,为重复简便起见,可令 $\beta=1$,于是得到方程组,如式(4-112)所示:

$$\begin{cases} s_{11}c_1 + s_{11}c_2 + \cdots + s_{1p}c_p = d_1 \\ s_{21}c_1 + s_{22}c_2 + \cdots + s_{2p}c_p = d_2 \\ \quad\quad\quad\quad\quad\vdots \\ s_{p1}c_1 + s_{p2}c_2 + \cdots + s_{pp}c_p = d_p \end{cases} \quad (4-112)$$

解线性方程组式(4-112)即可求出判别方程的系数 $c_1,c_2,\cdots,c_p$,从而建立起判别方程。

4.3.2.2 未知样品的判别

对于判别指标 y,A 类的中心为 $\bar{y}(A)$,B 类的中心为 $\bar{y}(B)$,以两者的加权平均值作为判别 A,B 两类母体的临界值 y_0,如式(4-113)所示。

$$y_0 = \frac{n_A \bar{y}(A) + n_B \bar{y}(B)}{n_A + n_B} \quad (4-113)$$

这也就是所有两类样品判别值 y 的总平均值,介于 $\bar{y}(A)$ 和 $\bar{y}(B)$ 之间,不妨设 $\bar{y}(A)>y_0>\bar{y}(B)$。未知样品的 p 个测试值代入判别方程可得该未知样品的判别值 y,若小于 y_0,则 y 更靠近 A 类的中心为 $\bar{y}(A)$,可判定属于 A 类;反之则可判为 B 类。

费歇尔准则也可用于多类判别。

4.3.2.3 判别方程的显著性检验

判别方程的好坏,即能否有效区分两类母体,这首先取决于两类母体本身统计性质的差异。若两类母体的差异大,则判别效果好。

与回归方程的显著性检验相类似。

4.3.3 贝叶斯准则下的多类线性判别

设已知有 g 个类 $G_k(k=1,2,\cdots,g)$,可由 p 个变量 $x_j(j=1,2,\cdots,p)$ 表征。在这 g 个类中共抽取 n 个样本,其中,抽到 $G_k(k=1,2,\cdots,g)$ 类的样本数为 $n_k(k=1,2,\cdots,g)$,显然有式(4-114):

$$n = \sum_{k=1}^{g} n_k \quad (4-114)$$

称式(4-115):

$$q_k = \frac{n_k}{n} \quad (4-115)$$

为 G_k 类的先验概率,其意义是:任抽取一个样,恰抽到 G_k 类的概率,记为 $P(G_k)$,此时尚不需要知道抽取的是一个什么样的样本,即不需要知道该样本的 p 个变量的测试值,其属于某个类的概率具有先验的意思。一旦知道了该样本的 p 个变量的测试值 $x=(x_1,x_1,\cdots,x_p)'$,则其属于某个 G_k 类的概率称之为后验概率,概率论上常记为 $P(G_k|x)$,读成在已知 x 的条件下为 G_k 类的条件概率。显然,判别样本归属的问题也就是要求后验概率最大的问题。

在概率论中有式(4-116):

$$P(G_k \mid x) = \frac{P(x \mid G_k)P(G_k)}{\sum_{k=1}^{g} P(x \mid G_k)P(G_k)} = \frac{P(x \mid G_k)q_k}{\sum_{k=1}^{g} P(x \mid G_k)q_k} \quad (4-116)$$

称之为逆概率公式,其中,$P(x \mid G_k)$为在已知属于G_k类的条件下得到x的条件概率。现在的目的是要比较在所有g个后验概率中哪个最大,从而确定其样本归属,因此,只需要知道$P(x \mid G_k)(k=1,2,\cdots,g)$的相对大小,上式中分母为一常数项,$P(x \mid G_k)$相对大小由式(4-117)确定。依后验概率的相对最大值判定样品归属的准则称之为贝叶斯准则。

$$q_k P(x \mid G_k) \quad (k=1,2,\cdots,g) \quad (4-117)$$

设类(母体)G_k服从多元正态分布$N(\mu_k, \Sigma)(k=1,2,\cdots,g)$,则其概率密度函数为式(4-118):

$$f_k(x) = \frac{1}{(2\pi)^{p/2}|\Sigma|^{1/2}} exp(-\frac{1}{2}(x-\mu_k)'\Sigma^{-1}(x-\mu_k)) \quad (4-118)$$

对式(4-118)求对数得式(4-119):

$$\ln(q_k f_k(x)) = -\ln((2\pi)^{p/2}|\Sigma|^{1/2}) - \frac{1}{2}(x-\mu_k)'\Sigma^{-1}(x-\mu_k) + \ln q_k$$
$$= -\ln((2\pi)^{p/2}|\Sigma|^{1/2}) - \frac{1}{2}x'\Sigma^{-1}x - \frac{1}{2}\mu_k'\Sigma^{-1}\mu_k + \mu_k'\Sigma^{-1}x + \ln q_k$$

$$(4-119)$$

上式推导过程中已用到了协方差矩阵Σ(因而Σ^{-1})为对称阵的性质,所以有$x'\Sigma^{-1}\mu_k = \mu_k'\Sigma^{-1}x$。上式右侧前两项与$k$无关,所以,后验概率的相对大小可由式(4-120)给出:

$$y_k(x) = \mu_k'\Sigma^{-1}x - \frac{1}{2}\mu_k'\Sigma^{-1}\mu_k + \ln q_k \quad (4-120)$$

各母体G_k的均值μ_k的无偏估计的各母体的样本均值$\bar{x}_k = (\bar{x}_1^{(k)}, \bar{x}_2^{(k)}, \cdots, \bar{x}_p^{(k)})'$,而因假设各母体具有相同的协方差阵$S$,则判别函数成为式(4-121)。

$$y_k(x) = \bar{x}_k' S^{-1} x - \frac{1}{2}\bar{x}_k' S^{-1} \bar{x}_k + \ln q_k \quad (4-121)$$

对于未知样本x,由判别函数式(4-121)$y_k(x)$,设最大值为$y_l(x)$,即式(4-122):

$$y_l(x) = \max_{1 \leq k \leq g} y_k(x) \quad (4-122)$$

则将x归属G_l类。

4.4 关联规则算法

关联规则(association rules)算法是数据挖掘中最活跃的研究方法之一。它由R. Agrawal等首先提出,广泛运用于购物篮数据、生物信息学、医疗诊断、网页挖掘和科学数据分析中,并逐步开始在地质领域使用。

关联规则挖掘就是从大量数据的项集之中发现有趣的关联或相关性，从而达到认识事物客观规律的目的。随着海量数据的持续收集与存储，在数据库中挖掘关联规则变得越来越重要。在钻井生产活动中，经常会发生井喷、井漏、井涌、井塌等复杂情况，其中有一些情况是由于具有相近的地质发生原因，所以经常会伴随发生。利用关联规则在井史数据中挖掘不同情况之间的关联关系，可以在一种情况发生的时候，及早预防其他几种可能伴生的复杂情况。

4.4.1 常用关联规则算法

关联规则是反映一个事物与其他事物之间的关联性，关联规则分析则是从事务数据库、关系数据库和其他信息存储中的大量数据的项集之间发现有趣的、频繁出现的模式、关联和相关性。更确切地说，关联规则通过量化的数字，描述物品甲的出现对物品乙的出现有多大的影响。它的模式属于描述型模式，发现关联规则的算法属于无监督学习的方法。

常用关联算法如表 4-18 所示。

表 4-18　常用关联规则算法及其描述

算法名称	算法描述
Apriori	关联规则最常用也是最经典的挖掘频繁项集的算法，其核心思想是通过连接产生候选项及其支持度然后通过剪枝生成频繁项集
FP-Tree	针对 Apriori 算法的固有的多次扫描事务数据集的缺陷，提出的不产生候选频繁项集的方法。Apriori 和 FP-Tree 都是寻找频繁项集的算法
Eclat 算法	Eclat 算法是一种深度优先算法，采用垂直数据表示形式，在概念格理论的基础上利用基于前缀的等价关系将搜索空间划分为较小的子空间
灰色关联法	分析和确定各因素之间的影响程度或是若干个子因素（子序列）对主因素（母序列）的贡献度而进行的一种分析方法

下面重点详细介绍 Apriori 算法。

4.4.2 Apriori 算法

Apriori 算法是常用的关联规则算法，也是最为经典的分析频繁项集的算法，同时也是第一次实现在大数据集上可行的关联规则提取的算法。

4.4.2.1 置信度、支持度和提升度

关联规则是形如 $A \Rightarrow B$ 的表达式，其中，A 和 B 不相交。置信度（support）和支持度（confidence）这两个指标用于度量关联规则的强度。支持度也称为相对支持度，表示 A 与 B 同时发生的概率，如式（4-123）所示。

$$\text{support}(A \Rightarrow B) = P(A \cap B) \tag{4-123}$$

置信度是指 A 发生的条件下，B 发生的概率，如式（4-124）所示。

$$\text{confidence}(A \Rightarrow B) = P(A \mid B) \tag{4-124}$$

提升度（lift）可反映规则是否可用，表示 A 发生的条件下，B 发生的概率，与 B 总

体发生的概率之比，如式(4-125)所示。

$$\text{lift}(A \Rightarrow B) = \frac{\text{confidence}(A \Rightarrow B)}{\text{support}(A) \times \text{support}(B)} \quad (4-125)$$

若提升度小于1则说明规则负相关，若提升度大于1则说明规则正相关。

4.4.2.2 频繁项集

项集是项的集合，包含 k 项的项集称为 k 项集。项集的出现频率是所有包含项集事务的级数，又称绝对支持度或支持度计数。若存在项集的支持度满足预定义的最小置信度或最小支持度的阈值，则称此项集为频繁项集，频繁 k 项集通常记作 L_k。而同时满足最小置信度和最小支持度的规则称为强规则。

Apriori 算法的主要思想是找出存在于事务数据集中最大的频繁项集，利用最大频繁项目集与预先设定的最小置信度阈值生成强关联规则。Apriori 算法包括两个过程：根据最小支持度阈值找出事务数据库中所有的频繁项目集；由频繁项集和最小支持度产生强关联规则。

最后根据算法结果输出关联规则。

Apriori 算法的具体步骤如下：

(1) 找出所有的频繁项集。由频繁项集的性质可得，频繁项集的子集一定是频繁项集。比如 $\{A, B, C\}$ 是一个3项的频繁项集，则其子集 $\{A, B\}$，$\{B, C\}$，$\{A, C\}$ 也一定是2项的频繁项集。反之，如果在不是频繁项集的项集 I 中添加事务 A，那么新的项集 $I \cap A$ 一定也不是频繁项集。

下面以迭代的方式找出频繁项集。首先找出1项的频繁项集，然后使1项的频繁项集进行组合，找出2项的频繁项集。如此迭代下去，直到不再满足最小支持度或最小置信度的条件为止。其中，重要的两步分别是连接和剪枝。

a. 连接步。连接步的目的是找到 k 项集。对给定的最小支持度阈值，分别对1项候选集 c_1，剔除小于该阈值的项集得到1项频繁项集 L_1；下一步由 L_1 自身连接产生2项候选集 c_2，保留 c_2 中满足约束条件的项集得到2项频繁项集，记为 L_2；再由下一步由 L_2 与 L_1 连接产生3项候选集 c_2，保留 c_2 中满足约束条件的项集得到3项频繁项集，记为 L_2……这样循环下去，得到最大频繁项集 L_k。

b. 剪枝步。剪枝步紧接着连接步，在产生候选项 c_k 的过程中起到减小搜索空间的目的。由于 c_k 是 L_{k-1} 与 L_1 连接产生的，根据 Apriori 的性质频繁项集的所有非空子集也必须是频繁项集，所以，不满足该性质的项集将不会存在于 c_k 中，该过程称为剪枝。

(2) 由频繁项集产生关联规则。上述步骤已经剔除了不满足最小支持度阈值的项，如果剩下的项能满足预定的最小置信度阈值，那么可以找到强关联规则。

以表 4-19 中的数据为例，取最小支持度为 0.3，最小置信度为 0.5。用 Apriori 求取商品间的关联规则。

表 4-19 关联规则示例数据

序 号	商品名称
1	{a, b, c}
2	{b, c}
3	{c, d}
4	{a, b, d, e}
5	{c, d}
6	{a, e}
7	{a, c}
8	{a, b, c, e}
9	{a, c, d}
10	{a, b, d}

基于表 4-19 的数据，找出所有的频繁项集，其流程如图 4-4 所示。

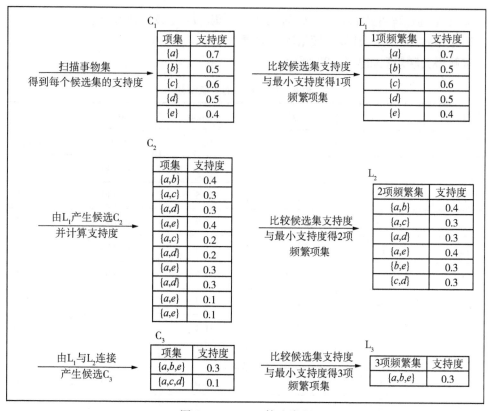

图 4-4 Apriori 算法流程

a. 算法简单扫描所有的事物，事物中的每一项都是候选 1 项集的集合 c_1 的成员，根据式(4-123)计算每一项的支持度。

b. 对 c_1 中各项集的支持度与预先设定的最小支持度阈值作比较，保留大于或者等于该阈值的项，得 1 项频繁项集 L_1。

c. 扫描所有事务，L_1 与 L_1 连接得候选 2 项集 c_2，并计算每一项的支持度。接下来是剪枝步，由于 c_2 的每个子集 L_1 都是频繁项集，所以没有项集从 c_3 中剔除。

d. 对 c_2 中各项集的支持度与预先设定的最小支持度阈值作比较，保留大于或等于该阈值的项，得 2 项频繁项集 L_2。

e. 扫描所有事务，L_2 与 L_1 连接得候选 3 项集 c_3，并计算每一项的支持度。接下来是剪枝步，L_2 与 L_1 所有项集为：$\{a,b,c\}$，$\{a,b,d\}$，$\{a,c,d\}$，$\{a,d,e\}$，$\{a,c,e\}$，$\{b,c,d\}$，$\{b,c,e\}$。根据 Apriori 算法，频繁项集的所有非空子集也必须为频繁项集，因为 $\{b,c\}$，$\{b,d\}$，$\{c,e\}$，$\{d,e\}$ 不包含在 2 项频繁项集 L_2 中，即不是频繁项集，包含以上 2 项集的 3 项集应从 c_3 中剔除。最后 c_3 中的项集有 $\{a,b,e\}$，$\{a,c,e\}$。

f. 对 c_3 中各项集的支持度与预先设定的最小支持度阈值作比较，保留大于或等于该阈值的项，得 3 项频繁项集 L_3。

g. L_2 与 L_1 连接得候选 4 项集 c_4，易得剪枝后为空集。最后得到最大 3 项频繁项集 $\{a,b,e\}$。

h. 由上述过程可知 L_1，L_2，L_3 都是频繁项集，L_3 是最大频繁项集。

i. 根据式(4-124)计算各频繁项集的置信度。

求解得关联规则如表 4-20 所示。

表 4-20　输出的关联规则

LHS		RHS	support	confidence	lift
{}	⇒	{d}	0.5	0.500	1.000
{}	⇒	{c}	0.6	0.600	1.000
{}	⇒	{b}	0.5	0.500	1.000
{}	⇒	{a}	0.7	0.700	1.000
{e}	⇒	{b}	0.3	0.750	1.500
{b}	⇒	{e}	0.3	0.600	1.500
{e}	⇒	{b}	0.4	1.000	1.429
{a}	⇒	{e}	0.4	0.571	1.429
{d}	⇒	{c}	0.3	0.600	1.000
{c}	⇒	{d}	0.3	0.500	1.000
{d}	⇒	{a}	0.3	0.600	0.857

续上表

LHS		RHS	support	confidence	lift
{c}	⇒	{a}	0.3	0.500	0.714
{b}	⇒	{a}	0.4	0.800	1.143
{a}	⇒	{b}	0.4	0.571	1.143
{b, e}	⇒	{a}	0.3	1.000	1.423
{a, e}	⇒	{b}	0.3	0.750	1.500
{a, b}	⇒	{e}	0.3	0.750	1.875

搜索出来的关联规则不一定具有实际意义，需要根据问题背景筛选适当的有意义的规则，并赋予合理的解释。

4.4.2.3 Apriori算法的优缺点

Apriori算法是关联规则最常用也是最经典的分析频繁项集的算法，算法已大大压缩了频繁项集的大小，并可以取得良好性能。但是，Apriori算法每次计算支持度与置信度都需要重新扫描所有数据。其次，算法有的多次扫描事务数据的缺陷，在每一步产生候选集时循环产生的项集过多，没有排除不应该参与组合的元素。

求解关联规则的步骤并不复杂，但是每次求支持度或置信必须重复扫描一次所有的项集。若是事务数据库中有10000个项集，扫描一次花费时间大大增加；若是c_1集中项集个数为100，那么需要求的支持度与置信度的次数在迭代寻找最大频繁项集的过程中就会成指数式增加，意味着扫描10000个项集的次数也会成指数式的增加；而上述关联规则示例中L_1到c_2的过程中的项集数目由5个变为10个，而当L_1有100个频繁项集时生成c_2时就会有超过100万的候选集。

4.4.3 关联规则在地球科学中的应用

4.4.3.1 面向矿产资源信息的空间关联性分析

常力恒等(2017)以全国矿产地数据库中的热液型金矿数据和潜力评价数据为研究对象，应用关联规则算法，挖掘与金矿相关的侵入岩、火山岩、变质岩建造及区域构造地质大数据的关联性，进而发现地质要素之间的共生组合规律。

作者首先通过空间位置建立不同类型数据之间的联系，形成金矿属性数据库，然后基于Apriori算法提取了大地构造环境与变质作用的频繁项集，挖掘矿产资源信息与其他信息的关联规则，发现古裂谷相、古弧盆相分别受区域动力热流变质作用和区域中高温变质作用控制明显。

4.4.3.2 基于地质灾害数据仓库的空间数据挖掘应用研究

三峡库区对易发滑坡体进行了长期监测，积累了海量的关于滑坡变形、坝前长江水位、库区自然降雨量、滑坡体地下水位的数据，但存在数据利用率低的问题；由于滑坡的形变位移预测是极复杂的问题，具有高度非线性特征，难以用明确的数学模型描述，而数据挖掘方法并不囿于问题的线性或非线性，其主要目的在于发掘数据中隐藏的规律和模式。

李妮(2013)以研究区的滑坡的形变位移、自然降雨、坝前水位变化等监测数据为基础，提出适合分析影响滑坡形变的理论模型。通过关联规则分析，找出了坝前水位、水位涨落速度以及自然降雨量同滑坡形变位移间的关系。

4.4.3.3 基于关联规则的遥感数据挖掘与应用

遥感数据的地学应用经常出现多维相关、时序相关以及特征相关等实际问题。

多维关联规则挖掘：往往会涉及两个以上因子相互作用。这类问题可以归结为多维关联或多因子关联，求解多维关联之间的规律或模式是多维关联规则挖掘问题。

时序关联规则挖掘：从宏观尺度观测地学事件的发生、演化过程时，会发现除了事件主体随时间空间发生变化外，还会连带周围环境要素的变化。时序关联规则指的是事件主体与环境背景某些要素随时间的变化规律或趋势。

特征关联规则挖掘：目标特征信息是相对于背景的特征信息存在的，因此，遥感图像信息识别中的许多问题，可以归纳为目标与背景的相对和相关性。特征关联就是从复杂背景中筛选与发现目标特征，揭示目标与背景之间的特征模式。

4.5 推荐系统算法

推荐系统(recommender system)也是大数据挖掘的重要算法之一。目前应用的主要推荐方法包括：基于关联规则推荐、基于知识推荐、基于内容推荐、协同过滤推荐、基于效用推荐和组合推荐等。

当前，推荐系统算法最成功的应用在于商业领域。项目或对象是通过相关的特征的属性来定义，系统基于用户评价对象的特征，学习用户的兴趣，考察用户资料与待预测项目的相匹配程度。推荐系统的任务是联系用户和信息，一方面，帮助用户发现对自己有价值的信息；另一方面，让信息能够展现在对它感兴趣的用户面前，从而实现信息消费者和信息生产者的双赢。这在信息过载的时代尤其重要。

推荐系统有3个重要的模块：用户建模模块、推荐对象建模模块、推荐算法模块。本节只介绍推荐算法模块。

4.5.1 常用推荐系统算法

推荐算法的本质是通过一定的方式将用户和物品联系起来。因此，推荐系统按照用户和物品的联系方式可以分为3种方法。

第一种是基于物品的方法，指利用用户喜欢过的物品，给用户推荐与他喜欢过的物品相似的物品。第二种是基于用户的方法，指利用和用户兴趣相似的其他用户，给用户推荐那些和他们兴趣爱好相似的其他用户喜欢的物品。最后一种是基于特征的方法，指通过一些特征联系用户和物品，给用户推荐那些具有用户喜欢的特征的物品。这里的特征有不同的表现方式，比如，可以表现为物品的属性集合(比如，对于图书，属性集合包括作者、出版社、主题和关键词等)，也可以表现为隐含语义的属性，即隐语义向量。用户与物品的3种联系方法如图4-5所示。

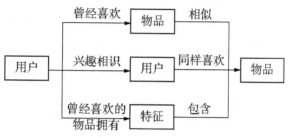

图 4-5 用户与物品联系的 3 种方法

在这 3 种方法下,推荐系统又可以具体分为许多种算法,目前常用的推荐系统算法如表 4-21 所示。

表 4-21 常用推荐系统算法

算法名称	算法描述
基于内容的推荐	是建立在项目的内容信息上做出推荐的,而不需要依据用户对项目的评价意见,更多地需要用机器学习的方法从关于内容的特征描述的事例中得到用户的兴趣资料。在基于内容的推荐系统中,项目或对象是通过相关的特征的属性来定义,系统基于用户评价对象的特征,学习用户的兴趣,考察用户资料与待预测项目的相匹配程度。用户的资料模型取决于所用学习方法,常用的有决策树、神经网络和基于向量的表示方法等。基于内容的用户资料是需要有用户的历史数据,用户资料模型可能随着用户的偏好改变而发生变化。其中,比较常见的细分为利用标签数据进行推荐
基于协同过滤推荐	一般采用最近邻技术,利用用户的历史喜好信息计算用户之间的距离,然后利用目标用户的最近邻用户对商品评价的加权评价值来预测目标用户对特定商品的喜好程度,系统从而根据这一喜好程度来对目标用户进行推荐。目前,可以分为基于物品的协同过滤和基于用户的协同过滤
基于关联规则的推荐	以关联规则为基础,把已购商品作为规则头,规则体为推荐对象
基于知识的推荐	在某种程度是可以看成一种推理(inference)技术,它不是建立在用户需要和偏好基础上推荐的。基于知识的方法因它们所用的功能知识不同而有明显区别。效用知识(functional knowledge)是一种关于一个项目如何满足某一特定用户的知识,因此能解释需要和推荐的关系,所以用户资料可以是任何能支持推理的知识结构,它可以是用户已经规范化的查询,也可以是一个更详细的用户需要的表示

4.5.2 基于协同过滤推荐

实现基于用户的协同过滤算法第一个重要的步骤就是计算用户之间的相似度。而计算相似度,建立相关系数矩阵主要分为以下几种方法。

(1)皮尔逊相关系数。皮尔逊相关系数一般用于计算两个定距变量间联系的紧密程度,它的取值在[-1,+1]之间。用数学公式表示,皮尔森相关系数等于两个变量的协方差除于两个变量的标准差。计算公式如式(4-126)所示:

$$s(X,Y) = \frac{cov(X,Y)}{\sigma_X \sigma_Y} \qquad (4-126)$$

由于皮尔逊相关系数描述的是两组数据变化移动的趋势,所以在基于用户的协同过滤系统中,经常使用。描述用户购买或评分变化的趋势,若趋势相近则皮尔逊系数趋近于1,也就是我们认为相似的用户。

(2)基于欧几里德距离的相似度。欧几里德距离计算相似度是所有相似度计算里面最简单、最易理解的方法。它以经过人们一致评价的物品为坐标轴,然后将参与评价的人绘制到坐标系上,并计算他们彼此之间的直线距离 $\sum \sqrt{(X_i - Y_i)^2}$。计算出来的欧几里德距离是一个大于0的数,为了使其更能体现用户之间的相似度,可以把它规约到(0,1)之间,最终得到计算公式如式(4-127)所示:

$$s(X,Y) = \frac{1}{1 + \sum \sqrt{(X_i - Y_i)^2}} \qquad (4-127)$$

只要至少有一个共同评分项,就能用欧几里德距离计算相似度;如果没有共同评分项,那么欧几里得距离也就失去了作用。其实照常理理解,如果没有共同评分项,那么意味着这两个用户或物品根本不相似。

(3)余弦相似度。余弦相似度用向量空间中两个向量夹角的余弦值作为衡量两个个体间差异的大小。余弦相似度更加注重两个向量在方向上的差异,而非距离或长度上。计算公式如式(4-128)所示:

$$s(X,Y) = \cos\theta = \frac{\vec{x} * \vec{y}}{\|x\| * \|y\|} \qquad (4-128)$$

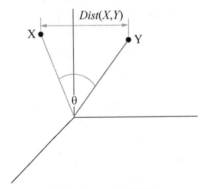

图4-6 余弦相似度

从图4-6可以看出距离度量衡量的是空间各点间的绝对距离,跟各个点所在的位置坐标(即个体特征维度的数值)直接相关;而余弦相似度衡量的是空间向量的夹角,更加体现在方向上的差异,而不是位置。如果保持X点的位置不变,Y点朝原方向远离坐标轴原点，那么这个时候余弦相似度是保持不变的，因为夹角不变，而 X，Y 两点的距离显然在发生改变，这就是欧氏距离和余弦相似度的不同之处。

基于用户的协同过滤算法，另一个重要的步骤就是计算用户 u 对未评分商品的预测分值。首先根据上一步中的相似度计算，寻找用户 u 的邻居集 $N \in U$，其中，N 表示邻居集，U 表示用户集。然后，结合用户评分数据集，预测用户 u 对项 i 的评分，计算公式如式(4-129)所示：

$$p_{u,i} = \bar{r} + \frac{\sum_{u' \subset N} s(u - u')(r_{u',i} - \bar{r}_{u'})}{\sqrt{\sum_{u' \subset N} |s(u - u')|}} \qquad (4-129)$$

其中，$s(u-u')$ 表示用户 u 和用户 u' 的相似度。

最后，基于对未评分商品的预测分值排序，得到推荐商品列表。

4.5.3 利用标签数据进行推荐

标签数据是一种重要的特征表现方式，是一种无层次化结构的、用来描述信息的关键词，还可以用来描述物品的语义。利用标签数据进行推荐是基于内容的推荐算法中的一个细分。标签是一种表示用户兴趣和物品语义的重要方式，当一个用户对一个物品打上一个标签，这个标签一方面描述了用户的兴趣，另一方面则表示了物品的语义，从而将用户和物品联系了起来。因此，本章主要研究用户给物品打标签的行为，探讨如何通过分析这种行为给用户进行个性化推荐。

标签在推荐系统中的应用主要集中在如下两个问题。一个是如何利用用户打标签的行为给用户推荐物品，另一个是如何在用户给物品打标签时为其推荐适合该物品的标签。

(1) 利用用户打标签的行为给用户推荐物品。一个用户标签行为的数据集一般由一个三元组的集合表示，其中，记录 (u, i, b) 表示用户 u 给物品 i 打上了标签 b。当然，用户的真实标签行为数据远远比三元组表示的要复杂，比如，用户打标签的时间、用户的属性数据、物品的属性数据等。但是本章为了集中讨论标签数据，只考虑上面定义的三元组形式的数据，即用户的每一次打标签行为都用一个三元组(用户、物品、标签)表示。

拿到了用户标签行为数据，可以通过最基础的推荐算法行进推荐，具体步骤如下：
a. 统计每个用户最常用的标签。
b. 对于每个标签，统计被打过这个标签次数最多的物品。
c. 对于一个用户，首先找到该用户常用的标签，然后找到具有这些标签的最热门物品推荐给这个用户。

则用户 u 对物品 i 感兴趣程度的公式为式(4-130)：

$$p(u,i) = \sum_b n_{u,b} n_{b,i} \qquad (4-130)$$

设 $B(u)$ 是用户 u 打过的标签集合，$B(i)$ 是物品 i 被打过的标签集合，$n_{u,b}$ 是用户 u 打过标签 b 的次数，$n_{b,i}$ 是物品 i 被打过标签 b 的次数。本章用 Simple Tag Based 标记这个算法。该算法的代码详见本章最后一节。

基于标签数据推荐系统的评价指标如下：

首先将收集到的数据分为测试集与训练集。这里分割的键值是用户和物品，意味着用户对同一个物品打的多个标签不会被分割开。通过学习训练集中的用户标签数据预测测试集上用户会给什么物品打标签。对于用户 u，设 $R(u)$ 为给用户 u 的长度为 N 的推荐列表，里面包含通过训练集计算得到的用户可能会打标签的物品，即准备推荐给用户的物品。令 $T(u)$ 是测试集中用户 u 实际上打过标签的物品集合。然后可以利用准确率(precision)和召回率(recall)评测个性化推荐算法的精度。准确率公式如式(4-131)所示，召回率公式如式(4-132)所示。

$$\text{Precision} = \frac{|R(u) \cap T(u)|}{|R(u)|} \quad (4-131)$$

$$\text{Recall} = \frac{|R(u) \cap T(u)|}{|T(u)|} \quad (4-132)$$

为了全面评测个性化推荐的性能，还需要评测推荐结果的覆盖率(coverage)、多样性(diversity)和新颖度3个指标。

a. 覆盖率。覆盖率(coverage)描述一个推荐系统对物品长尾的发掘能力。覆盖率有不同的定义方法，最简单的定义为推荐系统能够推荐出来的物品占总物品集合的比例。假设系统的用户集合为 U，推荐系统给每个用户推荐一个长度为 N 的物品列表 $R(u)$；I 为总物品集合。覆盖率为100%的推荐系统可以将每个物品都推荐给至少一个用户。覆盖率的计算公式如式(4-133)所示。

$$\text{Coverage} = \frac{|\bigcup_{u \in U} R(u)|}{|I|} \quad (4-133)$$

b. 多样性。尽管用户的兴趣在较长的时间跨度中是一样的，但具体到用户访问推荐系统的某一刻，其兴趣往往是单一的，那么如果推荐列表只能覆盖用户的一个兴趣点，而这个兴趣点不是用户这个时刻的兴趣点，推荐列表就不会让用户满意。反之，如果推荐列表比较多样，覆盖了用户绝大多数的兴趣点，那么就会增加用户找到感兴趣物品的概率。因此，给用户的推荐列表也需要满足用户广泛的兴趣，即具有多样性。

推荐系统的多样性为所有用户推荐列表多样性的平均值。多样性的定义取决于相似度的定义，本节将使用余弦相似度度量物品之间的相似度。其中，sim 代表余弦相似度（本章最后一节提供了计算余弦相似度的代码），item_tags[i] 为存储物品 i 的标签向量。多样性的计算公式如式(4-134)所示。

$$\text{Diversity} = 1 - \frac{\sum_{i \in R(u)} \sum_{j \in R(u), j \neq i} \text{sim}(\text{item\_tags}[i], \text{item\_tags}[j])}{\binom{|R(u)|}{2}} \quad (4-134)$$

c. 新颖度。新颖的推荐是指给用户推荐那些用户以前没有听说过的物品。在一个网站中实现新颖性的最简单办法是，把那些用户之前在网站中对其有过行为的物品从推荐列表中过滤掉。比如，在一个视频网站中，不应该给用户推荐那些他们已经看过、打过分或者浏览过的视频。但是，有些视频可能是用户在别的网站看过，或者是在电视上看过，因此，仅仅过滤掉本网站中用户有过行为的物品还不能完全实现新颖性。

评测新颖度的最简单方法是利用推荐结果的平均流行度,因为越不热门的物品越可能让用户觉得新颖。因此,如果推荐结果中物品的平均热门程度较低,那么推荐结果就可能有比较高的新颖性。对于物品 i,定义它的流行度 item_pop(i) 为给这个物品打过标签的用户数。平均热门度的计算公式如式(4-135)所示。

$$\text{Average Popularity} = \frac{\sum_u \sum_{i \in R(u)} \log(1 + \text{item\_pop}(i))}{\sum_u \sum_{i \in R(u)} 1} \quad (4-135)$$

最终得到5个评价指标,分别为准确率、召回率、覆盖率、多样性和新颖度。通过对这5个指标进行评测,可以对推荐系统进行优化。

(2)在用户给物品打标签时为其推荐适合该物品的标签。首先需要了解为什么要给用户推荐标签。一般认为,给用户推荐标签有以下好处:

a. 方便用户输入标签。让用户从键盘输入标签无疑会增加用户打标签的难度,这样很多用户不愿意给物品打标签,因此,需要一个辅助工具来减小用户打标签的难度,从而提高用户打标签的参与度。

b. 提高标签质量。同一个语义不同的用户可能用不同的词语来表示。这些同义词会使标签的词表变得很庞大,而且会使计算相似度不太准确。而使用推荐标签时,可以对词表进行选择,首先保证词表不出现太多的同义词,同时保证出现的词都是一些比较热门的、有代表性的词。

用户 u 给物品 i 打标签时,有多种方法可以给用户推荐和物品 i 相关的标签。一个比较常用的方法是 Hybrid Popular Tags。

首先介绍如下3种方法:

a. 给用户 u 推荐整个系统里最热门的标签。

b. 给用户 u 推荐物品 i 上最热门的标签。

c. 给用户 u 推荐他自己经常使用的标签。

最后通过某个系数将以上3种方法的推荐结果线性加权。

在两个列表线性相加时要先对它们按最大值作规范化处理,这样便于控制两个列表对最终结果的影响,而不至于因为物品非常热门而淹没用户对推荐结果的影响,或者因为用户非常活跃而淹没物品对推荐结果的影响。

若要使用结果加权的方法进行推荐,如何确定最佳系数呢?首先用同样的方法将数据集分成训练集和测试集,然后通过训练集学习用户标注的模型。这里切分数据集不再是以 user, item 为主键,而是以 user, item, tag 为主键。对于测试集中的每一个用户物品对(u, i),都会推荐 N 个标签给用户 u 作参考。

令 $R(u, i)$ 为给用户 u 推荐的应该在物品 i 上打的标签集合,令 $T(u, i)$ 为用户 u 实际给物品 i 打的标签的集合,可以利用准确率和召回率评测标签推荐的精度。其中,准确率公式如式(4-136)所示;召回率公式如式(4-137)所示。

$$\text{Precision} = \frac{\sum_{(u,i) \in \text{Test}} |R(u,i) \cap T(u,i)|}{\sum_{(u,i) \in \text{Test}} |R(u,i)|} \quad (4-136)$$

$$\text{Recall} = \frac{\sum_{(u,i) \in \text{Test}} |R(u,i) \cap T(u,i)|}{\sum_{(u,i) \in \text{Test}} |T(u,i)|} \quad (4-137)$$

Delicous 是首家使用标签系统的网站，它允许用户给互联网上的每个网页打标签，从而通过标签重新组织整个互联网。表 4-22 给出了 Hybrid Popular Tags 算法在不同线性融合系数下的准确率和召回率，使用的数据为 Delicous 数据集。

表 4-22 在不同线性融合系数 α 下的准确率和召回率

α	准确率/%	召回率/%
0.0	11.84	32.16
0.1	15.27	41.48
0.2	16.71	45.39
0.3	18.93	51.41
0.4	21.14	57.42
0.5	22.74	61.75
0.6	23.99	65.15
0.7	24.82	67.42
0.8	25.15	68.30
0.9	24.95	67.77
1.0	23.80	64.63

如表 4-22 所示，可以得处结论，在 α = 0.8 的时候，Hybrid Popular Tags 取得了最好的准确度（准确率 = 25.15%，召回率 = 68.30%）。

4.6 Python 算法的实现

4.6.1 回归分析

GeoRock 数据库中玄武岩对特定大地构造背景的逻辑回归分析如下：

对玄武岩数据进行逻辑回归。将岩石化学数据对玄武岩的大地构造背景进行逻辑回归，得出各元素值的权重后，对于一组新的岩石地球化学数据，就可以根据该组权重来判断岩石产出于某特定大地构造背景的概率。下面以分类并预测玄武岩样本是否属于板内火山岩为例。如代码 4-1 所示。

代码 4-1　对 GeoRock 数据库中玄武岩样品对大地构造背景的逻辑回归分析

| In[1]: | ```python
import pandas as pd
from sklearn.linear_model import LogisticRegression
from sklearn.cross_validation import train_test_split
basalt = pd.read_csv('./basalt.csv')

#浏览数据集
print(basalt.head())
df = basalt.drop(basalt.columns[1:5], axis=1)
#df['TECTONIC SETTING'] = df['TECTONIC SETTING'] == 'SEAMOUNT'
df.loc[df['TECTONIC SETTING'] == 'INTRAPLATE VOLCANICS','TECTONIC SETTING'] = 1
df.loc[df['TECTONIC SETTING'] != 1,'TECTONIC SETTING'] = 0

X_train, X_test, y_train, y_test = train_test_split(df.ix[:, 1:], df.ix[:, 0], test_size=.1, random_state=520)

lr = LogisticRegression()        #建立 LR 模型
lr.fit(X_train, y_train)         #用处理好的数据训练模型
print('逻辑回归的准确率为：{0:.2f}%'.format(lr.score(X_test, y_test)*100))
``` |
| Out[1]: | ```
   TECTONIC SETTING       LATITUDE   LONGITUDE  LAND OR SEA  \
0  INTRAPLATE VOLCANICS   38.044300  127.069450  SAE
1  INTRAPLATE VOLCANICS   38.044300  127.069450  SAE
2  INTRAPLATE VOLCANICS   38.044300  127.069450  SAE
3  CONVERGENT MARGIN     -40.311516  -72.223970  SAE
4  CONVERGENT MARGIN     -40.368158  -71.993835  SAE

        SAMPLE NAME       SiO2(WT%)  TiO2(WT%)  Al2O3(WT%)  Fe2O3(WT%)  \
0     s_2404 [18304]         48.42       1.69       15.41       10.19
1     s_2603 [18304]         48.21       1.91       15.58       10.36
2     s_2608 [18304]         48.23       1.92       15.58       10.09
3  s_FB091012-7 [19945]      51.13       2.40       14.37       12.06
4  s_FB151112-1 [19945]      51.40       1.05       17.31        8.95

CAO(WT%) ... GD(PPM) TB(PPM) DY(PPM) HO(PPM) ER(PPM) TM(PPM) \
``` |

续上表

0	8.37	…	4.69	0.739	4.27	0.832	2.32	0.313
1	8.44	…	5.10	0.801	4.60	0.900	2.49	0.339
2	8.57	…	5.29	0.824	4.76	0.927	2.57	0.346
3	7.89	…	9.25	1.270	6.88	1.440	4.36	0.570
4	8.66	…	4.92	0.630	3.84	0.840	2.59	0.280

	YB(PPM)	LU(PPM)	HF(PPM)	TA(PPM)
0	2.00	0.290	3.61	1.39
1	2.17	0.311	3.99	1.62
2	2.20	0.320	4.18	1.69
3	4.01	0.500	2.80	0.30
4	2.23	0.280	3.20	0.20

[5 rows x 46 columns]
__main__: 13: DeprecationWarning:
.ix is deprecated. Please use
.loc for label based indexing or
.iloc for positional indexing

See the documentation here:
http://pandas.pydata.org/pandas-docs/stable/indexing.html#ix-indexer-is-deprecated

逻辑回归的准确率为: 81.73%

4.6.2 聚类分析

对 GeoRock 数据库中玄武岩样品进行聚类：将 GeoRock 数据库中玄武岩样品的主量元素、微量元素数据用于聚类分析，得出不同的类别。对划分出的类别进行分析，总结各类别内部的共同特点以及不同类别间的主要区别，再结合岩性、构造环境、空间位置、与成矿的关系等地质信息进行解读，得出新的地质认识。本次选取聚 6 个类。如代码 4-2 所示。

代码 4-2　GeoRock 数据库玄武岩样品聚类分析 Python 程序

| In[1]: | ```
import pandas as pd
import scipy.cluster.vq as vq
import matplotlib.pylab as plt
basalt = pd.read_csv('./basalt.csv')
df = basalt.iloc[:, 5:15]
data1 = vq.whiten(df)   #对数据进行单位化
``` |
|---|---|
```

续上表

| | ```
kmeans_cent2 = vq. kmeans(data1, 6)
print('聚类中心为：\ n', kmeans_cent2[0])
#画出单位化后和聚类中心的散点图
p = plt. figure(figsize = (81, 81))
for i in range(9):
    for j in range(9):
        ax = p. add_subplot(9, 9, i * 9 + 1 + j)
        plt. scatter(data1[:, j], data1[:, i])
        plt. scatter(kmeans_cent2[0][:, j], kmeans_cent2[0][:, i], c = 'r')
plt. savefig('./聚类结果. png')
plt. show()
``` |
| Out[1]: | 聚类中心为：
[[22.64534153 3.43266939 9.16973596 5.93432275 4.9461637   2.74783238
   5.60982775 1.51996306 3.65688045 2.11464247]
 [23.47417046 2.69787647 9.9134681   4.85296057 4.20951047 2.60033334
   4.2705458   2.76037991 4.54286341 2.69930361]
 [24.03570874 1.6251734   9.84326108 4.71361889 4.73411867 3.14715702
   4.56023295 1.33778598 3.78363313 1.10414308]
 [22.50955362 2.65172852 8.62907607 5.08043448 5.21779509 4.26242256
   4.71302452 1.77406898 3.45886619 1.96759504]
 [23.50352404 1.50903365 9.45500002 5.02268596 6.10789919 3.29430368
   5.59377117 0.41706871 2.65208614 0.57117238]
 [23.43760245 0.99521822 8.45950238 5.09732224 5.93095792 4.7306847
   4.78461964 0.89010665 2.06386221 0.4443054]] |

由于本次选取了9个主量元素，所以最后得到9×9共计81幅图，如图4-7所示。

4.6.3 关联规则算法

根据广州气象数据中的最高气温、最低气温、天气、风向、风力5项指标，进行频繁项集的挖掘计算。

首先，对最高气温和最低气温两个连续项进行离散化，以5℃为单位进行分段，离散化完成后得到文件"广州气象离散化.csv"，在此文件基础上进行关联规则。如代码4-3所示。
```

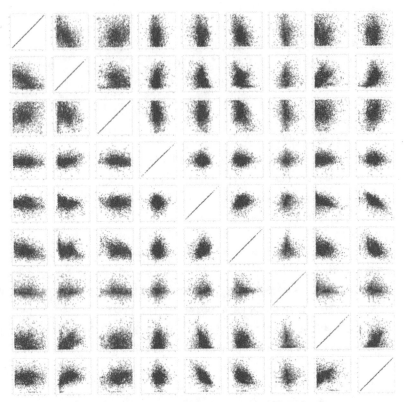

图 4-7　GeoRock 数据库中玄武岩样品的聚类效果

代码 4-3　气象数据离散化预处理

In[1]:	#气象数据离散化预处理
	import pandas as pd
	
	weather = pd. read_csv('./广州气象数据.csv') #参数初始化
	weather = weather. dropna(axis = 0, how = 'any') #去除空值
	#离散化最高温度
	n = 10
	while n < 41：
	　　for i in range(n - 5, n)：
	　　　　weather. loc[(weather['最高气温'] = = i),'最高气温'] = '最高气温为% d
	～% d 度' % (n - 5, n)
	　　#weather. loc[(weather['最高气温'] = = 10),'最高气温'] = '最高气温为% d
	～% d 度' % (n - 5, n)
	　　n + = 5
	#离散化最低温度
	n = 0

118

续上表

| | ```
while n < 31:
    for i in range(n-5, n):
        weather.loc[(weather['最低气温']==i),'最低气温']='最低气温为%d~%d度' %(n-5, n)
        #weather.loc[(weather['最高气温']==10),'最高气温']='最高气温为%d~%d度' %(n-5, n)
    n+=5
weather = weather.iloc[:,1:] #去除无用的属性
weather.to_csv('./广州气象数据离散化.csv', encoding='gbk', index=False) #保存数据
``` |

代码4-4为气象数据离散化预处理。

代码4-4 关联规则

| In[1]: | ```
from __future__ import print_function
import pandas as pd
d = pd.read_csv('./广州气象数据离散化.csv', encoding='gbk')
data = d.as_matrix()
print(u'\n转换原始数据至0-1矩阵…')
import time
start = time.clock()

ct = lambda x : pd.Series(1, index=x)
#b = [i for i in map(ct, data)]
b = map(ct, data)
f = list(b)
d = pd.DataFrame(f).fillna(0)

d = (d==1)
end = time.clock()
print(u'\n转换完毕,用时:%0.2f秒' %(end-start))
print(u'\n开始搜索关联规则…')
del b

support = 0.06 #最小支持度
confidence = 0.75 #最小置信度
ms = '——' #连接符,用来区分不同元素,如A——B。需要保证原始表格中不含有该字符
#自定义连接函数,用于实现L_{k-1}到C_k的连接
``` |

续上表

```
def connect_string(x, ms):
    x = list(map(lambda i: sorted(i.split(ms)), x))
    l = len(x[0])
    r = []
    for i in range(len(x)):
        for j in range(i, len(x)):
            if x[i][:l-1] == x[j][:l-1] and x[i][l-1] != x[j][l-1]:
                r.append(x[i][:l-1] + sorted([x[j][l-1], x[i][l-1]]))
    return r

#寻找关联规则的函数
def find_rule(d, support, confidence):
    import time
    start = time.clock()
    result = pd.DataFrame(index = ['support', 'confidence']) #定义输出结果
    
    support_series = 1.0 * d.sum()/len(d) #支持度序列
    column = list(support_series[support_series > support].index) #初步根据支持度筛选
    k = 0
    
    while len(column) > 1:
        k = k + 1
        print(u'\n正在进行第%s次搜索…' %k)
        column = connect_string(column, ms)
        print(u'数目:%s…' %len(column))
        sf = lambda i: d[i].prod(axis = 1, numeric_only = True) #新一批支持度的计算函数
        
        #创建连接数据,这一步耗时、耗内存最严重。当数据集较大时,可以考虑并行运算优化。
        d_2 = pd.DataFrame(list(map(sf, column)), index = [ms.join(i) for i in column]).T
        
        support_series_2 = 1.0 * d_2[[ms.join(i) for i in column]].sum()/len(d) #计算连接后的支持度
        column = list(support_series_2[support_series_2 > support].index) #新一轮支持度筛选
```

续上表

|  | ```
support_series = support_series.append(support_series_2)
column2 = []

for i in column: #遍历可能的推理,如{A,B,C}究竟是A+B——>C还是B+C——>A还是C+A——>B?
    i = i.split(ms)
    for j in range(len(i)):
        column2.append(i[:j] + i[j+1:] + i[j:j+1])

cofidence_series = pd.Series(index = [ms.join(i) for i in column2]) #定义置信度序列

for i in column2: #计算置信度序列
    cofidence_series[ms.join(i)] = support_series[ms.join(sorted(i))]/support_series[ms.join(i[:len(i)-1])]

for i in cofidence_series[cofidence_series > confidence].index: #置信度筛选
    result[i] = 0.0
    result[i]['confidence'] = cofidence_series[i]
    result[i]['support'] = support_series[ms.join(sorted(i.split(ms)))]

result = result.T.sort_values(['confidence','support'], ascending = False) #结果整理,输出
end = time.clock()
print(u'\n搜索完成,用时:%0.2f秒' %(end-start))
print(u'\n结果为:')
print(result)

return result

find_rule(d, support, confidence).to_excel('rules.xls')
``` |
| Out[1]: | 转换原始数据至0-1矩阵……

转换完毕,用时:0.77秒

开始搜索关联规则……

正在进行第1次搜索……
数目:210… |
```

续上表

正在进行第 2 次搜索…… 数目：80… 正在进行第 3 次搜索…… 数目：1… 搜索完成，用时：0.95 秒 结果为： 微风——无持续风向 西北风——小于 3 级 最高气温为 35～40 ℃——最低气温为 25～30 ℃ 无持续风向——微风 东南风——小于 3 级 北风——最高气温为 30～35 ℃——小于 3 级	support confidence 0.173653 0.969152 0.132197 0.966330 0.082450 0.952128 0.173653 0.940150 0.105021 0.912000 0.064026 0.827381

4.6.4 推荐系统算法

4.6.4.1 基于协同过滤推荐

下面通过个性化的电影推荐的例子演示基于用户的协同过滤算法在 Python 中的实现。

现有的部分电影评分数据如表 4-23 所示。

表 4-23 脱敏后的电影评分数据

用户 ID	电影 ID	电影评分	时间标签
1	1	5	874965758
1	2	3	876893171
1	3	4	878542960
1	4	3	876893119
1	5	3	889751712
1	6	4	875071561
1	7	1	875072484
…	…	…	…

在 Python 中实现基于用户的协同过滤推荐系统首先计算用户之间的相关系数。实现代码如代码 4-5 所示。其中，本书自行编写了基于用户的皮尔逊相似度的协同过滤算法函数 recommender.py。

代码 4-5　协同过滤算法函数

In[1]:
```python
import numpy as np
import pandas as pd
import math
def prediction(df, userdf, Nn=15): #Nn 邻居个数
    corr = df.T.corr();
    rats = userdf.copy()
    for usrid in userdf.index:
        dfnull = df.loc[usrid][df.loc[usrid].isnull()]
        usrv = df.loc[usrid].mean()#评价平均值
        for i in range(len(dfnull)):
            nft = (df[dfnull.index[i]]).notnull()
            #获取邻居列表
            if(Nn <= len(nft)):
                nlist = df[dfnull.index[i]][nft][:Nn]
            else:
                nlist = df[dfnull.index[i]][nft][:len(nft)]
            nlist = nlist[corr.loc[usrid, nlist.index].notnull()]
            nratsum = 0
            corsum = 0
            if(0 != nlist.size):
                nv = df.loc[nlist.index, :].T.mean()#邻居评价平均值
                for index in nlist.index:
                    ncor = corr.loc[usrid, index]
                    nratsum += ncor * (df[dfnull.index[i]][index] - nv[index])
                    corsum += abs(ncor)
                if(corsum != 0):
                    rats.at[usrid, dfnull.index[i]] = usrv + nratsum/corsum
                else:
                    rats.at[usrid, dfnull.index[i]] = usrv
            else:
                rats.at[usrid, dfnull.index[i]] = None
    return rats
def recomm(df, userdf, Nn=15, TopN=3):
    ratings = prediction(df, userdf, Nn)#获取预测评分
    recomm = []#存放推荐结果
    for usrid in userdf.index:
        #获取按 NA 值获取未评分项
        ratft = userdf.loc[usrid].isnull()
```

续上表

| | ratnull = ratings.loc[usrid][ratft]
#对预测评分进行排序
if(len(ratnull) >= TopN):
　　sortlist = (ratnull.sort_values(ascending = False)).index[:TopN]
else:
　　sortlist = ratnull.sort_values(ascending = False).index[:len(ratnull)]
recomm.append(sortlist)
return ratings, recomm | |

将原始的事务性数据导入 Python 中，因原始数据无字段名，所以首先对相应的字段进行重命名，然后再运行基于用户的协同过滤算法。实现代码如代码 4-6 所示。

代码 4-6　协同过滤算法实现

| In[1]: | ```
#使用基于 UBCF 算法对电影进行推荐
from __future__ import print_function
import pandas as pd

###########主程序　############
if __name__ == "__main__":
    print("\n————————————使用基于 UBCF 算法对电影进行推荐 运行中…————————— -\n")
traindata = pd.read_csv('../data/u1.base', sep = '\t', header = None, index_col = None)
testdata = pd.read_csv('../data/u1.test', sep = '\t', header = None, index_col = None)
    #删除时间标签列
    traindata.drop(3, axis = 1, inplace = True)
    testdata.drop(3, axis = 1, inplace = True)
    #行与列重新命名
    traindata.rename(columns = {0:'userid', 1:'movid', 2:'rat'}, inplace = True)
    testdata.rename(columns = {0:'userid', 1:'movid', 2:'rat'}, inplace = True)
    traindf = traindata.pivot(index = 'userid', columns = 'movid', values = 'rat')
    testdf = testdata.pivot(index = 'userid', columns = 'movid', values = 'rat')
    traindf.rename(index = {i:'usr%d'%(i) for i in traindf.index}, inplace = True)
    traindf.rename(columns = {i:'mov%d'%(i) for i in traindf.columns}, inplace = True)
    testdf.rename(index = {i:'usr%d'%(i) for i in testdf.index}, inplace = True)
    testdf.rename(columns = {i:'mov%d'%(i) for i in testdf.columns}, inplace = True)
    userdf = traindf.loc[testdf.index]
    #获取预测评分和推荐列表
    trainrats, trainrecomm = recomm(traindf, userdf)
``` |
```

续上表

Out[1]:	usr1([u'mov1290', u'mov1354', u'mov1678'], dtype = 'object', name = u'movid'), usr2([u'mov1491', u'mov1354', u'mov1371'], dtype = 'object', name = u'movid'), usr3([u'mov1304', u'mov1621', u'mov1678'], dtype = 'object', name = u'movid'), usr4([u'mov1502', u'mov1659', u'mov1304'], dtype = 'object', name = u'movid'), usr5([u'mov1304', u'mov1621', u'mov1472'], dtype = 'object', name = u'movid'), usr6([u'mov1618', u'mov1671', u'mov1357'], dtype = 'object', name = u'movid'), usr7([u'mov1472', u'mov1467', u'mov1374'], dtype = 'object', name = u'movid'), usr8([u'mov1659', u'mov1316', u'mov1494'], dtype = 'object', name = u'movid'), usr9([u'mov1621', u'mov1304', u'mov1491'], dtype = 'object', name = u'movid'), usr10([u'mov1486', u'mov1494', u'mov437'], dtype = 'object', name = u'movid'), usr11([u'mov1659', u'mov1654', u'mov1626'], dtype = 'object', name = u'movid'), usr12([u'mov1659', u'mov1618', u'mov1661'], dtype = 'object', name = u'movid'), usr13([u'mov1486', u'mov1494', u'mov1662'], dtype = 'object', name = u'movid'), usr14([u'mov1661', u'mov1308', u'mov1671'], dtype = 'object', name = u'movid'), usr15([u'mov1626', u'mov1671', u'mov1678'], dtype = 'object', name = u'movid'), usr16([u'mov1618', u'mov1486', u'mov1494'], dtype = 'object', name = u'movid'), usr17([u'mov1316', u'mov1621', u'mov1304'], dtype = 'object', name = u'movid'), usr18([u'mov1618', u'mov1654', u'mov1626'], dtype = 'object', name = u'movid'), usr19([u'mov1316', u'mov1661', u'mov1275'], dtype = 'object', name = u'movid'), usr20([u'mov1659', u'mov1292', u'mov1304'], dtype = 'object', name = u'movid'), …… Total：80000rows

对输出结果进行解释：其中，最前端格式为"usr + 整数"字符串代表用户编号，"[ ]"内的字符串代表三部电影的编号，dtype 为类型，name 为字段名。整体代表意思是，根据算法得出对用户 usr1 推荐他并未看过的三部电影，编号为：mov1290，mov1354，u'mov1678。

4.6.4.2 利用标签数据进行推荐

用 records 存储标签数据的三元组，其中，records[i] = [user, item, tag]；

用 user_tags 存储 nu，b，其中，user_tags[u][b] = nu，b；

用 tag_items 存储 nb，i，其中，tag_items[b][i] = nb，i。

如代码 4 – 7 所示，可以从 records 中统计出 user_tags 和 tag_items：

代码 4 – 7 利用标签数据进行推荐

| In[1]: | ```python
def InitStat(records):
    user_tags = dict()
    tag_items = dict()
    user_items = dict()
    for user, item, tag in records.items():
        addValueToMat(user_tags, user, tag, 1)
        addValueToMat(tag_items, tag, item, 1)
        addValueToMat(user_items, user, item, 1) </span >
``` |
```

统计出 user_tags 和 tag_items 之后,可以通过如下程序对用户进行个性化推荐,如代码4-8所示:

代码4-8 对用户进行个性化推荐

In[2]:
```
def Recommend(user):
    recommend_items = dict()
    tagged_items = user_items[user]
    for tag, wut in user_tags[user].items():
        for item, wti in tag_items[tag].items():
            #if items have been tagged, do not recommend them
            if item in tagged_items:
                continue
            if item not in recommend_items:
                recommend_items[item] = wut * wti
            else:
                recommend_items[item] += wut * wti
    return recommend_items
```

物品 i 和 j 的余弦相似度可以通过如下程序计算,如代码4-9所示:

代码4-9 求物品 i 和 j 的余弦相似度

In[3]:
```
#计算余弦相似度
def CosineSim(item_tags, i, j):
    ret = 0
    for b, wib in item_tags[i].items():          #求物品i,j的标签交集数目
        if b in item_tags[j]:
            ret += wib * item_tags[j][b]
    ni = 0
    nj = 0
    for b, w in item_tags[i].items():            #统计i的标签数目
        ni += w * w
    for b, w in item_tags[j].items():            #统计j的标签数目
        nj += w * w
    if ret == 0:
        return 0
    return ret/math.sqrt(ni * nj)                #返回余弦值
```

计算多样性如代码4-10所示:

代码 4-10 计算多样性

```python
#计算推荐列表多样性
def Diversity(item_tags, recommend_items):
    ret = 0
    n = 0
    for i in recommend_items.keys():
        for j in recommend_items.keys():
            if i == j:
                continue
            ret += CosineSim(item_tags, i, j)
            n += 1
    return ret/(n * 1.0)
```

给用户 u 推荐整个系统里最热门的标签(这里将这个算法称为 Popular Tags)。令 tags[b] 为标签 b 的热门程度,那么算法实现如代码 4-11 所示:

代码 4-11 Popular Tags

```python
def Recommend Popular Tags(user, item, tags, N):
    return sorted(tags.items(), key = itemgetter(1), reverse = True)[0:N]
```

给用户 u 推荐物品 i 上最热门的标签(这里将这个算法称为 Item Popular Tags)。令 item_tags[i][b] 为物品 i 被打上标签 b 的次数。如代码 4-12 所示:

代码 4-12 Item Popular Tags

```python
defRecommendItemPopularTags(user, item, item_tags, N):
    return sorted(item_tags[item].items(), key = itemgetter(1), reverse = True)[0:N]
```

给用户 u 推荐他自己经常使用的标签(这里将这个算法称为 User Popular Tags)。令 user_tags[u][b] 为用户 u 使用标签 b 的次数。如代码 4-13 所示。

代码 4-13 User Popular Tags

```python
defRecommendUserPopularTags(user, item, user_tags, N):
    return sorted(user_tags[user].items(), key = itemgetter(1), reverse = True)[0:N]
```

前面两种的融合(这里记为 Hybrid Popular Tags),该方法通过一个系数将上面的推荐结果线性加权,然后生成最终的推荐结果。如代码 4-14 所示:

代码 4-14 Hybrid Popular Tags

In[8]:
```
def Recommend Hybrid Popular Tags(user, item, user_tags, item_tags, alpha, N):
    max_user_tag_weight = max(user_tags[user].values())
    for tag, weight in user_tags[user].items():
        ret[tag] = (1 - alpha) * weight / max_user_tag_weight
max_item_tag_weight = max(item_tags[item].values())
    for tag, weight in item_tags[item].items():
        if tag not in ret:
            ret[tag] = alpha * weight / max_item_tag_weight
        else:
            ret[tag] += alpha * weight / max_item_tag_weight
    return sorted(ret[user].items(), key = itemgetter(1), reverse = True)[0:N]
```

第5章 图形数据处理

通过视觉得到的外界信息占到人类获得的信息的 70%。地球科学中的图形数据也同样十分丰富，其中的海量信息亟待发掘。

5.1 计算机图形基础

在传统地质工作中，人们对图像的分析往往依赖自身的主观判断。在分析过程中引入计算机技术，可以达到降低主观因素影响的目的，这可能成为未来地质图像信息分析的主流方式。然而，在实现上述设想前，有一个值得思考的问题：地质工作中采集到的图形要经过何种处理，以什么样的形式进入并存储在计算机的内部？针对这一问题，本节对计算机图形处理技术进行基础介绍。

5.1.1 计算机图形分析技术

(1) 计算机图形学。计算机图形学研究计算机将数据转化为图形的过程，内容包括：图形数据处理的软硬件技术，以及与图形生成、显示密切相关的基础算法。它与将图像转换成数据的数字图像处理技术是互逆的过程。

(2) 数字图像处理。旨在利用计算机对图像进行处理，以期得到某种预期的效果，或从图像中提取有用的信息。它是从图像到图像的处理过程，典型问题包括如何滤掉噪声、干涉，如何使得图像的图形平滑、对数据进行压缩，以及用增强对比技术处理模糊图像等。

(3) 模式识别。又称为图像识别。它以图像为依据，将图像转换为数据、符号或抽象图形。模式识别并非简单的分类技术，其目标是对系统进行描述、理解与综合，在高级阶段可通过大量信息对复杂过程进行学习、判断和寻找规律，应用计算机实现人对各种事物的分析、描述、判断和识别。

(4) 计算机视觉。计算机视觉技术利用计算机模拟人和生物的视觉系统功能，目标是让计算机感知周围的视觉世界，了解其空间组成和变化规律。其研究任务包括图像获取、特征抽取、识别与分类、三维信息理解、景物描述和图像解释等。

(5) 图像挖掘。图像挖掘是一种将数据挖掘和图像处理技术结合，帮助分析和理解图像内容的技术，涉及计算机视觉、图像处理、图像检索、机器学习、模式识别、人工智能、数据库和数据挖掘等技术。广义来讲，图像挖掘就是提取图像中隐含的知识，即图像数据的关系、没有显式保存在图像数据库中的图像及其他相关文字数据中的模式。与计算机视觉和图像处理技术不同的是，其研究的问题是从大的图像数据集合中提取有用的模式，而非从单一图像中提取和理解特定特征。

上述学科相互关联，在这个统一体内存在低、中、高三级典型的计算处理。低级的处理涉及初级的操作，如降低噪声的图像预处理、对比度增强和图像尖锐化，其输出结果仍是图像；中级的处理涉及诸多任务，比如，分割以减少对目标物的描述，使其更适合计算机处理及对不同目标的分类，这一步在图像中提取特征且输出；高级的处理则涉及理解已经识别的目标的总体。

5.1.2 图形的数字化

人眼所见的客观事物称为景象。景象反映了客观景物的亮度和颜色随空间位置和方向的变化，是空间坐标的函数。一幅平面图像包含的信息首先表现为光的强度，它是随空间坐标(x,y)光线的波长λ和时间t而变化的，因此，图像函数可以用式（5-1）表示。

$$I = f(x,y,\lambda,t) \tag{5-1}$$

人眼对不同波长的光有不同的敏感度，波长不同但辐射功率相同的光给人以不同的色彩感，对亮度的感觉也不同。实验统计给出了所谓的相对视敏函数$V_s(\lambda)$。

黑白图像的图像函数可以表示为式（5-2）。

$$I = f(x,y,t) = \int_0^\infty f(x,y,\lambda,t)V_s(\lambda)\mathrm{d}\lambda \tag{5-2}$$

考虑到不同波长光的彩色效应时，则为彩色图像。基于三原色原理，任何一种彩色可以用红、绿、蓝3种基色表示。所以，彩色图像可表示为式（5-3）。

$$I = \{f_r(x,y,t), f_g(x,y,t), f_b(x,y,t)\} \tag{5-3}$$

式中：

$$f_r(x,y,t) = \int_0^\infty f(x,y,\lambda,t)R_s(\lambda)\mathrm{d}\lambda;$$

$$f_g(x,y,t) = \int_0^\infty f(x,y,\lambda,t)G_s(\lambda)\mathrm{d}\lambda;$$

$$f_b(x,y,t) = \int_0^\infty f(x,y,\lambda,t)B_s(\lambda)\mathrm{d}\lambda$$

其中，$R_s(\lambda)$、$G_s(\lambda)$、$B_s(\lambda)$分别为红、绿、蓝三基色的视敏函数。

地质图像通常是静态的。静止图像的内容不随时间变化。对黑白图像而言，静止图像为：

$$I = f(x,y)$$

由于人眼视野的有限性，因此图像在空间上有界，并常常被定义为矩形，即二维数组：

$$0 \leq x \leq L_x, 0 \leq y \leq L_y$$

图像函数在某一点的值通常称为强度或灰度，与图像在这一点的亮度相对应，并用正实数表示，而且该数值的大小有限。图像的灰度值大则表示亮，反之为暗：

$$0 \leq f(x,y) \leq B_m$$

B_m为最大亮度，图像函数$f(x,y)$是一个二元的有界非负连续函数。

上述讨论的是人眼所能观察到的自然图像，即模拟图像，其函数连续且可以解析，并且可积。计算机无法接受模拟图像，只有将其转换为数字图像才能用计算机进行处理，这种转换过程也就是图像的数据化。

图像数字化的过程即将模拟图像经过采样和量化使其在空间上和数值上离散化，形成一个数字点阵，通常采用等间隔采样和均匀量化。一幅静止的黑白图像经过数字化可以转换成大小为 $m \times n$ 的矩阵 $[f(m, n)]$，$f(m, n)$ 表示第 m 行 n 列像素的，是一个整数。相应地，一幅彩色图像可以用 3 个矩阵 $[f_r(m, n)]$，$[f_g(m, n)]$，$[f_b(m, n)]$ 表示，分别表示彩色图像的红、绿、蓝 3 个分量。

此外，遥感图像具有多谱特征，经数字化可用 K 个矩阵 $[f_k(m, n)]$，$k = 1, \cdots, K$ 表示（K 为光波段的总数）。

5.1.3 图形数据结构

图形的数据结构在图形处理与模式识别中具有基础性地位。一方面，图形的数据结构是图形处理的基础，生成图形需要建立图形的数据结构；另一方面，模式识别是将待识别的对象特征信息与给定样本特征信息进行比较、匹配，并给出对象所属模式的判断，实质上就是利用计算机辨识数据结构的过程。

图形的数据结构主要研究图形的几何信息和拓扑信息。与一般数据结构的不同，图形数据结构要反映数据所对应元素之间的几何关系和拓扑关系，它对数据结构有如下要求：

(1)具有尽可能完善的形状及图形描述功能。

(2)具有对图形及形状信息进行各种基本操作的能力。

(3)具有较小的存储空间和较快的处理速度。

5.1.3.1 几何元素、拓扑关系及形体的表示

描述图形的信息有两类，一类描述几何元素空间位置和大小，即几何信息，对应的图形数据构成图形的几何元素的量值；另一类描述几何元素的连接关系，称为拓扑信息，对应的图形数据是构成图形的几何元素的连接关系（王飞，2000）。

1）几何元素。

点：最为基本的 0 维几何元素，分为端点、顶点、交点和切点等。点用其坐标值表示，如 (x, y)、(x, y, z)。对自由曲线曲面的描述常用三类点：控制顶点、数据点和插值点。计算机存储、管理、输出形体的实质都是对点集及其连接关系的处理。

线：线是两个相邻面的交界，直线由其端点确定或方程表示。自由曲线由一系列数据点或控制点表示，规则曲线可由显式或隐式方程表示。

面：面是形体上的有限、非零区域，由外环和若干个内环界定范围。面分正反，用外法矢方向作为一个面的正向。若一个面的外法矢向外，此面为正向面，反之为反向面。区分正、反向面在面求交、消隐等方面都有用途。一个平面可以由其上的三点或两相交直线或其方程表示。

2）拓扑关系。平面立体的拓扑关系分为两大类 9 种。

(1)包含性，如图 5-1 所示。

a. 面-顶点的包含性，用 $F:\{V\}$ 表示。

b. 面-边的包含性，用 $F:\{E\}$ 表示。

c. 边-顶点的包含性，用 $E:\{V\}$ 表示。

(2)几何元素的相邻性，如图 5-2 所示。

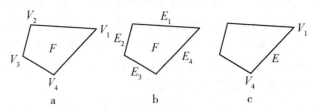

图 5-1 几何元素的包含性

a. 用 $F:\{F\}$ 表示。
b. 顶点的相邻性,用 $V:\{V\}$ 表示。
c. 边的相邻性,用 $E:\{E\}$ 表示。
d. 顶点-面的相邻性;用 $V:\{F\}$ 表示。
e. 顶点-边的相邻性,用 $V:\{E\}$ 表示。
f. 边-面的相邻性,用 $E:\{F\}$ 表示。

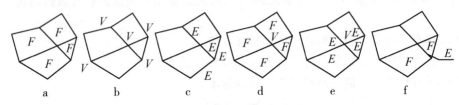

图 5-2 几何元素的相邻性

对几何信息与拓扑信息的要求因形体描述方式不同而不同。几何信息和拓扑信息越多,图形处理速度越快,但占用的内存空间也越大。

(3)形体在计算机内的表示。几何形体在计算机内常用线框、表面和实体 3 种模型表示。

a. 线框模型应用最早,它用顶点和边表示形体,但由于它给出的不是连续的几何信息,不能表示随视线方向变化的轮廓线,也不能明确定义点与形体之间的关系,计算机图形学上的许多问题无法用线框模型解决。

b. 把线框模型中的棱线包含区域定义为面,并且棱线的连接有顺序,这就构成了表面模型。其数据结构是在线框模型数据结构基础上加一个面表及表面特征。但此模型对形体在表面的哪一侧没有给出定义。

c. 实体模型主要针对线框模型的缺陷,定义了表面哪一侧存在实体,是一种比较完善的几何形体表示模型。

5.1.3.2 用于图形的数据结构

数据结构是数据逻辑结构和物理结构的总称。数据的逻辑结构是人们用于描述客观事物的各数据之间关系所采用的一种形式,它描述某一客观事物的全部数据之间的逻辑结构关系,是对数据的表示和存取方式;数据的物理结构指数据在计算机内部存储介质上存储的状态,故也称存储结构。在确定数据的逻辑结构后,可以采用一组特定的程序把数据写到存储介质上，形成数据的存储结构。同一逻辑结构的数据在存储介质上可以使用不同的存储方式，即存储结构不同。

常见的用于图形的数据结构包括：

(1)线性表结构。一个线性表是 n 个数据元素 a_1，a_2，…，a_n 构成的有限序列，从逻辑上可表示为 $(a_1，a_2，…，a_{k-1}，a_k，a_{k+1}，…，a_n)$。

线性表的顺序存储，就是在存储介质上用一组连续的存储单元，按照线性表中数据元素之间的逻辑结构顺序依次存放表中的全部数据元素。整个存储结构分为两个部分：标题和数据。在线性表的数据结构中，对数据元素的访问十分方便、快捷；但在删除和插入元素的情况下，需变动许多数据元素的位置。因此，这种数据结构多用于需要频繁查找但不经常做删除或插入运算的场合。

(2)数组。数组是一组按顺序排列的具有相同类型的数据。从逻辑上看就是一个简单的线性表。数组一旦定义后其元素的个数是确定的，没有插入和删除的运算，只做存取和修改元素的运算，这是其区别于线性表之处。

(3)链表。链表分为线性表和非线性两种。线性链表是线性数据结构(线性表)的链接存储表示，非线性链表是非线性数据结构(树结构、图结构)的链接存储表示。

一个链表由 n 个结点组成，每个结点除包含存储数据元素的值域 data 外，还包含用于实现数据元素之间逻辑关系的若干个指针域。链表结点的结构如图5-3所示。

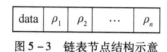

图5-3　链表节点结构示意

链表常用的运算是插入结点和删除结点。

(4)栈。栈也称作堆栈，是一种运算受限的线性表，其限制是仅允许在表的一端进行插入和删除运算，此端称为栈顶，而另一端称为栈底。

栈的运算方式有进栈(push)、出栈(pop)、读取栈顶元素(readtop)、置空栈(setnull)及判断栈是否为空(empty)。

(5)队列。队列也是一种运算受限的线性表，其限制是在表的一端进行插入，在另一端进行删除。这种数据结构经常用于记录图形。

队列的基本运算包括插入、删除、置空等。

(6)树。树形结构是非线性的。在树形结构中，它有且仅有一个称为根的结点，其余的结点可分为多棵互不相交的子树，每棵子树也是一棵树，因此，树是一种递归的数据结构。树中的每个结点被定义为它的每个子树的根结点的前驱，而它的每个子树的根结点就称为其后继。

树结构有如下的基本术语：

a. 结点和树的度。每个结点具有的子树数或者说后继结点数被定义为该结点的度。一棵树所有的结点的度的最大值被定义为该树的度。

b. 分支和叶子的结点。度大于0的结点被称为分支结点或非终端结点，度等于0

的结点被称为叶子结点或终端结点。分支结点中度为1的结点称为单分支结点,度为2的结点称为双分支结点,以此类推。

c. 孩子结点、双亲结点和兄弟结点。每个结点的子树被称为该结点的孩子结点,该结点则成为孩子结点的双亲结点。具有同一双亲结点的孩子结点互为兄弟结点。

d. 结点的层数和树的深度。树不但是一种递归结构,也是一种层次结构,树中的每个结点都处于一定的层上。结点的层数从树根开始定义,根结点为第一层,其孩子结点为第二层,以此类推。树中结点的最大层数称为树的深度或高度。

二叉树是树的度为2的有序树,它最为简单且同样重要。其递归定义为:二叉树可能是一棵空树,又或者是一棵由一个根结点和两棵互不相交的子树所组成的非空树。

通常用链表结构表示二叉树,以方便对其进行查找、插入和删除运算。链表中的第一个结点具有3个域,即数据域、指向左子结点的指针域和指向右结点的指针域。如果用4个域表示一个结点,则其中一个指针是指向其双亲结点的指针。二叉树的链表如图5-4所示。

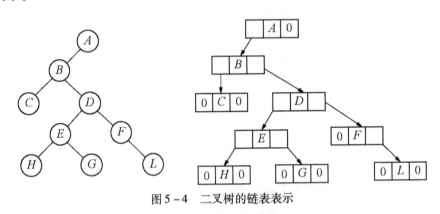

图5-4 二叉树的链表表示

5.2 数字图像处理

在对图像数据进行信息和知识提取之前,必须对语义上不能直接理解的数据进行预处理。一般情况下,会先运用图像分割、目标识别、目标表达和描述等技术,将图像数据转换为在语义上能被理解的数据。

5.2.1 图像标注

图像标注一般不属于预处理环节,它相对更早。只有在标注的基础上,才能进行检索、分类等后续的一些工作。标注的意义在于给出图像的基本信息,因为计算机无法直接理解图像内容。为适应不断增长的数据需求,图像自动标注技术正在成为标配。

自动图像标注就是让计算机自动地给无标注的图像加上能够反映图像内容的语义关键词,它利用已标注图像集或其他可获得的信息自动学习语义概念空间与视觉特征空间的关系模型,并用此模型标注未知语义的图像,即试图在图像的高层语义信息和低层特征之间建立一种映射关系。

图像自动标注可看作一个机器学习问题,标注过程通常包括两个阶段,即训练阶段和测试阶段,其系统框架如图5-5所示。在训练阶段,首先提取训练数据集中的图像视觉特征,保存为特征向量。然后通过一系列机器学习算法学习相应的语义标注模型,标注模型能够捕获视觉内容和语义标签之间的映射关系。在测试阶段,给定一个新的图像,提取测试图像的视觉特征后,使用学习的标注模型预测新图像的语义标签。

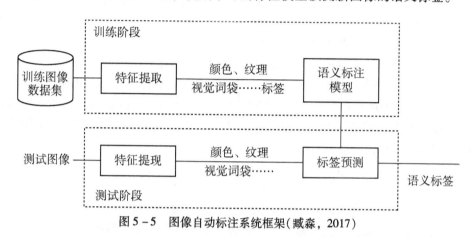

图5-5 图像自动标注系统框架(臧淼,2017)

(1)基于全局特征的自动图像标注方法。早期基于全局特征的自动图像标注工作等同于图像场景的自动分类。它的优点是可以免除对图像的区域分割、区域聚类、三维注释和面向对象的分析等诸多过程。图像全局特征一般只适用于表示简单的图像或背景较为单一的图像,如纹理图像、自然场景图像、建筑物图像等。图像的全局特征只提供粗粒度的语义描述,未考虑到图像中前景物体与背景的差异,因而不能反映图像丰富的细节语义内容,标注的性能也不甚理想。若能将图像的前景目标区域从背景中分割出来,实现对象级的语义描述,则可以减少由于目标物体在图像中的背景变化和场景变化带来的影响,从而更接近语义检索的目标。

(2)基于区域划分的自动图像标注方法。基于区域划分的自动图像标注方法的基本思想是:先根据一定的图像分割算法将图像分成若干同质区域,提取每个区域的低层视觉特征;再采用机器学习算法建立图像区域和标注词间的语义关联。根据研究者所采用学习方法的不同,可以将基于区域分块的标注算法划分为:基于分类的图像标注、基于概率关联模型的图像标注、基于图学习的图像标注三类。

半监督模型图像自动标注是一种重要的机器学习方法,已经标注的图像信息和未被标注的图像信息都要参与到机器的学习过程中。

图像语义标注是对图像内容的一种描述模式,对涉及图像含义的高层语义概念(如对象、事件、表达的情感等)进行描述。基于语义的图像标注通常采用图像语义层次模型对图像的语义内容进行分类,在此基础上,构建图像语义标注模型,对图像进行语义标注。

图像语义标注模型大致可以分为4类:①三层语义层次模型;②金字塔语义层次模型;③基于本体的图像语义标注模型;④其他图像语义标注模型(陈金菊,2017)。

5.2.2 图像去噪

常见的噪声有以下几种(方莉,2010)。

(1)从统计的观点看,凡是统计特征不随时间变化的称为平稳噪声,统计特征随时间变化的称作非平稳噪声。

(2)从噪声幅度分布的统计来看,其密度函数有高斯型、瑞利型,分别称为高斯噪声和瑞利噪声。

(3)从噪声的来源来看可分为加性噪声、乘性噪声、量化噪声、椒盐噪声等。

(4)从噪声的性质来看可分为高斯噪声(白噪声)和脉冲噪声两类。

根据噪声幅度分布的统计特性来看,常见的噪声模型主要有以下几种:

(1) Gaussian 噪声分布。作为一种较常用的噪声模型,可以认为大多数噪声都满足 Gaussian 噪声分布,且该噪声较易进行数学分析。设随机变量 z 满足 Gaussian 分布,则其概率密度函数如式(5-4)所示。

$$P(z) = \frac{1}{\sqrt{2\pi}\sigma} exp[-(z-\mu)^2/2\sigma^2] \tag{5-4}$$

其中,z 表示图像的灰度值,μ 表示期望值,σ 表示 z 的均方差。

(2)瑞利噪声分布。随机变量 z 满足瑞利分布的概率密度函数如式(5-5)所示。

$$\begin{cases} \frac{2}{b}(z-a)exp[-(z-b)2/b], z \geq a \\ 0, z < a \end{cases} \tag{5-5}$$

z 的均值和方差为:

$$\begin{cases} \mu = a + \sqrt{\pi b}/4 \\ \sigma^2 = b(4-\pi)/4 \end{cases}$$

(3)脉冲噪声分布。脉冲噪声的概率密度函数如式(5-6)所示。

$$P(z) = \begin{cases} P_a, z = a \\ P_b, z = b \\ 0, others \end{cases} \tag{5-6}$$

当 P_a 或 P_b 有一个为 0 时为单极脉冲噪声;当 P_a 和 P_b 都不为 0 时为双极脉冲噪声或椒盐噪声。

(4)Poisson 噪声分布。当 z 是一个取值为 0,1,2,… 的离散随机变量时,Poisson 分布的概率如式(5-7)所示。

$$P(z=k) = \frac{\lambda^k}{k!} exp(-\lambda), k = 0,1,2,\cdots \tag{5-7}$$

z 的均值和方差为: $\mu = \sigma^2 = \lambda$。

不管噪声的概率密度函数是什么样子的,如果一个噪声的频谱均匀分布,即均值为0,方差唯一,则称该噪声为白噪声。由于白噪声的功率谱为常数,故在图像去噪处理中,判断一个算法的好坏经常使用白噪声模型。

图像去噪算法根据不同的处理域,可以分为空域和频域两种处理方法。空域处理算法是在图像本身存在的二维空间里对其进行处理,根据不同性质又可以分为线性滤波算法和非线性滤波算法；频域处理算法则是用一组正交函数系来逼近原始信号函数，获得相应的系数，将对原始信号的分析转化到了系数空间域，即频域中进行。

空域滤波方法通常可以用于含有加性噪声的图像去噪处理中。常见的空域滤波器主要有均值滤波器、顺序统计滤波器、自适应滤波器等。设滤波器的输入为受噪声 $n(x,y)$ 影响的图像 $g(x,y)$，输出为去噪后的图像 $\hat{f}(x,y)$，即原始图像 $f(x,y)$ 的近似估计。

基于频域的数字滤波方法最早可以追溯到傅立叶变换的使用，后来在此基础上提出了加窗傅立叶变换，同时启发了小波多尺度分析思想的引入。1984 年，Morlet 首先提出了小波分析的概念。1986 年，著名数学家 Meyer 和 Mallet 合作建立了构造小波函数的统一方法——多尺度分析，后来在信号分析领域小波分析得以广泛地应用并蓬勃发展。频域去噪法有基于小波和 contourlet 变换的图像去噪算法等。

5.2.3 图像增强

图像增强是指，在不考虑图像降质原因的条件下，将图像中感兴趣的部分加以处理，突出有用的图像特征。这类技术有提取图像轮廓、衰减各类噪声、将黑白图像转变为彩色图像等。

常用的图像增强方法有灰度变换、直方图修正、噪声清除、图像锐化、频域滤波、同态滤波及彩色增强。

图像增强方法可以分为两类：空间域增强法和频率域增强法。空间域增强法直接针对图像中的像素，对图像的灰度进行处理；频率域增强法基于图像的傅里叶变换式对图像频谱进行改善，增强或抑制所针对的频谱。

5.2.4 图像复原

图像复原就是利用导致图像退化的先验知识，建立图像退化的数学模型，沿着图像退化的逆过程进行恢复，以获得清晰的原始图像。图像复原与图像增强的区别在于它利用先验知识，试图恢复退化图像的原本面目，而前者是以适应人眼视觉和心理为目标的（阮秋琦，2007）。如图 5-6 所示。

图像复原的难易程度主要取决于对退化过程的先验知识掌握的精确程度。如果对退化的类型、过程和系统参量比较清楚，那么就可以根据图像退化的先验知识比较精确地估算出系统退化的点扩散函数。

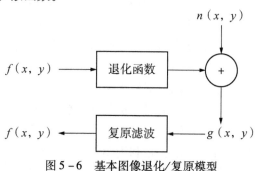

图 5-6 基本图像退化/复原模型

图像的退化过程可以被模型化为一个退化函数和一个加性噪声项，共同作用于原始图像$f(x,y)$，产生一幅退化的图像$g(x,y)$。给定$f(x,y)$，退化因子H和噪声$n(x,y)$的一些先验知识，便可以获得原始图像的一个近似估计$f(x,y)$。

根据该模型，退化图像的数学描述为式(5-8)。

$$g(x,y) = H[f(x,y)] + n(x,y) \qquad (5-8)$$

近年来，随着控制理论与数字信号处理技术的迅速发展，复原技术领域出现了一些新的方法和新的趋势。

在计算机视觉领域中，许多问题能被表达为能量函数的最小化问题。在能量函数的最小化求解中，现有的许多数值求解算法受到较多调节参数的约束，而且往往仅能得到能量函数的局部最优解。组合优化理论中的图割技术为最优化问题提供了较好的解决思路。图割技术由于能够避免其他优化方法固有的局部最小缺点，近年来，广泛用于最小化低水平视觉问题中的能量函数，比如图像复原、图像分割、纹理综合、图像提取、多摄像机的场景恢复，以及医疗影像等计算机视觉问题。

5.2.5 图像分割

图像分割是图像处理和计算机视觉领域中的基本技术。作为图像分析的第一步，图像分割是图像识别、场景解析、对象检测等任务的预处理。

图像分割就是将图像表示为物理上有意义的连通区域的集合，也就是根据目标与背景的先验知识，对图像中的目标、背景进行标记、定位，然后将目标从背景或其他伪目标中分离出来，是将图像中有意义的特征或区域提取出来的过程，这些特征可以是图像的原始特征，如像素的灰度值、物体轮廓、颜色、反射特征和纹理等，也可以是空间频谱等，如直方图特征(阮秋琦，2007)。

图像分割把图像划分成若干互不相交的区域，使各区域具有一致性，而相邻区域间的属性特征有明显的差别。图像分割划分的区域是互不相交的，每一个区域都满足特定区域的一致性。其数学定义可以表示为：

对图像$g(x,y)$，其中，$0 \leqslant x \leqslant \text{Max}\_x$，$0 \leqslant y \leqslant \text{Max}\_y$进行分割就是将图像划分为满足如下条件的子区域$g_1 g_2 g_3 \cdots\cdots$(罗希平，1999)。

(1) $\bigcup_{k=1}^{N} g_k(x,y) = g(x,y)$，即所有子区域组成了整幅图像。

(2) g_k是连通的区域。

(3) $g_k(x,y) \cap g_j(x,y) = \varnothing$，即任意两个子区域不存在公共元素。

(4) 区域g_k满足一定的均匀性条件。

均匀性指同一区域内的像素点之间的灰度值差异较小或灰度值的变化缓慢。

在计算机视觉理论中，图像分割、特征提取与目标识别构成了由低层到高层的三大任务。目标识别与特征提取都以图像分割作为基础，图像分割结果的好坏将直接影响后续两个环节。图像分割是决定图像的最终分析质量和模式识别的判别结果。

典型图像分割方法有阈值法、边缘检测法、区域划分法和聚类法等。

阈值法是最常用的图像分割方法，它利用图像的灰度直方图信息得到用于分割的阈值。传统的阈值分割方法仅仅考虑了图像的灰度信息，而忽略了图像的空间信息，因此对于图像中不存在明显灰度差的图像得不到满意的分割结果。近年来，利用了图像的灰度值信息和邻域的空间相关信息，其效果较传统方法有明显改善。快速算法的出现则给这些方法赋予了更为现实的意义。

基于边缘的分割是通过检测出不同区域边缘来进行分割。所谓边缘是指其周围像素灰度有阶跃变化的那些像素的集合。它存在于目标与背景之间，是图像分割所依赖的最重要的特征。因此，边缘检测可以看作处理许多复杂问题的关键。对于边缘的检测常常借助于边缘检测算子进行，常用的边缘检测算子有：Roberts 算子、Laplace 算子、Prewitt 算子、Sobel 算子、Robinson 算子、Kirsch 算子和 Canny 算子等。

区域划分法利用局部空间信息进行分割，将具有相似特性的像素集合起来构成区域，主要有区域生长法和分裂合并法。

在区域生长法中，首先选择一批种子像素作为生长起点，然后按一定的生长准则把它周围与其特性相同或相似的像素合并到种子像素所在的区域中。这个过程反复进行，直到没有更多的合并过程发生。

分裂合并法的基本思想是从整幅图像开始通过不断分裂合并得到各个区域。它首先人为地将图像划分为若干个规则区域，以后按性质相似的准则，反复分裂特性不一致的区域，合并具有一致特性的相邻区域。这个过程反复进行，直到没有更多的分裂和合并过程发生。

聚类法将图像分割当作一个聚类问题。2003 年，Veenman 提出了一种细胞协同进化算法用于图像分割。该方法不要求事先指定聚类数量，但需指定参数且参数的选择对算法的性能有较大影响。

5.3　图像模式识别

一个模式即一个实体，模式是相对于混沌的一个概念。每个模式有相应的名字，一个模式具体可以是指纹图像、手写汉字、人脸或者语音信号等。广义地说，存在于时间和空间上可观察的事物，可以被区分它们是否相同或相似的都可以称为模式；狭义地说，模式是通过对具体事物的观测所得到的具有时间和空间分布的信息。

模式识别利用统计学、概率论、计算几何、机器学习、信号处理以及算法设计等工具从可感知的数据中进行推理。其中心任务是找出某"类"事物本质的属性，即在一定的度量和观测的基础上把待识别的模式划分到各自模式类中。实质上，模式识别是利用计算机辨识数据结构的过程。

基本的模式分类方法有 4 种：模板匹配方法、结构(句法)模式识别方法、统计方法和神经网络方法。

5.3.1　统计模式识别

统计模式识别方法的基本原理是：具有相似性的样本在模式空间中互相接近，并形成"集团"，即"物以类聚"。它利用贝叶斯决策规则解决最优分类器问题。统计决策理论的基本思想就是在不同的模式类中建立一个决策边界，利用决策函数把一个给定的模式归入相应的模式类中。

令 $\{w_1, w_2, \cdots, w_c\}$ 表示 C 个有限的类别集，向量 X 表示一个 d 维的特征向量，$p(X|w_j)$ 表示 X 状态下条件概率密度函数，$P(w_j)$ 表示类别处于 w_j 时的先验概率，则贝叶斯定理可表示为式(5-9)。

$$p(w_j|X) = \frac{p(X|w_j)P(w_j)}{p(X)} \quad (5-9)$$

贝叶斯分类规则可描述为：对任何的 $i \neq j$，如果 $p(w_i|X) > p(w_j|X)$，则判为 w_i。

统计模式识别具有两种重要的操作模型：训练和分类。训练主要利用已有样本完成对决策边界的划分，并采取了一定的学习机制以保证基于样本的划分是最优的；而分类主要对输入的模式利用其特征和训练得来的决策函数而把模式划分到相应模式类中。

基于统计方法的模式识别系统由三个部分组成：①数据预处理，将输入模式的原始信息转换为利于计算机处理的数据；②特征选择与提取，选择模式的合理表示；③模式分类，利用训练样本集和已有信息对计算机进行训练，制定出分类的标准，用于对待识别的模式进行分类。如图5-7所示。

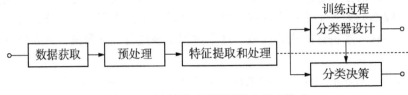

图5-7 统计模式识别系统的基本构成

一个模式识别系统通常涉及如下几个步骤的重复：数据采集、特征选取、模型选择、训练分类器、评估分类器。如图5-8所示。

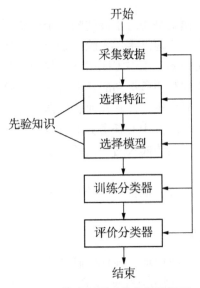

图5-8 模式识别系统的设计循环

5.3.2 模糊模式识别

模糊模式识别是解决系统本身包含模糊信息的识别问题的有效方法。通过对具"模糊性"的事物经过分析、判断、归类，识别出事物与供模仿的样本间的相同或相似。模糊模式识别的基本原理如下：

一个事物有 n 个特征，每个具体的对象对于这 n 个特征有 n 个隶属度 μ_1，μ_2，…，μ_n。由于这些特征所起的作用不同，因此，必须相应地加上权值：a_1，a_2，…，a_n；当事先规定一个限度 M，若满足式(5-10)。

$$\sum_{i=1}^{n} a_i \mu_i \geq M \qquad (5-10)$$

则认为此事物满足要求，并根据 M 的取值不同而进行归类。

在显微岩相学工作中，对矿物的识别需要参考矿物的形状，这与医学中如细胞形态分类等问题存在近似。染色体、红白细胞等可以用线段近似，再用几何图形组合，不同的组合则构成不同的类别。如图5-9、图5-10所示，存在3种不同形态特征的染色体，用 n 条直线段代替原染色体得到六边形。先将每个染色体进行细化处理，再将4条臂用4根直线和1条中间线段构成，并将 A_1，A_2 的 A_3，A_4 分别用虚线相连，染色体的识别问题便转化成六边形的分类问题。

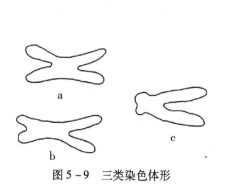

图5-9 三类染色体形

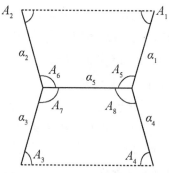

图5-10 用六边形代替染色体

这3种染色体都是对称染色体，标准的对称染色体其六边形的边和角必须满足：

$$A_{2i-1} = A_{2i}, 1 \leq i \leq 4, a_1 = a_2, a_3 = a_4$$

实际的染色体只是近似对称，可以将对称染色体看成一个模糊集 S，它的隶属函数为式(5-11)。

$$\mu_s = 1 - \rho_s \sum_{i=1}^{4} |A_{2i-1} - A_{2i}| \qquad (5-11)$$

式中：$\rho_s = 1/720°$。

图中所示三类染色体，可先进行细化并用适当的直线段给予近似。再根据角度 A_i 和长度 a_i 可算出 μ_M，μ_{SM} 和 μ_{AC}。设定一个阈值 α，取 $\max\{\mu_M, \mu_{SM}, \mu_{AC}\} \geq \alpha$ 即判别为识别结果。

5.4 大图形的社区结构识别

系统是由相互作用的若干部分组成的具有特定功能的有机整体，网络由节点和连线所组成。如果用节点表示系统的元素，两节点之间的连线表示系统元素间的相互作用，那么网络就为研究系统提供了一种新的描述方式，复杂网络是真实复杂系统的高度抽象。现实世界中的复杂系统都可以映射成网络，大型的网络空间则映射成为大数据空间，其中往往包含复杂的关联关系。网络研究着重于寻找关联，而这也符合地质大数据研究的核心思想：有限寻找事物间的关联关系，而非因果关系。

Herbert Simon 提出复杂系统具有模块结构特性是一个有重要意义的发现。社区结构在各种复杂网络中存在具有相当普遍性，事实上，社区发现已经在多个领域发挥着作用。从理论上上讲，社区发现可以地质网络分析、古生物演化、特殊地质现象识别、矿床预测、地震预报等研究方面找到用武之地。网络中的社区结构识别对理解整个网络的结构和功能有重要价值，可帮助分析、预测网络各元素间的交互关系。

关于地质大图形的定义尚不十分严谨。但它包含两层含义：一方面，字面上的大图形，即一张足够大的，以地理空间为坐标系，包含了足够多矿床、构造及地层等地质实体的图形，本质上是一个可视化的地质数据库；另一方面，大图形是一张网络，连接地质实体节点的即是地质因素，有的连线是清晰的，有的则有待揭露。节点信息以及连线中隐藏的信息就是地质大图形的研究目标。

5.4.1 复杂网络与社区

5.4.1.1 复杂网络

在网络规模较小的时候，人们利用图论和概率统计相关理论挖掘网络的本质和特点。但当各种关系变得多且复杂，数据规模越来越庞大时，构建包含成千上万个节点的复杂网络变得越来越困难。研究复杂网络的根本意义在于：在复杂的关系、超大的数据中以高效率挖掘数据。

定义复杂网络：

$CN=(V,E)$，$V=\{\sum v_i | i=1,2,\cdots,n\}$ 表示网络中节点的集合，$E=\{\sum e_i | i=1,2,\cdots,m\}$ 表示网络中边的集合。其中，$v=(o,a)$ 表示节点，o 表示网络中的实体，a 表示实体的属性；$e=(p,q,r)$ 表示网络中一条边，p 和 q 分别表示两个不同实体，r 表示实体间的关系。

复杂网络的复杂特性表现在(乔少杰，2017)：

(1)结构复杂：节点数目巨大，网络结构呈现多种不同特征。

(2)网络进化：节点或连接的产生与消失。

(3)连接多样性：节点之间的连接权重存在差异，且有可能存在方向性。

(4)动力学复杂性：节点集可能属于非线性动力学系统，例如，节点状态随时间发生复杂变化。

(5)节点多样性：复杂网络中的节点可以代表任何事物。

(6)多重复杂性融合：上述多重复杂性相互影响，导致更为难以预料的结果。

以复杂网络为代表的关系型数据分析则强调对象间的关系，这种关系往往反映了数据的本质特性。与通常的统计方法将所有对象看作相互独立同分布随机变量不同，关系型数据分析方法尝试将数据间的复杂关系用网络的方式来建模。

复杂网络的统计是对统计量的"再统计"，分析的是关系的关系。复杂网络将变量间的关系看作抽象的输入，它不直接研究单个的关联社区划分结果的评价关系，更多的是关心这些关系的总体，在更高的层面和更宏观的尺度下来处理这些关联关系，对其进行融合分析。

5.4.1.2 复杂网络模型

规则网络和随机网络是两种极端的情况。规则网络是指网络中任意两个节点之间的联系遵循既定的规则。随机网络指在由 N 个节点构成的图中以概率 p 随机连接任意两个节点而成的网络，即两个节点之间连边与否不再是确定的事，而是由概率 p 决定。

为了贴近真实世界，人们建立了许多复杂网络模型，包括：

小世界网络：通过以概率 p 切断规则网络中原始的边并选择新的端点重新连接构造出一种介于规则网络和随机网络之间的网络。当 $p=0$ 时，相当于各边未动，还是规则网络；当 $p=1$ 时就成了随机网络，其节点的度分布服从指数分布。实证结果表明，大多数大规模真实网络的节点度用幂律分布来描述更加精确。

BA 网络：在网络的构造中引入了增长性和择优连接性：增长性指网络中不断有新的节点加入进来；择优连接性则指新的节点进来后优先选择网络中度数大的节点进行连接。BA 网络是无标度网络模型，其节点度服从幂律分布。

5.4.1.3 复杂网络的统计特征

平均路径长度 L：在网络中，两点之间的距离为连接两点的最短路径上所包含的边的数目。网络的平均路径长度指网络中所有节点对的平均距离，它表明网络中节点间的分离程度，反映了网络的全局特性。

聚集系数 C：在网络中，节点的聚集系数是指与该节点相邻的所有节点之间连边的数目占这些相邻节点之间最大可能连边数目的比例。而网络的聚集系数则是指网络中所有节点聚集系数的平均值，它表明网络中节点的聚集情况即网络的聚集性。也就是说，同一个节点的两个相邻节点仍然是相邻节点的概率有多大，它反映了网络的局部特性。

度及度分布：在网络中，节点的度是指与该节点相邻的节点的数目，即连接该节点的边的数目。而网络的度 $<k>$ 指网络中所有节点度的平均值。度分布 $P(k)$ 指网络中一个任意选择的节点，它的度恰好为 k 的概率。

介数：包括节点介数和边介数。节点介数指网络中所有最短路径中经过该节点的数量比例，边介数则指网络中所有最短路径中经过该边的数量比例。介数反映了相应的节点或边在整个网络中的作用和影响力。

小世界效应：复杂网络的小世界效应是指尽管网络的规模很大，但是两个节点之间的距离比我们想象的要小得多。也就是网络的平均路径长度 L 随网络的规模呈对数增长，即 $L \sim \ln N$。大量的实证研究表明，真实网络几乎都具有小世界效应。

无标度特性：对于随机网络和规则网络，度分布区间非常狭窄，大多数节点都集中在节点度均值$<k>$的附近，说明节点具有同质性，因此$<k>$可以被看作节点度的一个特征标度。而在节点度服从幂律分布的网络中，大多数节点的度都很小，而少数节点的度很大，说明节点具有异质性，这时特征标度消失。这种节点度的幂律分布为网络的无标度特性。

5.4.2 社区发现

5.4.2.1 社区结构

社区结构属于网络的中观尺度结构。除小世界效应、无标度性等复杂网络基本特征外，网络聚簇结构是复杂网络重要拓扑结构特征之一。这种结构特征隐含复杂网络中存在着社区结构，即社区内部节点之间关系相对紧密、社区之间节点关系相对稀疏。如图5－11所示。

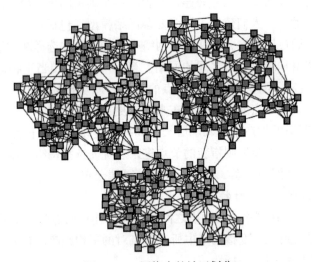

图5－11　网络中的社区划分

社区发现是社区结构研究的基础和核心问题。社区发现对分析复杂网络的拓扑结构及层次结构、理解社区的形成过程、预测复杂网络的动态变化、发现复杂网络中蕴含的规律具有重要意义。

5.4.2.2 社区划分效果评价

（1）模块度 Qov。在社区划分过程中，低连接性和高内聚性是必要的。连接性即社区之间的联系，指的是网络中各个社区间之互相联系密切程度的度量。社区之间联系愈紧密，其连接性就愈强，社区的独立性也就愈差。内聚性指的是社区内部各个节点之间连接的紧密程度，假如某个社区内部各个节点联系的愈紧密，那么这个社区的内聚性愈高。

模块度用来量化分析网络中挖掘出的社区结构合理性。模块度定义为社区内的边数减去随机生成图中的期望边数，形式化定义如下：网络划分为K个社区，$K \times K$的矩阵$\boldsymbol{E} = (e_{ij})$，$e_{ij}$表示网络中社区$i$与社区$j$之间的边数占所有边数的比例；矩阵的迹$\text{tr}(\boldsymbol{E})$

$= \sum_i e_{ij}$，表示网络中社区内部的边数占所有边数的比例；矩阵中的第 i 行的和 $a_i = \sum_j e_{ij}$，表示与社区 i 中的点相连边数占所有边数的比例；如果不考虑社区，假定节点间随机连接，那么 $e_{ij} = a_i a_j$。模块度可以定义为式（5-12）。

$$Q = \sum_i (e_{ii} - a_i^2) = \mathrm{tr}(\boldsymbol{E}) - \|\boldsymbol{E}^2\| \tag{5-12}$$

其中，$\|X\|$ 为所有 x 元素之和。

（2）正确划分率 AC。正确划分率通常情况下应用于社区结构已知的网络分析中，经过对比挖掘得出的社区结构和网络真实社区结构间的差别来判断算法的好坏。如果正确划分率越高，则表示算法挖掘出的社区质量越好。

$$AC = \frac{\sum_{i=1}^n \delta(s_i, map(c_i))}{n} \tag{5-13}$$

式（5-13）中，n 表示的是网络节点的中总数，S_i 和 C_i 分别表示的是节点 V_i 的社区标签与真实标签；$\delta(I,j)$ 函数定义如下：如果 $i=j$，则 $\delta(I,j)=1$；否则，$\delta(I,j)=0$；$map(C_i)$ 是一个映射函数，表示的是挖掘到的社区标签映射到真值标签。

（3）精确率和覆盖率。对于社区结构已知的网络，可以采用精确率和覆盖率两个评价指标来判断算法划分社区效果的好坏。假设由算法挖掘出的社区结构为 C，而已知的社区结构为 C'，那么：精确率为在 C 中属于同一社区且在 C' 中也属于同一社区的节点对占 C 中属于同一社区的所有节点对的比例。覆盖率为在 C' 中属于同一社区且在 C 中也属于同一社区的节点对占 C' 中属于同一社区的所有节点对的比例。

这两个评价指标值越大则说明算法的划分效果就相对越好。

（4）共同信息比较法。该方法运用标准共同信息对社区结构进行评价。该方法首先通过混乱矩阵 M（混乱矩阵 M，行对应实际社区，列对应算法划分的社区中的元素确定算法所划分的社区结构中节点被准确划分的数目）。以信息理论为基础，能够获得两个社区结构的相似度如式（5-14）所示。

$$I(A,B) = \frac{-2\sum_{i=1}^{c_A}\sum_{j=1}^{c_B} m_{i,j} \log(\frac{m_{ij}N}{m_i m_j})}{\sum_{i=1}^{c_A} m_i \log(\frac{m_i}{N}) + \sum_{j=1}^{c_B} m_j \log(\frac{m_j}{N})} \tag{5-14}$$

其中，N 表示的是网络中的节点数，实际社区的个数用 CA 表明，挖掘所得结果中的社区个数用 CB 表明，m_i 所代表的是混乱矩阵 M 中第 i 行元素的总和，m_j 则代表的第 j 列元素的总和用。假如算法挖掘出的社区结构与网络真实的社区结构越相似，那么 I 值也就越大。I 为 0 时，表示的是算法挖掘的社区与真实情况完全不同；I 为 1 时，表示的是算法挖掘的社区与真实情况完全相同。

上述的 4 种评价方法中，准确率 AC、精确率和覆盖率、标准化互信息 NMI 适合应用于已知实际划分结果的网络，而模块度 Qov 适合应用于实际划分结果未知的网络。

5.4.2.3 社区发现与图划分、聚类的关系

社区发现和传统的聚类与图划分的区别和联系可以从应用背景、研究对象、研究目

的等角度分析(程学旗,2011)。

社区发现和图划分的相似之处在于处理对象都是抽象出的网络。图划分的目的在于把网络按指定条件进行切分,具体条件通常体现为划分分量的个数、每个划分分量的大小。而社区发现旨在寻找网络中与内部连接紧密、与外部连接稀疏的子网络。当把社区结构看成网络的一个划分时,社区发现在于寻找网络固有的自然划分,而不是按指定条件进行划分。特别需要指出的是,不同的社区之间通常可以相互重叠或嵌套。

社区发现与聚类在处理方式上存在更大的相似之处,聚类的各个类之间通常也允许相互重叠或嵌套,这使得通常情况下,很多聚类算法可以直接用于网络社区结构的发现。但是,二者处理的对象不同,聚类处理可以表示成高维向量的属性数据,数据通常存在于一个距离空间中,而社区发现则处理可以表示成网络的关系数据,一般不存在一个相应的距离空间。属性数据和关系数据之间可以通过变换和映射而相互转变,从而使问题变得既可以使用聚类的手段,也可以使用社区发现的方法来解决。但是,在自然界和人类社会中存在的对象中,有些天然表示成属性数据,有些则天然体现为关系数据,两类数据间的变换或映射会改变对象间固有的关系。在这种情况下,聚类和社区发现是不可以互相替代的。

5.4.3 社区发现算法

网络可形式化表示为图 $G=(V,E)$,其中,V 表示网络中的所有节点集合,E 表示网络中节点间的边的集合。社区发现方法从划分思想上可分为基于边图思想的方法、基于全局划分的方法、基于局部的划分方法、基于模块度的方法、基于随机游走的方法等。从社区发现结果角度对目前已有的社区发现方法进行分类,分别为无重叠社区发现方法、重叠社区发现方法和社区动态演化发现方法。

5.4.3.1 无重叠社区发现方法

无重叠社区发现,即网络中的每个节点仅属于一个社区,不存在任何节点同时属于两个或两个以上社区的情况。C 为社区内的节点集合,无重叠社区发现形式化定义为 $C_i \cap C_j = \varnothing$,如式(5-15)所示。

$$\bigcup_i C_i = V \tag{5-15}$$

无重叠社区方法可以分为图分割社区发现方法、层级聚类社区发现方法和谱聚类社区发现方法。如图5-12所示。

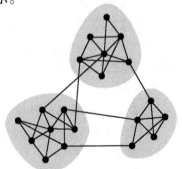

图5-12 无重叠社区

(1)图分割社区发现方法。社区发现在经典图论中属于图分割问题——将节点划分为若干个子集，使得分割后的子集间连接的边数最少，该问题已被证明是 NP 难题，许多启发式算法用来求得该问题的近似解。属于图分割社区发现方法的有 KL 算法、GA 算法、谱平分方法、基于标准矩阵的谱平分法和基于电阻网络电压谱的算法。

KL 算法是一种基于贪婪算法原理将网络划分为两个已知大小社区的二分法，它必须事先确定社区规模的大小并选择一个初始划分状态，在缺少先验知识的实际网络中，KL 算法受到了很大限制。GA 算法也根据增益函数 Q 值来交换节点，与 KL 算法不同的是它采用模拟退火策略，设定一个阈值，在阈值范围内，节点交换可以不是 H 值增幅最大的。

谱平分方法每次只能将网络分成两个社区，若要将网络划分为多个社区，就需要对子社区重复进行谱平分。

为克服谱平分方法的上述缺陷，人们提出了基于标准矩阵的谱平分法，它在社区结构淡化的复杂网络中得到了较好的划分。谱平分方法的时间复杂度较高，为降低谱平分方法的时间复杂度，产生了基于电阻网络电压谱的算法，其主要缺点是需要事先确定社区数量和规模。

(2)层级聚类社区发现方法。层级聚类社区发现是计算网络中节点之间相似度，相似度高的合并，相似度低的分开，聚类过程以树的形式展示，再定义一个模块度函数，衡量划分结果的好坏，从而获取最优的社区发现。分裂方法和凝聚方法是层级聚类社区发现的两种主要方法。分裂方法的基本思想是，整个网络初始时是一个社区，根据节点间相似度，将相似度较低的节点划分为不同社区；与分裂方法相反，凝聚方法最初将每个节点作为一个社区，通过计算节点间的相似度，将相似度高的节点合并。

GN 算法是分裂算法的经典代表，仅适用于规模较小的复杂网络。它的基本假设是社区间的边介数应大于社区内的边介数，分裂时从网络中移除当前介数最大的边。GN 算法在复杂网络社区挖掘研究中占有十分重要的地位，掀起了复杂网络社区挖掘研究的热潮。GN 算法主要有两个缺点：一是无法评价社区发现结果；二是计算边介数时间开销很大。

GN 算法的步骤如图 5-13 所示：①计算每一条边的边介数；②删除边界数最大的边；③重新计算网络中剩下的边的边阶数；④重复③和④步骤，直到网络中的任一顶点作为一个社区为止。

GN 算法无法评价社区发现结果，为此 Newman 等提出模块度(modularity)作为弥补，模块度成为衡量复杂网络社区发现优劣的标准。

凝聚方法分为基于全局相似度和基于局部相似度两种方法。

基于全局相似度的凝聚方法中，典型的是 Newman 快速算法(Fast GN)，该算法采用贪婪思想，社区进行合并时，选择当前模块度增量最大的两个社区进行合并；CNM 算法对 Fast GN 进行了改进，利用堆结构进行模块度函数的计算。

标签传播算法是基于局部相似度的社区发现方法之一。每个节点在初始状态时被打上一个唯一的标签，标签传播过程中，节点选择其邻居节点标签中数量最多的标签作为

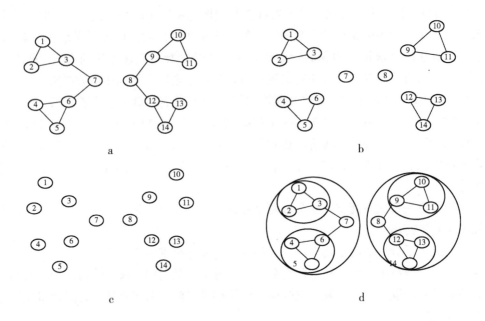

图 5-13 GN 算法的步骤

其新的标签，具有相同标签的节点形成社区。基于适应度的方法也是基于局部相似度的社区发现方法。初始时，随机选择网络中的节点为初始社区。根据社区结构定义，选择使得社区结构更加明显的邻居节点进行迭代聚类。

（3）谱聚类社区发现方法。谱聚类算法思想基于谱图理论，通过矩阵的特征分解获得数据的低维嵌入，将聚类问题转换成图的最优划分问题，从而实现社区发现过程。与传统聚类方法相比，谱聚类算法不易陷入局部最优解，适用于各种结构的非凸分布数据聚类，在解决实际问题中表现较好。

PF 算法用相似矩阵 W 的最大特征值所对应的特征向量进行聚类。算法采用的图划分函数为最小割函数，如式（5-16）所示。

$$\mathrm{cut}(C_1, C_2) = \sum_{i \in C_1, j \in C_2} w_{ij} \qquad (5-16)$$

该算法是基础的谱聚类方法，在图像数据划分实验中取得较好结果，但该方法常常发生偏斜划分，即划分出的两个社区，一个规模极大，一个规模极小。

为了解决最小割划分偏斜问题，SM 算法采用规范割划分函数，该方法比 PF 算法在聚类效果上更好。

KVV 算法与 SM 算法思想基本一致，不同之处在于 KVV 算法采用的划分函数为比例割函数，它能够划分较为均衡的社区，但付出了运算时间大幅度提升的代价。

上述谱聚类方法都是将社区仅划分成两个社区的二分法，无法实现多个社区的划分。

NJW 算法能够克服这个缺点，该算法的基本思想是通过拉普拉斯矩阵的前 f 个最大特征值，获取其对应的特征向量进行聚类；类似功能的 MS 算法结合了 Markov 链的随机游走和多路规范割函数,但该算法在度矩阵 B 中对角线元素差别较大时,结果不理想。

尽管谱聚类社区发现方法具有能在任意结构的样本空间上聚类且收敛于全局最优解的优势,但同时,也存在需要事先确定社区数量、计算复杂度高的缺点。

5.4.3.2 重叠社区发现方法

从不同的角度出发,节点常常扮演多重角色,可以同时隶属于多个社区,复杂网络并未严格划分,社区边界是模糊的,这更贴近真实世界。对复杂网络不完全严格划分,即可获得重叠的社区发现结果。如图 5-14 所示。

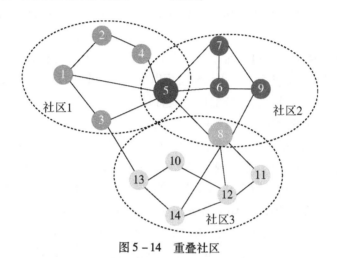

图 5-14 重叠社区

(1)基于派系过滤的方法。Palla 在 2005 年发明了一种基于派系过滤的重叠社区发现算法。该算法被扩展应用到有权网络、有向网络、二部网络等,但该方法不能覆盖网络中的所有节点,并且自由参数较多,不同参数设定对结果影响较大。沈华为等提出了极大完全子图来代替节点作为社区的基本构成单元,定义了一种相对普适的网络模块度用以度量网络的重叠社区结构,在此基础上提出了一种同时体现层次性及重叠性的社区发现算法。Clique Graph 也借鉴了派系过滤的思想,将网络中的派系建立成派系图用以研究社区结构。

(2)基于局部扩张及优化的方法。局部社区发现算法可以从网络中获得自然合理的重叠社区结构,这类算法通常不去获取网络中的全局信息,只获取初始研究节点所在网络区域的局部信息,避免了分析复杂且难以获取的全局网络信息,因而此类算法能快速有效地发现网络中的社区结构。

Clauset 首先提出局部模块度的度量指标并通过最大化局部模块度来搜索局部社区结构。Bagrow 提出广度优先的搜索方法来构造局部社区,以及其后的基于核心点移除的 RaRe 算法、基于 Page Rank 初始点分配的 Link Agg 算法都基于此原理。

LFM 算法通过随机选取网络中的初始节点,根据定义的局部适应度函数进行社区扩张,直到适应度函数为负时停止,从而得到局部社区。GCE 算法改进了 LFM 随机选取种子节点的缺点,使用预先找出的极大子团来代替随机选取的种子节点,并定义阈值用以合并重叠度太高的局部社区,相对于 LFM 和 EAGLE,GCE 更适于高度重叠的社区结构发现。MONC 算法通过对局部社区扩张所用的适应度函数进行改进使得能对不同层次社区进行分辨率参数的计算,从而得到合理的层次社区结构。

(3)基于线图、边社区的发现方法。Evans 和 Lambiott 提出了一种基于边社区的重叠社区发现方法。其基本思路是将原图转换为线图,然后将线图中的社区转化为节点型的重叠社区,Ahn 则在提出边社区概念的同时揭示了这种边社区在真实网络中的普遍存在性。

(4)基于图模型的统计推断方法。Newman 用一种概率混合模型来描述网络中的节点连接,并用期望最大化算法来估计模型的参数,该模型具有一般性,适合多种类型的网络数据,但是,对先验参数的设置比较敏感。Latouche 等扩展了 Nowicki 提出的著名的随机图上的概率模型,通过为每个节点定义一个服从伯努力分布的社区归属向量,并用 EM 算法估计模型中的参数,使得该模型可以用来发现重叠社区,并证明了该模型对于不同参数具有良好的辨识性。传统的假设是社区重叠部分相对于社区本身是很稀疏的,Yang 发现社区重叠部分相对于不重叠的部分节点更加密集,因此,他们提出一种 community-Affiliation 图模型,并基于模型构建节点社区二分联系图,提出一个重叠社区发现算法,在高度重叠的网络中成功地发现了重叠的、不重叠的和分层嵌套的不同社区结构。

复杂网络中社区结构不仅存在相互重叠的平行关系,还存在包含与被包含社区的层次结构关系。Shen 等提出了 EAGLE 算法用于发现网络重叠社区和社区间层次结构。该方法结合了极大团思想和层级聚类方法,定义了社区间的相似度函数和衡量重叠社区划分效果的模块度 EQ。将所有极大团和单独节点作为初始社区,重复合并相似度最大的社区对,通过 EQ 选取最优社区发现结果。Lancichinetti 等提出了一种基于适应度的重叠社区发现方法。该方法分析了网络中社区的层次结构,且时间复杂性较低。

上述社区发现方法都是针对静态复杂网络的,现实中的复杂网络随着时间总是动态变化的,网络的节点和边每时每刻都可能在增加、删除或修改。发现网络中的社区结构及其演化过程,是当前复杂网络动态社区发现的热点之一。

5.5 基于图的拓扑结构相似度的地质文献与信息检索

在网络研究中,对具有相似性质的实体进行归类是一个比较基础的研究内容,相似性度量是一种重要的方法(刘恒,2014)。现有的相似度计算方法大致可分为两大类:

(1)基于对象的内容或者文本的度量方法,如匹配文本相似度,计算项集合的重叠区域等。这种方法把每个对象分解为一系列的特征,根据每个特征衡量对象间的相似度,在文本挖掘领域这种方法很常见,在文本领域,衡量文本之间的相似度主要考虑的是单词之间的相似度,常见的方法有两种:编辑距离和集合相似度。编辑距离是用来衡量单词之间的差异度的,它是指一个单词转变为另一个单词所需要的最少步骤。集合相似度是根据整个文本所包含的单词组成的集合来衡量文本之间的相似度,最常见的方法就是 Jaccard 系数。

(2)基于对象之间关系的度量方法,如 Page Rank,Sim Rank 和 Page Sim 等。现实生活中的对象并不是孤立的，往往与其他的对象之间存在某种关系，对象间的关系蕴含着丰富的信息，例如，在文献引用领域，文献之间的关系为引用和被引用，如果一个文献引用了另外一个文献，这两个文献可能研究的是某个相似或者是来自同一领域的问题，它们之间的相似性就比较高，比较符合人们的直觉。

5.5.1 Page Rank 算法

Page Rank 算法基于一种经典的数学统计模型："随机游走"。通常假设：随机游走是以马尔可夫链或马尔可夫过程的形式出现。"马尔可夫过程"是具有马尔可夫性质的过程。在给定现在状态时它与过去状态是条件独立的，那么此随机过程具有马尔可夫性质。

在数学上，给定随机过程 $\{X(t), t\in T\}$，如果对 $\forall n \geqslant 2$，$t_1 < t_2 < \cdots < t_n \in T$，有

$$P\{X(t_n) < x_n \mid X(t_1) = x_1, X(t_2) = x_2, \cdots, X(t_{n-1}) = x_{n-1}\}$$
$$= P\{X(t_n) < x_n \mid X(t_{n-1}) < x_{n-1}\}$$

则称 $\{X(t), t\in T\}$ 为马尔可夫过程。

Web 中囊括了数以亿计的网页，网页与网页之间的指向则是其独特的数据信息，若把网页看成节点，而将网页与网页的超级链接解看成有向边，则能够将整体互联网看成一个有向图，称之为 Web 图。

Page Rank 算法是在随机冲浪者模型基础之上建立的。具体来说，假设冲浪者跟随链接进行了若干步的浏览后转向一个随机的起点网页又重新跟随链接浏览，那么一个网页的价值程度值就由该网页被这个随机冲浪者所访问的频率所决定。Page Rank 算法的思想主要是在通过超链接解析出的网络拓扑结构中，通过网页之间的跳转关系，寻找质量较高的网页。通常定义用户在浏览网页时被用户访问量越多的网页其质量越高，进行相关的排序，从而在用户进行查询时，给用户索引网页质量较高的页面，为用户高效快捷的推荐网页。

Page Rank 将网络看作一个有向图：$G=(V, E)$，其中，V 是节点（网页）集，E 是边集（当且仅当在从页面 i 到页面 j 的链接时存在从节点 i 到节点 j 的边）。

每个网站都有自己的权威性，也就是权值，如果一个网站的权威性越高，权值越大，这个网站就会被越多的网站链接；反之，如果一个网站的权威性比较小，那么该网站的权值相应的就比较小，那么它就被越少的网站所链接到。如果页面 B 存在一个指向链接指向页面 A 时，则证明页面 B 肯定了页面 A 的重要性，所以，就把页面 B 的 Page Rank 值的一部分传递给页面 A。传递的这部分值为：PR(B)/L(B)。其中 PR(B) 为网页 B 的 Page Rank 值，L(B) 为 B 的出链数。所以，页面 A 的 Page Rank 值为若干类似于页面 B 的传递值的累加。可以把这个过程看成一个投票的过程，到某个页面的超级链接就相当于对该页面投了一票，一个页面的得票数是由指向它的页面的权威性和数量决定的。一个拥有较多链入的链入页面会有比较高的得分，反之，若某个页面没有得到一个网页的指向，那样它就没有得分。由于网络中网页链接的相互指向，该分值的计算为一个迭代过程，最终网页根据所得分值进行检索排序。

Page Rank 的运算使用了数量假设和质量假设。页面通过超级链接形成了 Web 结构

图,在开始的时候,每个页面都会被赋予相同的初始值,经过若干轮的计算,Page Rank 将会趋于稳定。只要一个网页中的链接结构发生了变化,与该网页相关的网页的 PR 值就会改变。当互联网中的页面的链接结构发送变化时,与该页面相关的页面就会将该页面的 PR 值平均分配给与它相关的页面,与此同时与该页面相关的网页就获得了 PR 值。将该页面的所有的 PR 值求和,得到的就是变化后的 PR 值。当所有变化的网页都得到了新的 PR 值,就表示这一次运算完毕。

该算法基于两个前提:

前提 1:一个网页被多次引用,则它可能是很重要的。一个网页虽然没有被多次引用,但是被重要的网页引用,则它也可能是很重要的。这就是上述数量假设与质量假设;一个网页的重要性被平均传递到它所引用的网页,这种重要的网页称为权威网页。

前提 2:假定用户一开始随机的访问网页集合中的一个网页,以后跟随网页的向外链接向前浏览网页,不回退浏览,浏览下一个网页的概率就是被浏览网页的 Page Rank 值。

Page Rank 算法简单描述如下:u 是一个网页,$F(u)$ 是页面 u 指向的网页集合,$B(u)$ 是指向 u 的网页集合,$N(u) = |F(u)|$ 是 u 指向外的链接数,c 是规范化因子(一般取 0.85)。

那么,网页 u 的 Page Rank 值可以利用式(5-17)计算。

$$R(u) = c \sum_{v \in B(u)} R(v)/N(v) \tag{5-17}$$

该算法的矩阵描述形式为:

设 A 为一个方阵,行和列对应网页集的网页。如果网页 u 有指向网页 v 的一个链接,则 $A_{u,v} = 1/N_u$,否则 $A_{u,v} = 0$。设 R 是对应网页集的 Page Rank 值向量,则有 $R = cAR$,可见 R 为 A 的特征根为 c 的特征向量。实际上,只需要求出最大特征根的特征向量,就是网页集对应的最终 Page Rank 值。

Page Rank 的基本思想在于一个页面重要或者有链接指向它的页面多,或者有链接指向它的页面重要或者二者兼而有之。其初始定义如式(5-18)所示。

$$PR(q) = \sum_{(p,q) \in E} \frac{PR(p)}{N_p} \tag{5-18}$$

其中,N_p 表示节点 p 的出度。

在计算 Page Rank 时,一般把它看作一个求矩阵特征向量的过程:M 表示 G 的过渡矩阵,如果存在节点 j 到节点 i 的边,则置矩阵中元素 m_{ij} 的值为 $1/N_j$,否则置为 0。这样,最终的结果满足式(5-19)。

$$X = Mx \tag{5-19}$$

其中,x 表示各页面的 Page Rank 构成的向量,由 M 的构成可知,矩阵 M 的最大特征值为 1,x 为 1 对应的特征向量。这样可以用简单迭代法对上式求解。

如果有 2 个相互指向的网页 a,b,他们不指向其他任何网页,另外有某个网页 c,指向 a,b 中的某一个,比如 a,那么在迭代计算中,a,b 的函数值不分布出去而不断地累计,如图 5-15 所示。

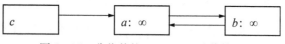

图 5-15 非收敛的 Page Rank 迭代情况

要保证上述迭代过程的收敛，M 必须满足两个条件：一是 M 必须是不可约的（G 强连通）；二是 M 必须是非循环的。后者可由网络结构保证，前者可以通过在迭代过程中加一个阻尼因子予以保证。

定义：
$$M' = cM + (1-c)\left[\frac{1}{N}\right]_{M \times N}$$

用 M' 代替 M 进行计算，相当于在 G 的每两个节点间增加了两条边，这样做的同时也解决了所谓的 Rank Sink 问题，此时的迭代形式如下：

$$PR_{i+1} = cM \times PR_i + (1-c) \times \left[\frac{1}{N}\right]_{N \times 1}$$

这样，在保证迭代收敛的同时，也使 Page Rank 的定义变为：

设页面 $T_1, T_2, \cdots, T_n$ 有链接指向页面 A，如式（5-20）所示。

$$PR(A) = (1-c) + c\left[\frac{PR(T_1)}{N_{T_1}}\right] + \cdots + \frac{PR(T_n)}{N_{T_n}} \quad (5-20)$$

此时，Page Rank 的定义符合随机冲浪模型。

影响一个网页 PR 的因素有以下 3 个：①该网页的链入数量；②该网页的链入网页本身的 PR；③该网页的链入网页本身的链出数量。

由于互联网的链接结构是自发、无序形成的，因此，可能存在这样的情况：在一组组内相互彼此链接，组外无链接的网页中，一旦有组外网页链接到组内的网页，由于在组内不存在对外的链接，因此，传递进来的 PR 值就一直滞留在这组网页内部，不能传递出去，导致 PR 值沉淀（link sink）。通常，引入衰退因子解决这一问题。

5.5.2 Sim Rank 算法

在信息检索领域，基于图的拓扑结构信息来衡量任意两个对象间相似程度的 Sim Rank 算法成功应用于网络图聚类、孤立点检测、网页排名、协同过滤等。

Sim Rank 是一种基于网页链接结构来评估图中任意两个对象（结点）之间的相似度模型。Sim Rank 算法完全基于结构信息，利用网络的链接结构衡量对象之间的相似度，可以计算图中任意两个节点间的相似度。

Sim Rank 算法思想类似于 Page Rank 算法，其通过游走获取网络节点的相似性，而且能够根据相似性的传递特征，为距离较远的两个节点间建立相关联系，这种相似度的传递特征能够很好地改善数据稀疏带来的无法计算用户或项目间相似的问题。

Sim Rank 的核心思想是：2 个对象是相似的，如果与它们关联的对象相似，且对象与它自己是最相似的。Sim Rank 使用有向图表示对象之间的关联，相似度的计算在这样的关联有向图上迭代进行，迭代开始时任意 2 个不同对象之间的相似度都初始化为 0，任意对象与其自身的相似度都初始化为 1。

假设 S 为 Sim Rank 相似度矩阵，其元素 $[S]_{a,b}$ 表示相似度值 $s(a,b)$。W 是一个按列归一化的图邻接矩阵，其元素 $[W]_{a,b}=\frac{1}{|\tau(b)|}$，若存在一条有向边 $a \rightarrow b$；否则为 0。于是，Sim Rank 方程式可以用矩阵表示为式(5-21)。

$$S = C \cdot (W^T \cdot S \cdot W) + (1-C) \cdot I \qquad (5-21)$$

由于 Sim Rank 相似度是 $s(a,b)$ 通过递归定义的，可能依赖于图中其他结点对的相似度，故而其具有很高的时间复杂度。

给定一个有向图 $G=(V,E)$，V 表示图的顶点集合，E 是图的边集合，表示顶点之间的关系。C 是衰减因子，它的取值范围为 $[0,1]$，$I(a)$ 是节点 a 在图中的入边集合，$I(b)$ 是节点 b 在图中的入边集合。对图中任意两个顶点 a 和 b，用 $s(a,b)$ 表示 a 和 b 之间的相似度，则用 Sim Rank 计算 $s(a,b)$ 的公式如式(5-22)所示。

$$s(a,b) = \begin{cases} 1, & a=b \\ \frac{C}{|I(a)||I(b)|}\sum_{i=1}^{|I(a)|}\sum_{j=1}^{|I(b)|}s(I_i(a),I_j(b)), & I(a) \text{ and } I(b) \neq \varnothing \\ 0, & \text{otherwise} \end{cases} \qquad (5-22)$$

上式表明节点 a 和 b 的相似度关系为他们两者之间相关联节点的相似度之和的平均值。

Sim Rank 相似度计算方法主要有两大类：Sim Rank 确定性计算和 Sim Rank 随机算法。

Sim Rank 确定性计算：基于不动点迭代求解 Sim Rank 的值，优点是计算精度高，但时间复杂度大。对于一个网络图 $G=(V,E)$ 来说，传统的直接迭代法计算所有结点对的相似度需要 $O(K|E|^2)$ 的时间复杂度和 $O(|V|^2)$ 的内存，K 为总的迭代次数。

Sim Rank 随机算法：基于蒙卡特罗法模拟，将两结点间 Sim Rank 的相似度 $s(a,b)$ 表示为两个随机游走者分别从结点 a 和 b 出发到最后相遇的总时间 $T(a,b)$ 的期望函数，即式(5-23)：

$$s(a,b) = E(C^{T(a,b)}) \qquad (5-23)$$

这种方法计算每一个结点对的时间和内存复杂度均为 $O(|V|)$，但带有一定随机性，精度较低。

5.5.3 地质资料与信息检索

近年来对地质非结构化数据、语义检索、大数据平台下的地质文献检索开展研究，并取得较好效果。

5.5.3.1 基于地质技术方法非结构化数据的文档检索

现代计算机处理的信息已经由原来的结构化数据逐渐转变为结构化、半结构化和非结构化并存的海量数据。

利用 NoSQL 数据库完善地质调查技术方法非结构化数据的文档检索，是一个重要的方向。NoSQL 数据库的出发点是：非结构化、分布式、开源、横向可扩展。NoSQL 无须 schema，便于数据迁移，简单的 API，海量的数据存储。

5.5.3.2 地质大数据语义检索模型

语义检索模型不拘泥于用户所输入请求语句的字面本身,可以准确地捕捉到用户输入语句背后的真正意图。

语义是数据所代表的概念的含义及含义之间的关系。语义模型则是被定义为通过模型作为媒介来实现数据语义关系的形式化描述的一种方式,把待研究的对象通过适当的过滤,用适当的表现规则描绘出的抽象的概念集合。

与传统的基于关键字匹配的搜索引擎工作原理不同,地质大数据语义检索利用地质语义知识图谱利用概念与实体的匹配度,返回给用户与搜索相关的更全面的知识体系。

5.5.3.3 Page Rank 算法在文献检索排序中的作用

传统的文献检索大多按照被引次数、发表时间、搜索词出现频次等条件之一对结果进行排序,角度单一且忽略了文献相互引用带来的价值流动,往往会出现部分文献排名过高或过低的现象。

为此,可以将 Page Rank 算法应用到文献检索中,以求改进。引文网络其实是在链接网络的基础上添加若干限制,其中,静态结构和单向无自引的特性降低了图的复杂性,没有出度为 0 的节点还避免了 Rank Leak 现象,可见将 Page Rank 算法应用到文献检索中是可行的。

5.5.3.4 基于加权 Sim Rank 的中文查询推荐

很多查询之间存在隐含或间接联系,两个不能直接匹配的相关查询往往有着相同或相似的相关查询。基于这一简单思想,可以将查询映射到一个查询关系图中,图中节点表示查询,边表示查询中某种直接联系。然后,根据结构相似度算法并针对查询推荐应用问题,提出加权 Sim Rank(简称 W Sim Rank)计算图中查询(节点)间相似度。

W Sim Rank 综合考虑了查询关系图的全局信息,因而能挖掘出查询间的间接关联和语义关系。

5.6 实现图形数据处理的算法

5.6.1 使用 MapReduce 框架实现 SimRank 算法

5.6.1.1 Basic SimRank 算法

如代码 5-1 所示。

代码 5-1 Basic SimRank 算法的 MapReduce 伪代码

Algorithm1: Computing SimRank on MapReduce
Input: Graph G, initialized S0
  for t = 0: T - 1
    Map Function((a, b), St(a, b))
    find a, b's neighbor I(a) and I(b) respectively
    for each c belongs I(a), d belongs I(b)

续上表

output ((c, d), St(a, b))
 Reduce Function (Key = (c, d), Values = vs[ ])
   if c = d
     St+1(c, d) = 1
   else
     St+1(c, d) = C/len(vs)(sum(vs))
   output(c, d), St+1(c, d)
 Output: update St

5.6.1.2 Delta SimRank 算法

如代码 5-2 所示。

代码 5-2 Delta SimRank 算法的 MapReduce 伪代码

```
Algorithm2: Computing Delta - SimRank on MapReduce
Input: Graph G, initialized delta_t
Map function((a, b), delta_t(a, b))
  if a = b or delta_t(a, b) <= eplison
    return
  find a, b's neighbor I(a) and I(b) respectively
  for each c belongs to I(a), d belongs I(b)
    output (c, d), c/(|I(c)| |I(d)|)delta_t(a, b)
Reduce function (Key = (c, d), Values = vs[ ])
  if c = d
    output delta_t+1(c, d) = 0
  else
    output delta_t+1 = sum(vs)
Output update delta_t+1
Algorithm3: An efficient approach to compute SimRank
Input: Graph G, init SimRank s0
Update SimRank using Algorithm 1 and obtain s1
init Delta - SimRankk by delta_1 = s1 - s0
for t = 1: T - 1
  update delta_t+1 SimRank as in Algorithm 2.
  St+1 = st + delta_t+1
Output: updated SimRank score St
```

5.6.2 全球玄武岩样品分布的社区发现

如代码5-3所示。

代码5-3 案例1代码

In[1]:
```python
import pandas as pd
import numpy as np
from sklearn.preprocessing import StandardScaler
from sklearn.cluster import KMeans
from sklearn.metrics import silhouette_score
import matplotlib.pyplot as plt
import networkx as nx
data = pd.read_excel('../data/全球玄武岩-清洗后.xlsx', header=1)
data.drop(['LATITUDE MIN','LATITUDE MAX','LONGITUDE MIN','LONGITUDE MAX'], axis=1, inplace=True)
association = data.corr()
##筛选出相似的列
delSimCol = []
colNum = association.shape[0]
names = association.columns
for i in range(colNum):
    for j in range(i+1, colNum):
        if association.iloc[i, j] > 0.9:
            delSimCol.append((names[i], names[j]))
print(delSimCol)
#删除列
delCol = [i[1] for i in delSimCol]
data.drop(delCol, axis=1, inplace=True)
##哑变量处理
dummiesData = pd.get_dummies(data['LAND OR SEA'])
data.drop('LAND OR SEA', axis=1, inplace=True)
modelData = pd.concat([data, dummiesData], axis=1)
x = modelData.iloc[:, 1:]
X = StandardScaler().fit_transform(x)
silhouettteScore = []
for k in range(2, 18):
    kmeans = KMeans(n_clusters=k, random_state=123).fit(X)
    score = silhouette_score(X, kmeans.labels_)
    silhouettteScore.append(score)
plt.rcParams['font.sans-serif'] = 'SimHei'
plt.rcParams['axes.unicode_minus'] = False ##设置正常显示符号
```

续上表

```
plt.figure(figsize=(10,6))
plt.plot(range(2,18),silhouettteScore)
plt.bar(range(2,18),silhouettteScore)
plt.xlabel('聚类数目')
plt.ylabel('轮廓系数')
plt.savefig('../tmp/轮廓系数.png')
plt.show()
kmeans = KMeans(n_clusters=9,random_state=123).fit(X)
label = kmeans.labels_
data = pd.read_excel('../data/全球玄武岩-清洗后.xlsx',header=1)
data['cluster_label'] = label
data.to_csv('../tmp/聚类结果.csv',index=False)
center = kmeans.cluster_centers_
import numpy as np
fig = plt.figure(figsize=(8,8))
ax = fig.add_subplot(111,polar=True)# polar 参数
angles = np.linspace(0,2*np.pi,29,endpoint=True)
names = x.columns
for i in range(9):
    Data = np.concatenate((center[i],[center[i][0]]))#闭合
    ax.plot(angles,Data,linewidth=2)#画线
    ax.fill(angles,Data,alpha=0.25)#填充
ax.set_thetagrids(angles*180/np.pi,names)
ax.set_title("../tmp/聚类结果雷达图.png",va='bottom')## 设定标题
ax.set_rlim(-1,2.5)##设置各指标的最终范围
ax.legend(range(9),loc=0)
ax.grid(True)
header = data.iloc[:,0]
tailer = label
G = nx.Graph()
for i in range(data.shape[0]):
    head,tail = header[i],tailer[i]
    G.add_edge(head,tail)
klist = list(nx.algorithms.community.k_clique_communities(G,2))
plt.figure(figsize=(15,15)) #创建一幅图
nx.draw(G,node_color='red',nodelist=klist[0],with_labels=True,node_size=800)
plt.savefig('../tmp/社区发现.png')
plt.show()
```

第6章　无限流数据与时间序列

无限数据流是一种重要的数据类型。它在地球科学中广泛存在，甚至会随时间不断产生，产生速度快，数据规模大。如地震监测、岩体稳定性监测、大气监测、水文监测、地球化学监测过程中采集的数据，均具有此特点。此类按时间顺序排列的数据就构成时间序列。随着监测密度的提升和技术的进步，海量的监测传感器产生源源不断的时间序列数据，形成无限流数据。为了发挥监测的时效性，数据流有实时处理的需求，这使得将数据全部存储在介质中反复利用的传统数据库处理模式不再可行。如何使用有限存储空间实时有效地处理大规模的时间序列数据流，从中挖掘出有用的信息，对地震预警、地灾预报、气象预报与大气监测、地球化学监测等地球科学应用领域具有重大意义。

6.1　无限流数据与时序模式

传统数据库技术的一个共同特点是：数据存储在介质中，可供反复利用，数据操纵以查询为主，增、删、改的频率小于查询的频率，数据相对静态，至少在相应的查询过程中是静态的。20世纪末以来，随着信息技术和互联网的发展，特别是各类小型无线传感器的广泛使用，一种动态、流式、海量出现的数据类型使得固定存储，多次访问的传统数据应用方式不再可能。为了处理应用这类数据，人们提出了新的数据模型，称为数据流。

数据流可定义为有序、连续、实时到达，且到达顺序不可控的数据序列。区别于传统数据模型，数据流具有如下共同特征：①数据实时到达，并随着时间源源不断地产生；②数据到达次序独立，不受应用系统所控制，因此，对数据流的处理只能被动地依据数据的到达次序进行；③理论上具有无限的数据容积，远远超过数据处理系统能够持久、完整存储和精确计算的能力范围，因而对于数据的处理查询也无法做到精确，往往只能得到近似结果；④数据一次处理后就被丢弃，除非特意保存，否则不能被再次利用，或者再次访问的代价高昂（金澈清等，2004；孙玉芬、卢炎生，2007）。

一个数据流可以看作一个长度为 n 的数组 $A = [a_0, \cdots, a_{n-1}]$ 不断更新的过程。数据流随着时间的推移而不断产生，于是，数组 A 中的元素随时间动态变化。对于某些数据流而言，这种变化非常迅速，例如，地震发生前后的监测数据、气象环境数据等（程陈、史文博，2013）。在数据流上提交的查询连续执行下去，返回的结果也会随着新到达数据的变化而变化。根据数据流对 A 的不同影响方式，数据流模型可分为时间序列模型、收银机模型和旋转门模型。

6.1.1 时间序列模型

时间序列数据就是按照时间先后顺序排列的一系列观测数据的集合,它记录了被监测对象不同时刻的重要信息(岳德君,2008)。移动互联网、物联网、传感器网络等技术应用时序模式的数据流的重要来源。令 t 表示任一时间戳,a_t 表示在该时间戳到达的数据,时序数据可以表示成 $\{\cdots, a_{t-1}, a_t, a_{t+1}, \cdots\}$,工程中的桥梁、隧道、建筑稳定性监测数据,地球科学中的地震监测数据、火山活动监测数据、岩体应力与变形监测数据,商业中的股价波动数据、游戏平台在线人数数据等均以这种形式产生。

6.1.2 收银机模型

在该模型中,A 中的值 $A_i = A_{i-1} + D_i$,D_i 表示对应 A_i 的新到达数据值,D_i 总是正值。即数据流中的数据以增量的方式更新 A 中的各项值。

6.1.3 转门模型

与收银机模型的区别是,该模型中 A 的各项值可以增加,也可以减小。

此外,数据流模型还可以根据不同的时序范围划分成 3 种子模型,包括界标模型(landmark model)、滑动窗口模型(sliding window model)和快照模型(snapshot model)(金澈清,2005)。令 n 表示当前时间戳,s、e 分别是两个已知的时间戳,界标模型的查询范围从某一个已知的初始时间点到当前时间点为止,即 $\{x_s, \cdots, x_n\}$。滑动窗口模型仅关心数据流中最新的 W(W 也称为滑动窗口大小)个数据,其查询范围是 $\{x_{n-W+1}, \cdots, x_n\}$,随着数据的不断到达,窗口中的数据也不断平移。快照模型则将操作限制在两个预定义的时间戳之间,表示为 $\{x_s, \cdots, x_e\}$。界标模型和滑动窗口模型由于要不断处理新来的数据,更接近于真实应用,因而得到更加广泛的研究。

6.2 无限流数据特征提取

对数据流数据的计算可以分为两类:基本计算和复杂计算。基本计算主要包括点查询、范围查询和内积查询这 3 种查询计算(周永章等,2017)。复杂计算包括对分位数的计算、频繁项的计算以及数据挖掘等。

6.2.1 查询

查询包括点查询、范围查询、内积查询(queries on streams)。

考虑向量 x,其属性的域为 $[1, \cdots, n]$(秩为 n),则 t 时刻到达的数据各属性的值分别为 $x_1(t), \cdots, x_n(t)$。点查询(point query)返回 $x_i(t)$ 的值;对范围查询,返回一段时间内的所查询属性项的值,即 $Q(s, e)$ 返回 $\{x_i(s), \cdots, x_i(e)\}$;对于内积查询,返回查询的时间范围 T 内,所查询属性项 x_i 与权重向量 w 的加权和。点查询和范围查询都可表示为内积查询的特例。

对于数据流的查询和挖掘,目的是从动态的流式数据中发掘需要的和有价值的信息。由于其实时、高速、有序、需要在线分析的特点,对算法的要求更高。数据流的查询和挖掘应满足以下条件:基于数据到达次序一次扫描读取;针对内存有限的局限,算法的空间复杂度要低；由于数据量巨大且产生速度快，客观上不能进行全数据处理，允许抽取数据流的概要特征数据，并基于概要数据结构计算出近似结果；随着数据流数据的持续更新，算法要能适应流速的变化和数据分布的变化，动态更新输出结果。数据流挖掘主要有分类、聚类、频繁模式挖掘等。针对数据流的查询和挖掘，学者们已开发了很多数据流管理系统(DSMS)，例如，斯坦福大学的STREAM系统，加州大学伯克利分校的TelegraphCQ，麻省理工与布朗大学合作的Aurora，施乐公司的Tapestry，UIUC的MAIDS等。相比于传统的数据库管理系统(DBMS)，数据流管理系统(DSMS)有以下6点不同：

(1) DBMS中保存的关系是永久的，除非刻意修改或删除；而DSMS中的关系是瞬时的，是随着数据流中元组的到达而不断更新的。

(2) DBMS中的关系是元组的集合，可以随机访问；DSMS中的关系是元组的序列，只能顺序访问。

(3) DBMS中的关系操作有插入、删除、修改等多种方式，而DSMS中的关系操作方式只有添加一种。

(4) DBMS中的查询命令是一次的，一旦生成就不能改变，且执行完就不再有效；DSMS中的查询命令是持续的，只要不强制取消，会一直处理新到达的元组，且查询计划会随着外部环境的变化而动态更改。

(5) DBMS返回的查询结果是精确的，而DSMS返回的查询结果只能是近似的。

(6) DBMS中可以反复访问元组，而DSMS中只能一次遍历访问关系。

为传感器网络创建的数据流管理系统又与以上系统有所不同，这些系统还要考虑降低传感器之间的通讯量，优化传感器工作频率和时间，以及采取其他类似策略延长传感器寿命，代表性的系统有TinyDB，Cougar等。

6.2.2 分位数计算

分位数是指连续分布函数中的一个分界点，这个点对应概率 p，即假设 $\{x_1,\cdots,x_n\}$ 为一个数据集，已按升序排列好，如果任取一个观测值 x_i 对应一个概率值 p_i，则与 p_i 对应的 x_i 就称为分位数，表示数据集中有 p_i 的数据小于或等于 x_i。分位数对传统数据库和海量的数据流查询都非常重要。传统数据库可以利用分位数估算选择率，并行数据库系统可以利用分位数将大数据集合近似等分成多份，从而充分利用并行处理能力提高处理效率。

传统数据库系统中分位数的计算是一个比较费时的操作，需要扫描整个数据集合。对于时间序列数据流，一方面，由于数据连续快速产生，数据集合时刻更新，扫描整个数据集合的方法是行不通的；另一方面，对于数据流应用模型，并不需要绝对精确的分位数，一个误差足够小的近似值就可以接受。因此，设计一种高效的一次扫描算法，获取有足够精度的分位数非常重要。这样当数据集合变化时，只需要扫描处理变化的部分，这样能提高处理效率。涉及一次扫描算法计算数据集合中分位数近似值是个复杂的问题，针对收银机模型和转门模型，不同学者分别设计了空间复杂度各异的一次扫描算法，这些算法多基于直方图和哈希技术。

6.2.3 频繁项计算

频繁模式挖掘的是从海量原始数据中寻找出现的频率超过预先给定阈值的模式，由此反映不同事物属性间的关联信息。频繁模式通常分为频繁项集、频繁序列和频繁结构几种常见的表示形式（杨蓓，2009；郑邦祺，2016）。频繁模式挖掘通常作为其他数据挖掘任务的前期步骤，如关联规则挖掘、数据相关性分析和其他关系挖掘任务。频繁模式挖掘是数据挖掘领域中具有很高研究价值和实际应用价值的课题，也是数据挖掘领域的难点问题。

频繁项集，顾名思义就是频繁地出现在数据集中的项集。假设 $I=\{i_1, i_2, \cdots, i_n\}$ 是原始数据集中所有独立项的集合，$T=\{t_1, t_2, \cdots, t_m\}$ 是所有记录的集合，T 中每个项集 t_i 都是 I 的子集。如果一个集合包含 k 个不同的独立项，则称该集合为 k 项集。扫描数据集，从找出比给定支持度大的数据项集，就是频繁项集，长度为 k 的频繁项集就称为频繁 k 项集。此处支持度是指数据项集出现次数在数据集中所占的比例。在数据流上进行频繁项挖掘，由于数据的实时变化，频繁项可能会变成非频繁项，非频繁项也可能变成频繁项，且要在单次扫描过程中完成处理，因此，不可能像静态数据挖掘那样得出精确的频繁项集，只能推导出一个近似的解集。

数据集合中频繁项的计算是一个广泛研究的课题，学者们提出了很多种算法。Agrawal 等提出一个有趣的向下闭包的特征，就是知名的 Apriori。如果某个项集的支持度大于最小支持度阈值，那么它的所有子集的支持度也将大于最小支持度阈值。这意味着我们只需要扫描一次数据集就可以挖掘出所有的支持度大于最小支持度阈值的 1 项集，然后从上一步筛选出的频繁 1 项集中产生包含更多项的候选集合；再次遍历一次数据库就可以从上一步生成的候选集合中选出支持度大于最小支持度阈值的 2 项集，再从筛选出的频繁 2 项集中产生包含元素个数更多的候选 3 项集；重复迭代这个过程直到产生支持度大于最小支持度阈值的 k 项集。但是，由于此类算法每次增加频繁项集的大小时，都会再次遍历整个事务集合。当事务集合包含大量数据时，频繁项集挖掘速度会明显下降。

韩家炜等提出了一种利用频繁模式树（frequent pattern tree，FPT）进行频繁模式挖掘的 FP-growth 算法（何晓旭，2014）。与 Apriori 算法相比，该方法具有以下优点：①采用 FPT 存放数据库主要信息，算法只需扫描数据库两次；②采用分而治之的方法对数据库进行挖掘，在挖掘过程中，大大减少了搜索空间，提高了计算速度。

此外，还有 CLOSET、CHARM 算法等。但这些适用于传统数据集的频繁项发现算法无法解决数据流的动态更新问题，因此，只能用在处理数据流中的片段，而无法用于全局计算。

针对数据流动态变化的问题，学者提出了适用于数据流频繁项发现的算法。这些方法大致分为两类：基于抽样的算法和基于哈希的算法，例如，比较典型 FP-stream 算法和 FP-DS 算法，还有 Lossy Counting 算法、Sticky Sampling 算法等（杨蓓，2009；何晓旭，2014）。基于抽样的方法会在内存中保留一些计数器，每个计数器对应项的计数值，项的出现次数增加时，计数器的值也跟着增加。基于哈希的算法中存在一个哈希表，每个项都在表中有若干个对应的计数器，同时每个计数器可能被多个项共享，当一个项随数据流到达时,其对应的计数器值都被修改。相对于基于抽样的方法,基于哈希的方法的优势在于能够处理项的删除,因此,能支持旋转门模型中的频繁项计算。

6.3 时间序列算法

传统时间序列分析方法的主要方法是从序列自相关的角度揭示时间序列的发展规律并预测未来走势。20 世纪 90 年代以来,因时间序列数据产生速度的爆发式增长和数据应用目标的变化,人们对时间序列分析提出了新的需求。为了从流动的数据中发现不同时间区间内的相似性和差异性,从中提取规律,发现知识,识别异常,时间序列数据挖掘作为新的研究方向,得到越来越广泛和重要的应用(何晓旭,2014;刘文,2017)。

6.3.1 时间序列数据预处理

现实世界的时间序列数据往往是带有很多噪声的。例如,河流水位监测数据可能受流域局部暴雨、支流截断或开闸放水等临时性事件的影响而发生短时波动,甚至传感器故障会导致短时数据异常或缺失。这些干扰因素会对长期特征的观察和趋势分析造成干扰。因此,无论是进行传统的时间序列分析,还是进行时间序列数据挖掘,都需要对原始时间序列数据进行预处理,剔除无关数据、错误数据,并让处理后的数据适应相应的分析模型或挖掘算法。

时间序列数据的预处理可以采用数字滤波、傅立叶变换、小波变换、主成分分析、奇异值分解等方法。与原始的时间序列相比,预处理后的时间序列具有下列优点:

(1)保留了原始序列的整体变化趋势。
(2)滤除高频成分(通常被认为是噪音)。
(3)减少了数据,增强了每个数据的信息量。

对于时间序列分析,在预处理中还需要进行平稳性检验和纯随机性检验,根据检验结果将序列划分为平稳时间序列、非平稳时间序列等不同类型,对不同的类型采用不同的模型进行分析。

6.3.2 传统时间序列分析

经典时间序列分析方法有图表法、指标法和模型法,其中,模型法是目前对时间序列进行分析的主要方法。一些经典的时间序列分析模型,如 AR、MA、ARMA、ARCH 和 GARCH 等,已被广泛应用于自然和社会科学领域。常用的时间序列模型如表 6-1 所示(张良均,2016)。

表 6-1 常用的时间序列分析模型

模型名称	描 述
平滑法	平滑法常用于趋势分析和预测,利用修匀技术,削弱短期随机波动对序列的影响,使序列平滑化。根据所用平滑技术的不同,可具体分为移动平均法和指数平滑法
趋势拟合法	趋势拟合法把时间作为自变量,把相应的序列观察值作为因变量,建立回归模型。根据序列的特征,可具体分为线性拟合和曲线拟合

续上表

模型名称	描 述
组合模型	时间序列的变化主要受到长期趋势(T)、季节变动(S)、周期变动(C)和不规则变动(ε)这4个因素的影响。根据序列的特点，可以构建加法模型和乘法模型 加法模型：$x_t = T_t + S_t + C_t + \varepsilon_t$ 乘法模型：$x_t = T_t \times S_t \times C_t \times \varepsilon_t$
AR模型	$x_t = \phi_0 + \phi_1 x_{t-1} + \phi_2 x_{t-2} + \cdots + \phi_p x_{t-p} + \varepsilon_t$ 以前 p 期的序列值 x_{t-1}, x_{t-2}, $\cdots$, x_{t-p} 为自变量，随机变量 X_t 的取值 x_t 为因变量建立线性回归模型
MA模型	$x_t = \mu + \varepsilon_t - \theta_1 \varepsilon_{t-1} - \theta_2 \varepsilon_{t-2} - \cdots - \theta_q \varepsilon_{t-q}$ 随机变量 X_t 的取值 x_t 与以前各期的序列值无关，建立 x_t 与前 q 期的随机扰动 ε_{t-1}, ε_{t-2}, $\cdots$, ε_{t-q} 的线性回归模型
ARMA模型	$x_t = \phi_0 + \phi_1 x_{t-1} + \phi_2 x_{t-2} + \cdots + \phi_p x_{t-p} + \varepsilon_t - \theta_1 \varepsilon_{t-1} - \theta_2 \varepsilon_{t-2} - \cdots - \theta_q \varepsilon_{t-q}$ 随机变量 X_t 的取值 x_t 不仅与以前 p 期的序列值有关，还与前 q 期的随机扰动有关
ARIMA模型	许多非平稳序列差分后会显示出平稳序列的性质，称这个非平稳序列为差分平稳序列。对差分平稳序列可以使用ARIMA模型进行拟合
ARCH模型	ARCH模型能准确地模拟时间序列变量的波动性变化，适用于序列具有异方差性并且异方差函数短期自相关
GARCH模型及其衍生模型	GARCH模型称为广义ARCH模型，是ARCH模型的拓展。相比于ARCH模型，GARCH模型及其衍生模型更能反映实际序列中的长期记忆性、信息的非对称性等性质

传统时间序列分析的方法在地学中被用来研究某些地质现象，如沉积速率、地层的岩性、厚度、岩石地球化学成分等随时间的变化特征。而空间上某一地质特征随某一特定方向上的变化特征也可用时间序列分析方法去研究。例如，Zhou(1999)利用时间序列分析的手段对广西大厂地区泥盆系剖面小扁豆灰岩段11种常量元素变化进行周期性分析。作者在进行谱分析之前，对数据进行了预处理：3次五点滤波。周期性分析结果显示，剖面上最典型的周期长度为约4米，各元素在大厂剖面 D_3^{2c} 段的变化普遍存在约4米周期。

传统时间序列分析方法着重于全局模型的构造，先提出假设然后进行验证，关注系统整体的行为和趋势，但是不适合于发现型的任务，例如，发现序列数据频繁出现的变化模式，检测序列数据某一时刻的异常，等等。而通过时间序列的数据挖掘，可以发现序列中更多的局部、细节特征。

6.3.3 时间序列的数据挖掘

时间序列数据挖掘的目的也是从大量的时间序列数据中提取隐含的规律和信息，用以对观测对象进行准确描述和预测，为决策提供支持。但与传统时间序列分析相比，时间序列数据的挖掘的思路不再是基于完备的数学理论和假设建立模型，而是基于归纳思想，直接从数据中发现关联和规律。

时间序列挖掘不需要一系列的条件假设，例如，平稳假设、正态分布假设等，因此，可以发现序列中隐含的局部、细节特征。实现时间序列挖掘的方法很多，包括决策树、贝叶斯网络、支持向量机、神经网络等，多数方法的挖掘过程不易清晰表达。

由于规律和信息的挖掘完全由数据驱动，数据的质量对挖掘结果影响极大，数据中的"噪声"会导致挖掘出"假"的信息和规律。此外，随着时间的变化，时间序列的内部特征也会发生一些变化，基于历史数据的模型可能并不适应当前的数据，因此，从数据中挖掘出的模式需要动态更新。

时间序列的经典模型分析方法和数据挖掘方法在解决问题的思路上有本质的不同，对时间序列特征规律的提取形式和效果都不同，各有优劣和适用条件。时间序列挖掘并不能完全代替时间序列的模型分析方法，两者可以互补长短，例如，ARMA、ARCH以及一些非线性建模方法都已被利用在挖掘方法中。

目前，时间序列挖掘的研究主要集中在相似性搜索、异常检测、频繁模式发现、分类、聚类、预测、时间序列的可视化等方面（张晨，2009；曾苗，2010；李强，2012；何晓旭，2014；原继东，2016；郑邦祺，2016）。

6.3.3.1 相似性搜索算法

时间序列相似性搜索是从时间序列数据库中找出与给定序列模式相似的序列。例如，识别波动趋势相似的两项水文参数，或者某项参数变化规律相似的两个水文监测点，等等。相似性搜索是时间序列数据挖掘的重要工具，是解决聚类、分类、关联规则、异常检测等任务的基础。

时间序列的相似性搜索定义如下：

给定序列$X = \{x_1, x_2, \cdots, x_n\}$，时间序列数据集为$S = \{X_1, X_2, \cdots, X_m\}$，相似性度量函数$D(X, Y)$和阈值$\varepsilon$，时间序列相似性搜索就是从$S$中找出所有与$X$相似的时间序列，使得查询结果满足$D(X, Y) \leq \varepsilon$。

时间序列相似性搜索分为全序列匹配和子序列匹配两种方式。全序列匹配是指查询序列和被查询序列的长度相同，子序列匹配是在较长的时间序列中找出与查询序列相似的子序列。

(1)数据约减。时序是典型的高维数据，数据点可能相当多，而且数据呈现形式复杂，且有噪声数据干扰。如果直接在原始序列行进行查询，不仅计算量巨大，而且可能影响查询的准确度。因此，需要通过数据约减，提取原始数据的主要特征，压缩数据维度，以方便后期高效查询。

数据约减典型的技术方法包括离散傅里叶变换(discrete fourier transform，DFT)、离散小波变换(discrete wavelet transformation，DWT)、奇异值分解(singular value decomposition，SVD)、主成分分析(principal component analysis，PCA)、分段线性表示法(piecewise linear representation，PLR)、符号表示法(symbolic aggregate approximation，SAX)以及界标模型等。

离散傅立叶变换的基本思想是将时间序列看作一个离散信号，将其分解成有限个正弦函数和余弦函数的加权和。三角函数的相值表示频率，幅值表示频率的大小，组成傅立叶系数。选择前 k 个傅立叶系数来表示时间序列，这样就将时间序列从时间域变换到频率域空间，时间序列用 k 维特征向量来表示，换将大部分信息压缩到前 k 个离散系数中，能在保持时间序列主要形态的基础上大幅度压缩数据。傅里叶变换能够保持欧氏距离不变性，保证查询的完备性，但是平滑了原始序列中局部极大值和局部极小值，导致了许多重要信息的丢失。此外，傅里叶变换对时间序列的平稳性具有比较高的要求，对非平稳时间序列并不适用，对于洪水、地震、暴雨等突变事件的随机性信息无能为力。

20 世纪 80 年代提出小波分析(wavelet analysis)，具有时—频多分辨功能，能清晰地揭示出隐藏在时间序列中的多种变化周期，充分反映系统在不同时间尺度中的变化趋势。

离散小波变换方法对时间和频率都进行变换，不仅包含频率信息，同时还包含了时间信息，它改进了离散傅里叶变换局部特征丢失的问题，能保留更多的近似局部细节。离散小波变换的缺点是要求数据序列的长度必是 2 的整数次幂，因此，无法处理长度任意的序列，这在实际应用中会面临一定限制，而且不支持带有权重的距离度量。

奇异值分解法是一种全局方法，包含空间的变换和裁剪。SVD 法通过搜索 m 个最能代表数据的 k 维正交向量($m \leqslant k$)，将高维的数据压缩到较小的维度空间。SVD 的特点是其变换是全局的，能够生成几个最能代表原始序列的特征向量。如果想通过变换后的数据对原序列进行重建，能够得到较小的重建误差。但缺点是计算成本高，每一次数据库的更新都需要对整个索引重新计算。

主成分分析的核心思想是，将高维数据投影到由几个主要变量组成的较低维空间，而保留原数据的绝大部分信息。它是实际数据处理中应用最为广泛的降维手段。PCA 方法的数学原理在本书 3.3.1 节中有详细介绍。PCA 的局限性在于，它是一种线性投影，无法处理位于非线性流形上的数据。

分段线性表示的基本思想是，用线段来近似表示时间序列。包括分段线性近似法(piecewise linear approximation，PLA)、分段累积近似法(piecewise aggregate approximation，PAA)和适应性分段常数近似法(adaptive piecewise constant approximation，APCA)3 种主要方法。PLR 提高了方法的准确性和快速性，可以处理任意长度的时间序列，支持欧氏距离和树等高维索引。这种方法的关键在于如何选择合适的直线段 L，用以近似原始的时间序列。分段过大会导致丢失过多原始信息，导致误差过大；分段过小则会包含过多冗余信息，导致压缩能力不佳。

符号表示法的基本思想是，通过离散化方法将时间序列的实数值或波形映射到有限的符号表上，将时间序列表示为有序的字符串，然后以字符串索引技术进行查询。SAX 的优势在于字符串匹配和索引方面的研究工作已经比较成熟，因此，可以利用现成的研究成果涉及索引算法，且查询准确率较高。其缺点是离散化符号的定义、相似性度量比较困难,且表示方法比较粗糙,难以反映时间序列变化的细节。

界标模型(landmark)是一种集相似性模型和数据模型为一体的方法。这种方法将时间序列中一些转折点定义为界标,使用界标来表示原始序列。在不同的应用场合,界标的定义可以不同。界标可以是局部极大值、极小值和拐点等简单属性,也可以是复杂结构。如果将曲线 m 阶导数为 0 的点称为曲线的 m 阶界标,则局部极大、极小值点是曲线的一阶界标,拐点则为二阶界标。界标模型是一种很直观的方法,其优点在于保留了数据的局部极大值和极小值,避免了平滑运算导致重要信息丢失;缺点是算法复杂。

(2)相似性度量方法。时间序列的常用距离度量主要有 Lp 距离(Minkowski 距离)、动态时间弯曲距离、最长公共子序列、编辑距离、串匹配等,其中,前两种应用最为广泛(肖辉,2005;冯玉才、蒋涛等,2009)。

Lp 距离可以看作欧几里得几何距离的拓展,对象 m 和 n 的距离以 $D_{mn} = (\sum_{i=0}^{k-1} |x_{mi} - x_{ni}|^r)^{\frac{1}{r}}$ 表示,其中,x_{mi} 表示对象 m 在维 i 上的值,不同的 r 取值表示不同的范数的距离空间。当 $r=2$ 时,表示欧几里得几何距离空间,欧几里得几何距离是时间序列相似性搜索中使用最广泛的度量标准,但是它要求时间序列的各点一一对应,不支持时间序列的变形,例如,线性漂移、时间弯曲、伸缩变换等。

动态时间弯曲距离是从语音识别中引入的概念,由于它不要求两个时间序列的各点之间一一对应,因此,是对 Lp 距离的一个很好补充。当时间序列发生时间轴弯曲时,序列点可以在弯曲部分进行自我复制,再将两个序列之间的相似波形进行对齐匹配。动态时间弯曲距离根据最小代价的时间弯曲路径进行对齐匹配,能够支持时间序列的时间轴伸缩。动态时间弯曲算法成功解决了当两个时间序列不等长时计算相似度的问题。但是,DTW 距离不满足距离三角不等式,时间复杂度为序列长度的平方。

最长公共子序列距离(longest common subsequence,LCS)用两条时间序列中最长的相同子序列的长度与时间序列的总长度比值来度量两条时间序列的相似性。LCS 距离不支持时间轴的伸缩变换。

编辑距离(editing distance)也叫模式距离,用于度量两个字符串序列之间的距离。它将序列 A 通过删除、插入、改变等操作变化到序列 B 所需的最少编辑步数,即最小代价定义为序列 A 和序列 B 的编辑距离(肖辉,2005)。编辑距离的优点是支持时间轴的伸缩变换,但缺点是很难定义一个合适的标准字符串,计算代价高。

6.3.3.2 时间序列的异常检测

数据流中极少出现的变化称为异常,包括数据点的异常、序列的异常和模式的异常(张晨,2009;曹忠虔,2012)。对于某些领域来说,异常的发现非常有价值,例如,火山活动监测中流体温度值的异常升高可能是火山活动的前兆。相对于正常数据,异常数据或模式的发现往往能提供更多有价值的信息。

与普通数据集的异常检测不同,时间序列异常检测的算法必须满足两个条件:①异常检测算法是在线的,一旦出现异常,可以即时检测到;②异常检测算法必须能够适应动态变化的非稳态数据环境。

时间序列的异常大致可分为单序列异常和多序列异常两类。

单序列异常是指独立存在于一条时间序列中的异常,例如,数据点的突变、序列模式的异常、数据分布的异常变化等。其中,通过序列模式的异常来识别时间序列异常使用得最为广泛。例如,医学监测中,通过识别监测仪器信号周期和形状的异常来发现患者生命体征的变化。

多序列异常是不同时间序列之间关联性关联模式的异常变化,例如,岩体稳定性监测中应力和形变量之间相关关系的突变,可能反映了岩土体的失稳破坏。通过监测序列之间相关性来识别异常的代表性方法包括基于主成分分析的异常检测方法和基于离散傅里叶变换的异常检测方法。

基于主成分分析的异常检测方法:针对时间序列动态更新的特性,可以将各序列在某一时间点 t 产生的数据看作新的向量 $X_t = [x_{1,t}, x_{2,t}, \cdots, x_{n,t}]$,并投影到 k 个主成分构成的特征空间中,计算不同序列在每个维度上的误差;随着时间序列数据不停地更新,新的向量在主成分特征空间中的误差计算结果也不断更新,当误差发生异常变化时,就意味着时间序列出现了异常。

基于离散傅里叶变换的异常检测方法:通过函数逼近的方式有效地模拟数据流中的离散值,可以将时间序列数据流划分为不同的时间窗口,分别计算各个窗口中的傅里叶系数,通过比较傅里叶系数,计算不同的时间序列流之间的关联性。

此外,还有基于小波滤波的异常检测、基于支持向量机等机器学习算法的时间序列异常检测。随着人工智能技术的发展,会出现更多更先进的基于机器学习和深度学习的时间序列异常检测算法。

6.3.3.3 时间序列的频繁模式挖掘

传统数据集的频繁模式有如 Apriori 算法,Fp-growth 算法等。与传统数据集的频繁模式挖掘相比,时间序列条件下的频繁项集也会随时间变化。时间序列数据流的频繁模式挖掘算法大致可分为基于采样的算法(Sampling)、略图算法(Skecthing)和滑动窗口算法(Sliding Window)(万里,2009;杨蓓,2009;郑邦祺,2016)。

(1)采样算法。采样算法的原理是利用较小的数据集代表全体数据集,通过采样数据集反映整体数据的特征。采样算法是通过对数据流中的数据进行采样,以获得近似的结果。最具代表性的是 Sticky Sampling 算法和 Lossy Counting 算法。这两种算法在计算频繁模式时都利用以前的历史数据。

Sticky Sampling 算法仅仅适用于计算 1-项频繁模式,而无法用于频繁项集的应用。在采样过程中,Sticky Sampling 算法可能丢弃了一些重要的数据。此外,该算法对数据流变化敏感,当数据流中数据分布改变时,可能对挖掘的结果产生重要的影响。

Lossy Counting 算法采用数据分段思想,给定最小支持度和较大允许误差 ε,可以从数据流中挖掘出满足要求的所有频繁项集。时间序列的数据流中新产生的事务集统一装载在内存中固定大小的缓冲区内,成批地处理。Lossy counting 算法中,数据流被分为均匀分片,每片包含 $1/\varepsilon$ 个事务,初始分片编号为 1,之后依次递增。其中,ε 是事先指定的允许误差,远远小于通常使用的频繁度阈值。频繁模式集以三元组(set, f, Δ)

存储模式，set 标识唯一模式，f 为模式计数，Δ 为计数误差。算法每次处理 β 个分片，若分片中的模式包含在频繁模式集中，则按在分片中出现的次数更新那些被包含模式的 f 值；若未包含在频繁模式集中，则判断模式在分片中出现的次数是否大于0，若是则将该模式加入频繁模式集，新加入模式的 Δ 值为当前分片编号减1。算法定期扫描频繁模式集，若模式的 $(f+\Delta)$ 值小于当前编号，则将模式从频繁模式集中删除。

Lossy Counting 通过把频繁项集的计数存储在辅助磁盘中，从而降低挖掘过程中内存的使用，同时只有当前正在处理的事务块存储在内存中。随着可用内存容量的增大，更多的新产生的事务可以在一个数据块中同时处理，因此，该算法处理事务的效率很高。但是，当频繁项集数目增多时，产生的候选项集数量巨大，访问辅助磁盘中频繁项集的信息所需的时间就越多，算法效率下降。考虑这个原因，该算法不适合变化速度较快的数据流挖掘或者是在线数据流的挖掘。而且该算法只考虑数据不断增加，没有考虑历史数据的删减以及类似滑动时间窗口策略中历史数据影响力的衰减，因此，对时间序列的动态性适应不够。

基于抽样的方法在数据流频繁模式挖掘中存在两个主要的难点：①对于许多问题来说，取样不是最简单有效的选择，对于较精细的分析需要较多的样本数据；②取样方法无法应用于十字转门(turnstile)的数据流模型。

(2) 略图算法。略图技术使用很小的空间来描述数据的分布，它将数据流中的数据映射到建立的数据结构中。略图算法的优点是高效快速，算法通过简单的哈希操作将数据项映射到 Sketch 结构中进行统计。但是，算法的误差相对较大并且目前的算法主要是针对1项集的挖掘。Count Sketch 和 Count-Min Sketch 都属于略图算法。Count Sketch 算法用 Count Sketch 数据结构来可靠地估计数据流中频繁项集的频率。算法一遍扫描数据流并且能够达到很好的空间范围。

(3) 滑动窗口算法。滑动窗口算法是对时间序列中时间窗口范围的数据进行挖掘。通过滑动窗口可以对数据流中进行多时间粒度的挖掘，例如，FP-stream 算法。还可以只挖掘窗口范围内的频繁项集，例如，Time-Sensitive Sliding Window 算法；或利用其挖掘全局范围的频繁项集，例如，DS_CFI 算法。滑动窗口技术能够解决人们只对最近时间数据感兴趣的需求，也能在一定程度上解决数据分布变化对挖掘结果产生较大影响的问题。

FP-stream 数据结构采用倾斜时间窗口技术来维护频繁模式以解决时间敏感问题。该模型结构由两个部分组成：一个基于内存的用来捕获频繁和亚频繁项信息的频繁模式树和为每个频繁模式提供的倾斜时间窗口表。FP-stream 算法基本思想与 Lossy Counting 算法一致，在将数据流均匀分片后，依照模式在第一分片中的计数排序，构造字典树来存储频繁模式集。算法在当前分片中，以不指定阈值的 FP-Growth 算法挖掘模式。如果模式存在于字典树中，则更新其计数；若不存在，则判断其计数是否大于指定误差 $\pounds$ 与分片包含事务数 B 的乘积，如果大于则将其插入字典树。FP-stream 算法能够随着新数据的到来维护和更新所有的频繁模式。

Time-Sensitive Sliding Window 算法在给定的参数条件下，算法的执行时间和存储空间的需求都将保持在一个较小的规模。但该算法无法准确地估计支持度计数的误差。误差值的准确估计有助于对频繁项集进行排列，从而满足只需要前 k 个频繁项集的情况。

还有基于 FP-growth 算法提出的适用于时间序列的数据流挖掘算法 FP-DS 算法。该算法基于滑动窗口技术，采用数据分段的思想，逐段挖掘频繁项集，适用于长频繁项集的挖掘。为解决挖掘含较长频繁项目集的时间序列时产生大量频繁项集、挖掘效率过低的问题，研究者还提出了 A-Close、CLOSET、CHARM 等频繁闭合项集挖掘算法。

6.3.3.4 时间序列的分类

时间序列的分类是将整个序列作为输入，测定这个序列的类别标签。同传统分类不同，时间序列的长度常常有差异，或者即使序列长度相同，但由于漂移或弯曲，不同序列相同位置的属性值并不一一对应，因此，一般分类算法不适合直接应用于时间序列的分类(曾苗，2010；原继东，2016)。

时间序列的分类方法可分为两类：一类是定义合适的距离度量方法，然后将此度量标准下距离相近的序列划分为同一类别，这种方法属于领域无关的分类方法。另一类是先将时间序列数据转换成静态的特征和模型参数，然后利用一般的分类算法进行分类，这种方法称为领域相关分类算法(何晓旭，2014)。

6.3.3.5 时间序列的聚类

一般数据挖掘中的聚类分析与异常检测往往是一个问题的两个方面。聚类是为了在不同的数据点中找出特征相同或相近的点聚成簇，实现簇内的数据点间距离尽量小，不同簇之间的距离尽量大。聚类的过程中会识别那些无法归并到各簇的离点，而寻找离群点往往是异常检测的目标，因此，聚类和异常检测可以看作从不同角度探究数据本身的特征。但是，当静态的数据点变为高速动态的时间序列，且序列的确定性不再存在时，传统的聚类方法就无法直接采用(张晨，2009)。

数据挖掘中的时间序列聚类大致分为三类：基于原始序列的聚类、基于模型参数的聚类和基于特征的聚类(李强，2012；何晓旭，2014)。

基于原始序列的聚类直接在原始时间序列数据上进行聚类。现实中，时间序列数据往往是高维数据，此时基于原始序列的聚类的大部分方法会失效。

基于模型参数的聚类是把原始时间序列转换为模型的几个参数，例如，AR 模型等，然后用模型参数进行聚类。基于模型参数的聚类具有严密的数学基础，不足之处是需要对数据分布进行预先假设。

基于特征的聚类方法是把序列映射到一个低维的特征空间，然后用传统的聚类方法对特征向量进行聚类。传统的聚类方法可分为划分聚类、层次聚类、密度聚类、网格聚类和模型聚类。

划分聚类的主要思想是：对于给定包含 n 个对象的数据集 D，预先指定聚类个数 k 设定某个基于距离的目标函数 F，将 D 划分成 k 个类，使得在此划分下达到最优值。目标函数必须满足划分出的 k 个类中每类至少包含一个对象，且每个对象只属于一个类。最经典的划分聚类算法有 K 均值(K-Means)和 K 中心(K-Median)算法。划分聚类实现简单，但是聚类效果不太令人满意，而且需要事先指定聚类的个数，而合适的聚类个数往往是难以预先确定的。

层次聚类的基本思想是对给定数据集合进行迭代合并或分裂,将数据集合划分为嵌套的类层次结果或类别谱图。层次聚类可分为凝聚层次聚类和分裂层次聚类。凝聚的层次聚类方法首先将样本中每个对象分为一个簇,然后不断将小的簇合并为更高层次的大簇,直到所有的对象都合并到一个簇内,或者某个终止条件被满足。分裂的层次聚类方法反其道而行之,首先将所有样本看作一个簇,然后逐渐向下分为越来越小的簇,直到每个对象自成一簇,或者达到了某个终止条件。经典的层次聚类算法有 AGNES 算法和 DIANA 算法。层次聚类的优点在于不用预先指定聚类个数,且能获得不同层次上的聚类结果。缺点在于:算法的时间复杂度为对象数目的三次方;需要提前指定合并或分裂终止条件;类的合并或分裂都是不可逆的,因此,聚类过程中的错误会导致最终聚类结果的质量降低。

密度聚类是为了解决任意形状的聚类提出的,它的原理是:只要一个区域内的对象的密度大于某个阈值,就把它加到与之相近的类内。密度聚类区别于其他聚类方法的地方是,基于密度来划分类不依赖距离,可以聚成不同形状的类。典型的密度聚类方法有 DBSCAN 算法、OPTICS 算法、DENCLUE 算法。

网格聚类首先将样本空间划分成为有限个单元的网格结构,所有的处理都是以单个单元为对象的。经典的网格聚类算法有:STING 算法、CLIQUE 算法、WAVE-CLUSTER 算法等。

模型聚类为每一个聚类假定一个模型,然后去寻找能够很好地满足这个模型的数据集。这样,一个模型可能是数据点在空间中的密度分布函数或者其他。它的一个潜在的假定就是:目标数据集是由一系列的概率分布所决定的。通常有统计的方案和神经网络的方案两种尝试方向。

6.4 Python 算法的实现

6.4.1 无限流数据查询

6.4.1.1 对广州气象基站大气温度自动监测数据(>365 天)的点查询、范围查询

气象基站大气温度自动监测技术已非常成熟,应用也非常普遍。它自动获得的数据是典型的无限流数据(infinite streams)。本案例对广州气象基站 2011 年 1 月 1 日到 2018 年 3 月 31 日的气象数据进行查询计算。

Python 语言算法如代码 6-1 到代码 6-4 所示。

代码 6-1 Python 语言算法(A)

	importpandasaspd
	#导入数据表,并显示前 5 行
	data = pd. read_excel('广州气象数据. xls', sheet_name = 'Sheet1')
	data. head()

程序会显示数据表前 5 行，如表 6-2 所示。

表 6-2　显示广州天气数据表前 5 行

日　期	最高气温/℃	最低气温/℃	天　气	风　向	风　力
2011-01-01	19	10	多云	无持续风向	微风
2011-01-02	19	11	多云	无持续风向	微风
2011-01-03	18	12	多云	无持续风向	微风
2011-01-04	19	8	小雨	无持续风向	微风
2011-01-05	16	9	多云	无持续风向；北风	微风：3～4 级

代码 6-2　Python 语言算法（B）

```
#查询
import pandas as pd
def select(DataFrame, date='all', max_temperature='all', min_temperature='all',
    weather='all', wind_destination='all', wind_leval='all'):
    if (date! ='all') &isinstance(date, str):
#将"日期"一列转为日期格式，在此基础上才能进行日期的范围查询
data['日期'] = pd. to_datetime(data['日期'])
        exp0 = DataFrame. iloc[:, 0] = = date
elifisinstance(date, list):
        exp0 = (DataFrame. iloc[:, 0] > = date[0]) & (DataFrame. iloc[:, 0] < = date[1])
    else:
        exp0 = True
    if max_temperature! ='all':
        exp1 = DataFrame. iloc[:, 1] = = max_temperature
    else:
        exp1 = True
    if min_temperature! ='all':
        exp2 = DataFrame. iloc[:, 2] = = min_temperature
    else:
        exp2 = True
    if weather! ='all':
        exp3 = DataFrame. iloc[:, 3] = = weather
    else:
        exp3 = True
    if wind_destination! ='all':
        exp4 = DataFrame. iloc[:, 4] = = wind_destination
```

续上表

```
        else:
            exp4 = True
        if wind_leval ! = 'all':
            exp5 = DataFrame.iloc[ :, 5] = = wind_leval
        else:
            exp5 = True
exp = exp0&exp1&exp2&exp3&exp4&exp5
return DataFrame.loc[exp,:]
```

此后输入查询语句,即可对广州气象数据进行,例如,查询2018年1月1日广州市气象数据,如代码6-3所示。

代码6-3 Python语言算法(C)

```
select(data, date = '2018 - 01 - 01')
```

得到结果如表6-3所示。

表6-3 广州市2018年1月1日气象数据

日 期	最高气温/℃	最低气温/℃	天 气	风 向	风 力
2018-01-01	21	12	多云	西南风	1级

查询广州市2018年3月1日到3月10日之间的气象数据,如代码6-4所示。

代码6-4

```
select(data, date = ['2017 - 1 - 12','2017 - 1 - 18'])
```

查询结果如表6-4所示。

表6-4 广州市2017-01-13到2017-01-17气象数据查询

日 期	最高气温/℃	最低气温/℃	天 气	风 向	风 力
2017-01-13	27	22	雷阵雨	北风	2级
2017-01-14	27	22	雷阵雨	北风	2级
2017-01-15	27	22	雷阵雨	东北风	2级
2017-01-16	27	22	雷阵雨	东北风	2级
2017-01-17	27	22	雷阵雨	南风	2级

6.4.1.2 无限流数据分位数计算

对广州气象基站大气温度自动监测数据(>365天)开展5%、25%、50%、75%分位数查询。Python语言算法如代码6-5所示:

代码 6-5　Python 语言算法(D)

```
import pandas as pd
import numpy as np
defpercentail(DataFrame, percent = [5, 25, 50, 75]):
    names = DataFrame.columns[DataFrame.dtypes ! = 'object']
    indexs = [str(i) + '%分位数' for i in percent]
    df = pd.DataFrame(columns = names, index = indexs)
    for name in names:
        df[name] = np.percentile(DataFrame[name], percent)
    return df
percentail(data)
```

运行结果如表 6-5 所示。

表 6-5　广州市气温分位数查询结果

分　位　数	最高气温/℃	最低气温/℃
5.0%分位数	15.0	7.0
25.0%分位数	23.0	15.0
50.0%分位数	27.0	22.0
75.0%分位数	31.0	24.0

6.4.2　时间序列数据相似性查询

对广州市 2011 年到 2018 年气象数据中的日最高气温和最低气温两列数据全序列进行余弦相似度查询,从而反映昼夜温差的变化趋势的一致性。Python 代码如代码 6-6 所示:

代码 6-6　Python 代码

```
# - * - coding: utf - 8 - * -
import pandas as pd
import matplotlib.pyplot as plt
import math
import numpy as np
#读取数据文件
weather = pd.read_csv('./广州气象数据.xlsx')
weather = weather.iloc[:, [1, 2]].dropna(axis = 0, how = 'any')
temp = weather.values.T
high = temp[0, :]
```

续上表

```
low = temp[1,:]

#绘制气温变化趋势曲线
#利用多项式拟合对数据进行平滑,使曲线更加简明
length_data = len(high) + 1
x = np.arange(1, length_data, 1)
z1 = np.polyfit(x, high, 50)#50 拟合
z2 = np.polyfit(x, low, 50)#50 拟合
p1 = np.poly1d(z1)
p2 = np.poly1d(z2)
high2 = p1(x)
low2 = p2(x)
plt.figure(figsize = (9, 9))
plt.ylabel("temperature(℃)")
plt.xlabel("days")
plt.plot(high2, linewidth = 1, color = 'black', label = "最高气温")
plt.plot(low2, linewidth = 1, color = 'black', linestyle = '——', label = "最低气温")
plt.legend()
plt.savefig('zhexiantu', dpi = 220)

#余弦相似度算法
def cos(vector1, vector2):
    dot_product = 0.0;
    normA = 0.0;
    normB = 0.0;
    for a, b in zip(vector1, vector2):
        dot_product += a * b
        normA += a ** 2
        normB += b ** 2
    if normA == 0.0 or normB == 0.0:
        return None
    else:
        return dot_product / ((normA * normB) ** 0.5)

print('相似度为:', cos(high, low))
```

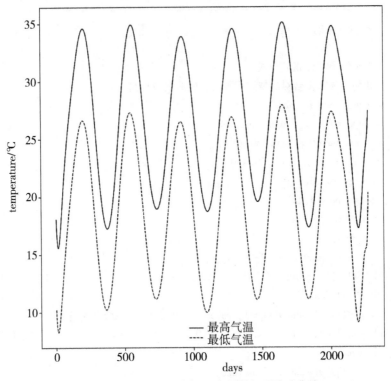

图 6-1 广州市日最高气温和最低气温波动曲线

在代码 6-6 中，先对日最高气温和最低气温的波动进行多项式拟合，从拟合出的曲线可以直观地看出，如图 6-1 所示。日最高气温和最低气温的波动趋势基本一致。再通过查询余弦相似度的方法，计算两列气温数据变化趋势的相似度，得出的相似度为 0.99，与直观感受基本一致。

第7章 机器学习与深度学习

机器学习(machine learning)是指用某些算法指导计算机利用已知数据得出适当的模型,并利用此模型对新的情境给出判断的过程。从本质上讲,机器学习是一个源于数据的模型的训练过程,最终给出一个面向某种性能度量的决策。它包括输入、整合和输出三个阶段。

机器学习可以分为有监督学习和无监督学习。其中,监督学习就是告诉计算机某个数据样本在特定情形下的正确输出结果,希望计算机能够在面对没有见过的输入样本时也给出靠谱的输出结果,从而达到预测未知的目的。无监督学习,是指数据样本中没有给出正确的输出结果信息,希望从数据中挖掘诸如频率等有价值的信息,常见的例子有聚类、关联规则挖掘、离群点检测等。

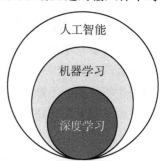

图7-1 人工智能、机器学习与深度学习之间的关系

机器学习是一种实现人工智能的方法,它们的关系如图7-1所示。其中,深度学习是机器学习的子集,即多层神经网络的方法,是一种实现机器学习的技术。由于深度学习的训练模型往往需要海量数据作为支撑,因此,近几年来迁移学习得到研究者的高度重视,旨在解决数据不足的情况下训练深度学习模型的问题。

机器学习被认为是人工智能的核心,是使计算机具有智能的根本途径。目前,机器学习与人工智能各种基础问题的统一性观点正在形成。机器学习也是当前大数据与数学地球科学研究的热点之一。

7.1 机器学习的发展史

机器学习有过两次发展的浪潮。

浅层学习是机器学习的第一次浪潮。20世纪80年代末期,用于人工神经网络的反向传播算法(BP算法)的发明,掀起了基于统计模型的机器学习热潮。利用BP算法可以让一个人工神经网络模型从大量训练样本中学习统计规律,从而对未知事件做预测。这种基于统计的机器学习方法比起过去基于人工规则的系统,在很多方面显出优越性。这个时候的人工神经网络,虽也被称作多层感知机,但实际是一种只含有一层隐层节点的浅层模型。

20世纪90年代,各种各样的浅层机器学习模型相继被提出,例如,支撑向量机(SVM)、Boosting、LR等。这些模型的结构基本上可以看成带有一层隐层节点(如SVM、Boosting),或没有隐层节点(如LR)。它们在理论分析和应用中都获得了巨大的成功，但由于理论分析难度大，训练方法需要很多经验和技巧，浅层人工神经网络在这个时期反而相对沉寂。

深度学习是机器学习的第二次浪潮。2006 年，加拿大多伦多大学教授、机器学习领域的泰斗 Geoffrey Hinton 和他的学生 Ruslan Salakhutdinov 在《科学》上发表论文，开启了深度学习在学术界和工业界的浪潮。

原有多数分类、回归等学习方法为浅层结构算法，其局限性在于有限样本和计算单元情况下对复杂函数的表示能力有限，针对复杂分类问题其泛化能力受到一定制约。深度学习可通过学习一种深层非线性网络结构，实现复杂函数逼近，表征输入数据分布式表示，并展现了强大的从少数样本集中学习数据集本质特征的能力。

7.2 机器学习分类

7.2.1 监督式学习

在监督式学习（supervised learning）下，每组训练数据都有一个标识值或结果值。在建立预测模型的时候，监督式学习建立一个学习过程，将预测的结果与训练数据的实际结果进行比较，不断地调整预测模型，直到模型的预测结果达到一个预期的准确率。监督式学习的常见方法如图 7-2 所示。

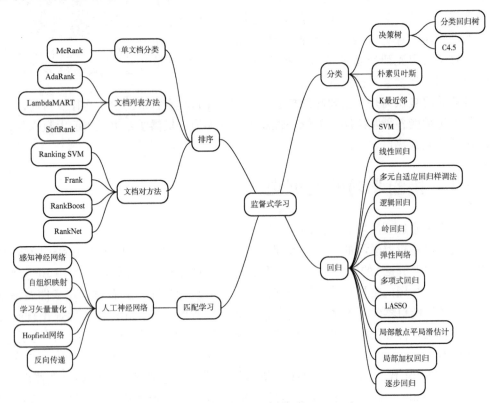

图 7-2 常见的监督式学习方法

7.2.2 无监督学习

在无监督式学习中,数据并不被特别标识,学习模型是为了推断出数据的一些内在结构。常见的无监督学习方法如图7-3所示。

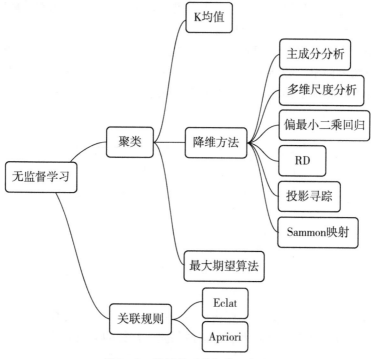

图7-3 常见的无监督学习方法

7.2.3 半监督学习

在半监督学习方式下,训练数据有部分被标识,部分没有被标识,这种模型首先需要学习数据的内在结构,以便合理地组织数据来进行预测。算法上,包括一些对常用监督式学习算法的延伸,这些算法首先试图对未标识数据进行建模,在此基础上再对标识的数据进行预测。常见的半监督学习如深度学习,是监督学习的匹配学习中人工神经网络延伸出来发展出来的。如图7-4所示。

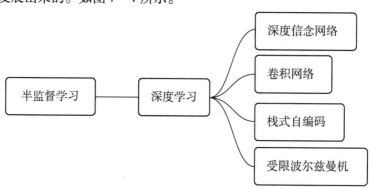

图7-4 常见的半监督学习方法

7.2.4 增强学习

增强学习要解决的是这样的问题：一个能感知环境的自治(智能体/agent)，怎样通过学习选择能达到其目标的最优动作。这个很具有普遍性的问题应用于学习控制移动机器人，在工厂中学习最优操作工序以及学习棋类对弈等。当智能体在其环境中做出每个动作时，施教者会提供奖励或惩罚信息，以表示结果状态的正确与否。例如，在训练智能体进行棋类对弈时，施教者可在游戏胜利时给出正回报，而在游戏失败时给出负回报，其他时候为零回报。智能体的任务就是从这个非直接的、有延迟的回报中学习，以便后续的动作产生最大的累积效应。常见的增强学习方法如图 7-5 所示。

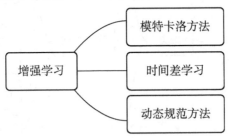

图 7-5　常见的增强学习方法

7.2.5 其他

机器学习的其他分类例如集成算法，用一些相对较弱的学习模型独立地就同样的样本进行训练，然后把结果整合起来进行整体预测。常见的集成算法如图 7-6 所示。

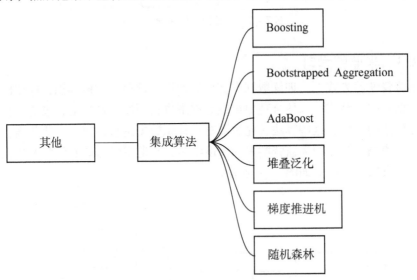

图 7-6　常见的集成算法

7.3　SVM

SVM 是分类算法中应用广泛、效果不错的一类。由简至繁 SVM 可分类为三类：线性可分的线性 SVM、线性不可分的线性 SVM、非线性 SVM。

7.3.1 线性可分的线性 SVM

对于二类分类问题,训练集 $T = \{(x_1, y_1), (x_2, y_2), \cdots, (x_N, y_N)\}$,其类别 $y_i \in \{0, 1\}$,线性 SVM 通过学习得到分离超平面,其公式如式(7-1)所示。

$$w \cdot x + b = 0 \tag{7-1}$$

以及相应的分类决策函数,其公式如式(7-2)所示。

$$f(x) = \text{sign}(w \cdot x + b) \tag{7-2}$$

有如图 7-7 所示的分离超平面,哪一个超平面的分类效果更好呢?

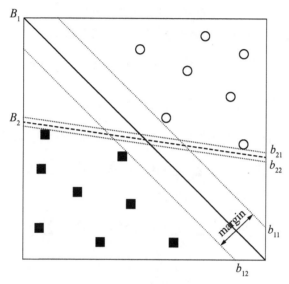

图 7-7 分类效果

直观上,超平面 B_1 的分类效果更好一些。将距离分离超平面最近的两个不同类别的样本点称为支持向量。过这两个样本点可以构成两条平行于分离超平面的长带,二者之间的距离称为 margin。显然,margin 更大,则分类正确的确信度更高(与超平面的距离表示分类的确信度,距离越远则分类正确的确信度越高)。margin 的公式如式(7-3)所示。

$$\text{margin} = \frac{2}{\|w\|} \tag{7-3}$$

由图 7-7 可观察到,margin 以外的样本点对于确定分离超平面没有贡献。换句话说,SVM 是由训练样本(支持向量)所确定的。至此,SVM 分类问题可描述为在全部分类正确的情况下,最大化 $\frac{2}{\|w\|}$(等价于最小化 $\frac{1}{2}\|w\|^2$)。

于是,便转换为线性分类的约束最优化问题,如式(7-4)所示。

$$\begin{cases} \min_{w,b} \frac{1}{2}|w|^2 \\ s.t.\ y_i(w \cdot x_i + b) - 1 \geqslant 0 \end{cases} \quad (7-4)$$

对每一个不等式约束引进拉格朗日乘子 $\alpha_i \geqslant 0$, $1, 2, \cdots, N$。构造拉格朗日函数，如式(7-5)所示。

$$L(w,b,\alpha) = \frac{1}{2}|w|^2 - \sum_{i=1}^{N} \alpha_i [y_i(w \cdot x_i + b) - 1] \quad (7-5)$$

根据拉格朗日对偶性，原始的约束最优化问题可等价于极大极小的对偶问题，如式(7-6)所示。

$$\max_{\alpha} \min_{w,b} L(w,b,\alpha) \quad (7-6)$$

将 $L(w,b,\alpha)$ 求偏导并令其等于0，如式(7-7)所示。

$$\begin{cases} \frac{\partial L}{\partial w} = w - \sum_{i=1}^{N} \alpha_i y_i x_i = 0 \Rightarrow w = \sum_{i=1}^{N} \alpha_i y_i x_i \\ \frac{\partial L}{\partial b} = w - \sum_{i=1}^{N} \alpha_i y_i = 0 \Rightarrow \sum_{i=1}^{N} \alpha_i y_i = 0 \end{cases} \quad (7-7)$$

将上述式子代入拉格朗日函数式(7-5)中，可将对偶问题转化，如式(7-8)所示。

$$\max_{\alpha} -\frac{1}{2} \sum_{i=1}^{N} \sum_{j=1}^{N} \alpha_i \alpha_j y_i y_j (x_i \cdot x_j) + \sum_{i=1}^{N} \alpha_i \quad (7-8)$$

等价于最优化问题，如式(7-9)所示。

$$\max_{\alpha} \frac{1}{2} \sum_{i=1}^{N} \sum_{j=1}^{N} \alpha_i \alpha_j y_i y_j (x_i \cdot x_j) - \sum_{i=1}^{N} \alpha_i$$
$$s.t.\ \sum_{i=1}^{N} \alpha_i y_i = 0$$
$$\alpha_i \geqslant \quad i = 1,2,\cdots,N \quad (7-9)$$

线性可分是理想情形，大多数情况下，由于噪声或特异点等各种原因，训练样本是线性不可分的。因此，需要更一般化的学习算法。

7.3.2 线性不可分的线性SVM

线性不可分意味着有样本点不满足约束条件 $y_i(w \cdot x_i + b) - 1 \geqslant 0$，为了解决这个问题，对每个样本引入一个松弛变量 $\xi_i \geqslant 0$，这样约束条件如式(7-10)所示。

$$y_i(w \cdot x_i + b) \geqslant 1 - \xi_i \quad (7-10)$$

目标函数如式(7-11)所示。

$$\min_{w,b,\xi} \frac{1}{2}\|w\|^2 + C \sum_{i=1}^{N} \xi_i \quad (7-11)$$

其中，C 为惩罚函数，目标函数有两层含义：margin尽量大，误分类的样本点计量少。C 为调节二者的参数。通过构造拉格朗日函数并求解偏导，可得到等价的对偶问题，如式(7-12)所示。

$$\max_{\alpha} \frac{1}{2} \sum_{i=1}^{N} \sum_{j=1}^{N} \alpha_i \alpha_j y_i y_j (x_i \cdot x_j) - \sum_{i=1}^{N} \alpha_i$$

$$s.t. \sum_{i=1}^{N} \alpha_i y_i = 0$$

$$0 \leq \alpha_i \leq C \quad i = 1, 2, \cdots, N \tag{7-12}$$

与上一节中线性可分的对偶问题相比，只是约束条件 α_i 发生变化，问题求解思路与之类似。

7.3.3 非线性 SVM

解决非线性分类问题的思路，通过空间变换 ϕ（一般是低维空间映射到高维空间 $x \rightarrow \phi(x)$）后实现线性可分，如图 7-8 所示，通过空间变换，将左图中的椭圆分离面变换成了右图中的直线。

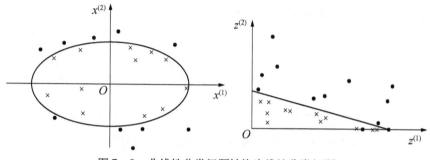

图 7-8 非线性分类问题转换为线性分类问题

在 SVM 的等价对偶问题中的目标函数中有样本点的内积 $x_i \cdot x_j$，在空间变换后则是 $\phi(x_i) \cdot \phi(x_j)$，由于维数增加导致内积计算成本增加，这时核函数便派上用场了，将映射后的高维空间内积转换成低维空间的函数，如式(7-13)所示。

$$K(x,z) = \phi(x) \cdot \phi(z) \tag{7-13}$$

将其代入一般化的 SVM 学习算法的目标函数：

$$\max_{\alpha} \frac{1}{2} \sum_{i=1}^{N} \sum_{j=1}^{N} \alpha_i \alpha_j y_i y_j (x_i \cdot x_j) - \sum_{i=1}^{N} \alpha_i$$

可得非线性 SVM 的最优化问题，具体步骤与线性不可分的线性 SVM 相同，如式(7-13)所示。

7.4 决策树

决策树方法在分类、预测、规则提取等领域有着广泛应用。在 20 世纪 70 年代后期和 80 年代初期，机器学习研究者 J. Ross Quinilan 提出了 ID3 算法以后，决策树在机器学习、数据挖掘领域得到极大的发展。Quinilan 后来又提出了 C4.5，成为新的监督学习算法。1984 年，几位统计学家提出了 CART 分类算法。ID3 和 ART 算法大约同时被提出，但都是采用类似的方法从训练样本中学习决策树。

决策树是一树状结构，它的每一个叶节点对应着一个分类，非叶节点对应着在某个属性上的划分，根据样本在该属性上的不同取值将其划分成若干个子集。对于非纯的叶节点，多数类的标号给出到达这个节点的样本所属的类。构造决策树的核心问题是在每一步如何选择适当的属性对样本做拆分。对一个分类问题，从已知类标记的训练样本中学习并构造出决策树是一个自上而下、分而治之的过程。

常用的决策树算法如表7-1所示。

表7-1 决策树算法分类

决策树算法	算 法 描 述
ID3算法	其核心是在决策树的各级节点上，使用信息增益方法作为属性的选择标准，来帮助确定生成每个节点时所应采用的合适属性
C4.5算法	C4.5决策树生成算法相对于ID3算法的重要改进是使用信息增益率来选择节点属性。C4.5算法可以克服ID3算法存在的不足：ID3算法只适用于离散的描述属性，而C4.5算法既能够处理离散的描述属性，也可以处理连续的描述属性
CART算法	CART决策树是一种十分有效的非参数分类和回归方法，通过构建树、修剪树、评估树来构建一个二叉树。当终结点是连续变量时，该树为回归树；当终结点是分类变量，该树为分类树

本节将详细介绍ID3算法，也是最经典的决策树分类算法。

7.4.1 ID3算法简介及基本原理

ID3算法基于信息熵来选择最佳测试属性。它选择当前样本集中具有最大信息增益值的属性作为测试属性；样本集的划分则依据测试属性的取值进行，测试属性有多少不同取值就将样本集划分为多少子样本集，同时决策树上相应于该样本集的节点长出新的叶子节点。ID3算法根据信息论理论，采用划分后样本集的不确定性作为衡量划分好坏的标准，用信息增益值度量不确定性：信息增益值越大，不确定性越小。因此，ID3算法在每个非叶节点选择信息增益最大的属性作为测试属性，这样可以得到当前情况下最纯的拆分，从而得到较小的决策树。

设S是s个数据样本的集合。假定类别属性具有m个不同的值：$C_i(i=1,2,\cdots,m)$。设s_i是类C_i中的样本数。对一个给定的样本，它总的信息熵如式(7-14)所示。

$$I(s_1,s_2,\cdots,s_m) = -\sum_{i=1}^{m}P_i\log_2(P_i) \qquad (7-14)$$

其中，P_i是任意样本属于C_i的概率，一般可以用$\frac{s_i}{s}$估计。

设一个属性A具有k个不同的值$\{a_1,a_2,\cdots,a_k\}$，利用属性A将集合S划分为k个子集$\{S_1,S_2,\cdots,S_k\}$，其中，S_j包含了集合S中属性A取a_j值的样本。若选择属性A为测试属性，则这些子集就是从集合S的节点生长出来的新的叶节点。设S_{ij}是子集S_j中类别为C_i的样本数，则根据属性A划分样本的信息熵值如式(7-15)所示。

$$E(A) = \sum_{j=1}^{k}\frac{s_{1j}+s_{2j}+\cdots+s_{mj}}{s}I(s_{1j},s_{2j},\cdots,s_{mj}) \qquad (7-15)$$

其中，$I(s_{1j}, s_{2j}, \cdots, s_{mj}) = \sum_{i=1}^{m} P_{ij} \log_2(P_{ij})$，$P_{ij} = \dfrac{s_{ij}}{s_{1j} + s_{2j} + \cdots + s_{mj}}$ 是子集 S_j 中类别为 C_i 的样本的概率。

最后，用属性 A 划分样本集 S 后所得的信息增益（$Gain$）如式（7-16）所示。

$$Gain(A) = I(s_1, s_2, \cdots, s_m) - E(A) \tag{7-16}$$

显然 $E(A)$ 越小，$Gain(A)$ 的值越大，说明选择测试属性 A 对于分类提供的信息越大，选择 A 之后对分类的不确定程度越小。属性 A 的 k 个不同的值对应的样本集 S 的 k 个子集或分支，通过递归调用上述过程（不包括已经选择的属性），生成其他属性作为节点的子节点和分支来生成整个决策树。ID3 决策树算法作为一个典型的决策树学习算法，其核心是在决策树的各级节点上都用信息增益作为判断标准来进行属性的选择，使得在每个非叶节点上进行测试时，都能获得最大的类别分类增益，使分类后的数据集的熵最小。这样的处理方法使得树的平均深度较小，从而有效地提高了分类效率。

7.4.2 ID3 算法具体流程

ID3 算法实现步骤如下：

（1）对当前样本集合，计算所有属性的信息增益。

（2）选择信息增益最大的属性作为测试属性，把测试属性取值相同的样本划为同一个子样本集。

（3）若子样本集的类别属性只含有单个属性，则分支为叶子节点，判断其属性值并标上相应的符号，然后返回调用处；否则，对子样本集递归调用本算法。

下面以地质灾害易发评价为例，实现 ID3。假设某地域地质构造分为弱、强；人为活动分为弱、强；地下水分为富水弱、富水强；灾害易发性分为非易发、易发。得到的数据集合如表 7-2 所示。

表 7-2 地质灾害易发评价数据集

序号	地质构造	人为活动	地下水	灾害易发性
1	弱	强	富水强	易发
2	弱	强	富水强	易发
3	弱	强	富水强	易发
4	弱	弱	富水强	易发
…	…	…	…	…
32	强	弱	富水强	非易发
33	强	弱	富水弱	非易发
34	强	弱	富水弱	非易发

采用 ID3 算法构建决策树模型的具体步骤如下：

（1）根据式（7-14），计算总的信息熵，其中，数据中总记录数为 34，而灾害易发性为"易发"的数据有 18，"非易发"的有 16。

$$I(18,16) = -\frac{18}{34}\log_2\frac{18}{34} - \frac{16}{34}\log_2\frac{16}{34} = 0.997503$$

(2)根据式(7-18)和式(7-19),计算每个测试属性的信息熵。

对于地质构造属性,其属性值有"强"和"弱"两种。其中,地质构造为"强"的条件下,灾害易发性为"易发"的记录为11,灾害易发性为"非易发"的记录为6,可表示为(11,6);地质构造为"弱"的条件下,灾害易发性为"易发"的记录为7,灾害易发性为"非易发"的记录为10,可表示为(7,10)。则地质构造的信息熵计算过程如下:

$$I(11,6) = -\frac{11}{17}\log_2\frac{11}{17} - \frac{6}{17}\log_2\frac{6}{17} = 0.936667,$$

$$I(7,10) = -\frac{7}{17}\log_2\frac{7}{17} - \frac{10}{17}\log_2\frac{10}{17} = 0.977418,$$

$$E(\text{地质构造}) = \frac{17}{34}I(11,6) + \frac{17}{34}I(7,10) = 0.957043。$$

对于人为活动属性,其属性值也有"强"和"弱"两种。其中,人为活动属性为"强"的条件下,灾害易发性为"易发"的记录为11,灾害易发性为"非易发"的记录为3,可表示为(11,3);人为活动属性为"否"的条件下,灾害易发性为"易发"的记录为7,灾害易发性为"非易发"的记录为13,可表示为(7,13)。则人为活动属性的信息熵计算过程如下:

$$I(11,3) = -\frac{11}{14}\log_2\frac{11}{14} - \frac{3}{14}\log_2\frac{3}{14} = 0.749595,$$

$$I(7,13) = -\frac{7}{20}\log_2\frac{7}{20} - \frac{13}{20}\log_2\frac{13}{20} = 0.934068,$$

$$E(\text{人为活动}) = \frac{14}{34}I(11,3) + \frac{20}{34}I(7,13) = 0.858109。$$

对于地下水属性,其属性值有"富水强"和"富水弱"两种。其中,地下水属性为"富水强"的条件下,灾害易发性为"易发"的记录为15,灾害易发性为"非易发"的记录为7,可表示为(15,7);其中,地下水属性为"富水弱"的条件下,灾害易发性为"易发"的记录为3,灾害易发性为"非易发"的记录为9,可表示为(3,9)。则地下水属性的信息熵计算过程如下:

$$I(15,7) = -\frac{15}{22}\log_2\frac{15}{22} - \frac{7}{22}\log_2\frac{7}{22} = 0.902393,$$

$$I(3,9) = -\frac{3}{12}\log_2\frac{3}{12} - \frac{9}{12}\log_2\frac{9}{12} = 0.811278,$$

$$E(\text{地下水}) = \frac{22}{34}I(15,7) + \frac{12}{34}I(3,9) = 0.870235。$$

(3)根据式(7-16),计算地质构造、人为活动和地下水的信息增益值。

$Gain(\text{地质构造})I(18,16) - E(\text{地质构造}) = 0.997503 - 0.957043 = 0.04046,$

$Gain(\text{人为活动})I(18,16) - E(\text{人为活动}) = 0.997503 - 0.858109 = 0.139394,$

$Gain(\text{地下水})I(18,16) - E(\text{地下水}) = 0.997503 - 0.870235 = 0.127268。$

(4)由第(3)步的计算结果可以知道是否人为活动的信息增益值最大,它的两个属性值"是"和"否"作为该根结点的两个分支。然后按照第(1)步到第(3)步所示步骤继续对该根结点的3个分支进行结点的划分,针对每一个分支结点继续进行信息增益的计算,如此循环反复,直到没有新的结点分支,最终构成一棵决策树。生成的决策树模型如图7-9所示。

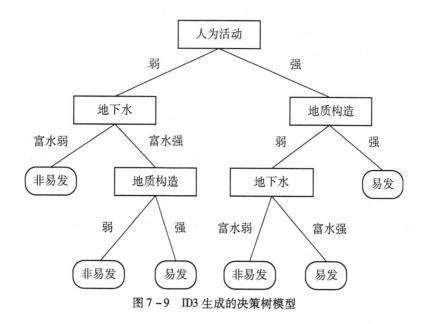

图7-9 ID3生成的决策树模型

从上面决策树模型可以看出,该地域的灾害易发性和各个属性之间的关系,并可以提取出以下决策规则。

(1)若人为活动为"强",地质构造为"强",则灾害易发性为"易发"。

(2)若人为活动为"强",地质构造为"弱",地下水为"富水弱",则灾害易发性为"易发"。

(3)若人为活动为"强",地质构造为"弱",地下水为"富水弱",则灾害易发性为"非易发"。

(4)若人为活动为"弱",地下水为"富水弱",则灾害易发性为"非易发"。

(5)若人为活动为"弱",地下水为"富水强",地质构造为"强",则灾害易发性为"易发"。

(6)若人为活动为"弱",地下水为"富水强",地质构造为"弱",则灾害易发性为"非易发"。

由于ID3决策树算法采用了信息增益作为选择测试属性的标准,会偏向于选择取值较多的即所谓高度分支属性,而这类属性并不一定是最优的属性。同时,ID3决策树算法只能处理离散属性,对于连续型的属性,在分类前需要对其进行离散化。为了解决倾向于选择高度分支属性的问题,人们采用信息增益率作为选择测试属性的标准,从而发展了C4.5决策树算法。此外,常用的决策树算法还有CART算法、SLIQ算法、SPRINT算法和PUBLIC算法等。

7.5 人工神经网络

人工神经网络(artificial neural networks，ANNs)，是模拟生物神经网络进行信息处理的一种数学模型。它以对大脑的生理研究成果为基础，其目的在于模拟大脑的某些机理与机制，实现一些特定的功能。

1943年，美国心理学家McCulloch和数学家Pitts联合提出了形式神经元的数学模型MP模型，证明了单个神经元能执行逻辑功能，开创了人工神经网络研究的时代。1957年，计算机科学家Rosenblatt用硬件完成了最早的神经网络模型，即感知器，并用来模拟生物的感知和学习能力。1969年，M. Minsky等出版了 *Perceptron*(《感知器》)一书，指出感知器不能解决高阶谓词问题，人工神经网络的研究因此进入一个低谷期。20世纪80年代以后，由于超大规模集成电路、脑科学、生物学、光学的迅速发展，人工神经网络的发展进入兴盛期。

人工神经元是人工神经网络操作的基本信息处理单位。人工神经元的模型如图7-10所示，它是人工神经网络的设计基础。一个人工神经元对输入信号$X = [x_1, x_2, \cdots, x_m]^T$的输出$y$为$y = f(u + b)$，其中，$u = \sum_{i=1}^{m} w_i x_i$，公式中各字符的含义如图7-10所示。

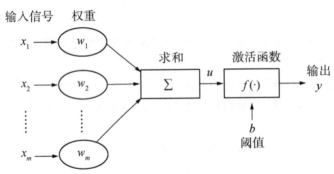

图7-10 人工神经元模型

激活函数主要有以下4种形式，如表7-3所示。

表7-3 激活函数分类

激活函数	表达形式	图形	解释说明
域值函数 （阶梯函数）	$f(v) = \begin{cases} 1 & v \geq 0 \\ 0 & v < 0 \end{cases}$		当函数的自变量小于0时，函数的输出为0；当函数的自变量大于或等于0时，函数的输出为1，用该函数可以把输入分成两类

续上表

激活函数	表达形式	图形	解释说明
分段线性函数	$f(v)=\begin{cases} 1 & v \geqslant 1 \\ v, & -1<v<1 \\ -1, & v \leqslant -1 \end{cases}$		该函数在$(-1,+1)$线性区内的放大系数是一致的，这种形式的激活函数可以看作非线性放大器的近似
非线性转移函数	$f(v)=\dfrac{1}{1+e^{-v}}$		单极性S型函数为实数域R到$[0,1]$闭集的连续函数，代表了连续状态型神经元模型。其特点是函数本身及其导数都是连续的，能够体现数学计算上的优越性
Relu函数	$f(v)=\begin{cases} v & v \geqslant 0 \\ 0 & v<0 \end{cases}$		这是近年来提出的激活函数，它具有计算简单、效果更佳的特点，目前已经有取代其他激活函数的趋势。本书的神经网络模型大量使用了该激活函数

人工神经网络的学习也称为训练，指的是神经网络在受到外部环境的刺激下调整神经网络的参数，使神经网络以一种新的方式对外部环境做出反应的一个过程。在分类与预测中，人工神经网络主要适用于有指导的学习方式，即根据给定的训练样本，调整人工神网络的参数以使网络输出接近于已知的样本类标记或其他形式的因变量。

在人工神经网络的发展过程中，提出了多种不同的学习规则，但没有一种特定的学习算法适用于所有的网络结构和具体问题。

在分类与预测中，δ学习规则（误差校正学习算法）是使用最广泛的一种。误差校正学习算法根据神经网络的输出误差对神经元的连接强度进行修正，属于有指导学习。

设神经网络中神经元i作为输入，神经元j为输出神经元，它们的连接权值为w_{ij}，则对权值的修正为$\Delta w_{ij}=\eta\delta_j Y_i$，其中，$\eta$为学习率，$\delta_j=T_j Y_j$为$j$的偏差，即输出神经元$j$的实际输出和输入信号之差，示意图如图7-11所示。

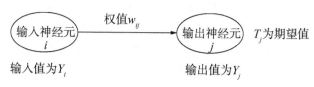

图7-11 δ学习规则示意

神经网络训练是否完成常用误差函数（也称目标函数）E来衡量。当误差函数小于某一个设定的值时即停止神经网络的训练。误差函数为衡量实际输出向量 Y_k 与期望值向量 T_k 误差大小的函数，常采用二乘误差函数来定义，为 $E = \frac{1}{2}\sum_{k=1}^{N}[Y_k - T_k]^2$（或 $E = \sum_{k=1}^{N}[Y_k - T_k]^2$），$k = 1, 2, \cdots, N$ 为训练样本个数。

使用人工神经网络模型需要确定网络连接的拓扑结构、神经元的特征和学习规则等。目前，有近40种人工神经网络模型，常用于来实现分类和预测的人工神经网络算法，如表7-4所示。

表7-4 人工神经网络算法

算法名称	算法描述
BP神经网络	是一种按误差逆传播算法训练的多层前馈网络，学习算法是δ学习规则，是目前应用最广泛的神经网络模型之一
LM神经网络	是基于梯度下降法和牛顿法结合的多层前馈网络，特点：迭代次数少、收敛速度快、精确度高
RBF径向基神经网络	RBF网络能够以任意精度逼近任意连续函数，从输入层到隐含层的变换是非线性的，而从隐含层到输出层的变换是线性的，特别适合于解决分类问题
FNN模糊神经网络	FNN模糊神经网络是具有模糊权系数或者输入信号是模糊量的神经网络，是模糊系统与神经网络相结合的产物，它汇聚了神经网络与模糊系统的优点，集联想、识别、自适应及模糊信息处理于一体
GMDH神经网络	GMDH网络也称为多项式网络，它是前馈神经网络中常用的一种用于预测的神经网络。它的特点是网络结构不固定，而且在训练过程中不断改变
ANFIS自适应神经网络	神经网络镶嵌在一个全部模糊的结构之中，在不知不觉中向训练数据学习，自动产生、修正并高度概括出最佳的输入与输出变量的隶属函数以及模糊规则；另外，神经网络的各层结构与参数也都具有了明确的、易于理解的物理意义

BP神经网络的学习算法是δ学习规则，目标函数采用 $E = \sum_{k=1}^{N}[Y_k - T_k]^2$，下面加以介绍。

BP(back propagation，反向传播)算法的特征是利用输出后的误差来估计输出层的直接前导层的误差，再用这个误差估计更前一层的误差，如此一层一层地反向传播下去，就获得了所有其他各层的误差估计。这样就形成了将输出层表现出的误差沿着与输入传送相反的方向逐级向网络的输入层传递的过程。以典型的3层BP网络为例，描述标准的BP算法。如图7-12所示的是一个有3个输入节点、4个隐层节点、1个输出节点的一个3层BP神经网络。

BP算法的学习过程由信号的正向传播与误差的逆向传播两个过程组成。正向传播时，输入信号经过隐层的处理后,传向输出层。若输出层节点未能得到期望的输出,则转入误差的逆向传播阶段,将输出误差按某种子形式,通过隐层向输入层返回,并"分摊"给隐层4个节点与输入层 x_1, x_2, x_3 3个输入节点,从而获得各层单元的参考误差或称误差信号,作为修改各单元权值的依据。这种信号正

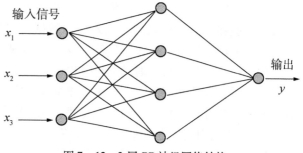

图 7-12　3 层 BP 神经网络结构

向传播与误差逆向传播的各层权矩阵的修改过程,是周而复始地进行的。权值不断修改的过程,也就是网络的学习(或称训练)过程。此过程一直进行到网络输出的误差逐渐减少到可接受的程度或达到设定的学习次数为止,学习过程的流程如图 7-13 所示。

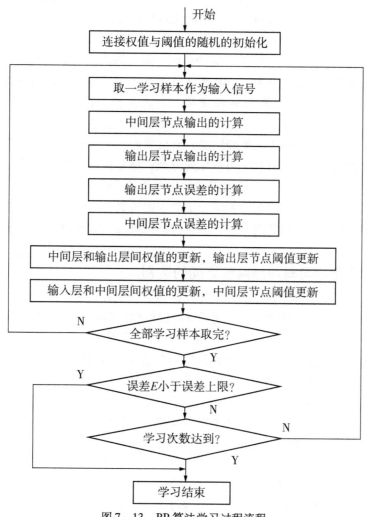

图 7-13　BP 算法学习过程流程

算法开始后，给定学习次数上限，初始化学习次数为 0，对权值和阈值赋予小的随机数，一般在 [-1, 1] 之间。输入样本数据，网络正向传播，得到中间层与输出层的值。比较输出层的值与教师信号值的误差，用误差函数 E 来判断误差是否小于误差上限，如不小于误差上限，则对中间层和输出层权值和阈值进行更新，更新的算法为 δ 学习规则。更新权值和阈值后，再次将样本数据作为输入，得到中间层与输出层的值，计算误差 E 是否小于上限，学习次数是否到达指定值，如果达到，则学习结束。

BP 算法只用到均方误差函数对权值和阈值的一阶导数（梯度）的信息，使得算法存在收敛速度缓慢、易陷入局部极小等缺陷。为了解决这一问题，Hinton 等于 2006 年提出非监督贪心逐层训练算法，并以此为基础发展成为深度学习。

7.6 深度学习

深度学习（deep learning）是机器学习研究中的一个领域，目的在于建立、模拟人脑进行分析学习的神经网络，模仿人脑的机制来解释数据，例如，图像、声音和文本。深度学习是半监督学习的一种。

深度学习的概念源于人工神经网络的研究，可以理解为神经网络的发展。20 世纪 80 年代末期，用于人工神经网络的 BP 算法的出现掀起了机器学习的热潮。但由于 BP 算法的缺陷和浅层机器学习模型的相继提出，人工神经网络又陷入低谷。2006 年，Hinton 和 Ruslan Salakhutdinov 发表论文掀起深度学习的浪潮。

该论文认为，多隐层的人工神经网络具有优异的特征学习能力，学习得到的特征对数据有更本质的刻画，从而有利于可视化或分类；深度神经网络在训练上的难度，可以通过"逐层初始化"来有效克服，且逐层初始化是通过无监督学习实现的。

深度学习的实质，是通过构建具有很多隐层的机器学习模型和海量的训练数据，来学习更有用的特征，从而最终提升分类或预测的准确性。深度模型是手段，特征学习是目的。

7.6.1 深度学习与神经网络之间的区别

深度学习与传统的神经网络之间有相同的地方，也有很多不同。

二者的相同之处在于深度学习采用了神经网络相似的分层结构，系统由包括输入层、隐层（多层）、输出层组成的多层网络，只有相邻层节点之间有连接，同一层以及跨层节点之间相互无连接，每一层可以看作一个逻辑回归模型。这种分层结构是比较接近人类大脑结构的。神经网络与深度学习的分层结构如图 7-14 所示。

但为了克服神经网络训练中的问题，深度学习采用了与神经网络很不同的训练机制。传统神经网络中采用的是反向传播的方式进行，简单来讲就是采用迭代的算法来训练整个网络，随机设定初值，计算当前网络的输出，然后根据当前输出和标签之间的差去改变前面各层的参数，直到收敛（整体是一个梯度下降法）。而深度学习整体上是一个逐层的训练机制。这样做的原因是，如果采用反向传播的机制，对于一个深度网络（7 层以上），残差传播到最前面的层已经变得太小，出现梯度扩散。

BP 算法作为传统训练多层网络的典型算法，实际效果对仅含几层的网络就已经很

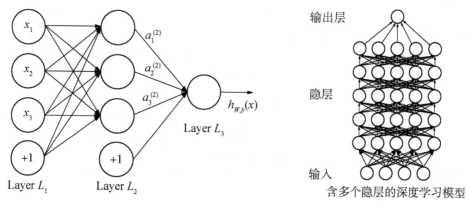

图7-14 神经网络与深度学习的分层结构

不理想。深度结构(涉及多个非线性处理单元层)非凸目标代价函数中普遍存在的局部最小是训练困难的主要来源。其存在的问题如下：

(1)梯度越来越稀疏。从顶层越往下，误差校正信号越来越小。

(2)会收敛到局部最小值。尤其是从远离最优区域开始的时候(随机值初始化会导致这种情况的发生)。

(3)通常只能用有标签的数据来训练。但大部分数据是没标签的，而大脑可以从没有标签的数据中学习。

区别于传统的浅层学习，深度学习区别如下：

(1)强调了模型结构的深度，通常有5层、6层，甚至10多层的隐层节点。

(2)明确突出了特征学习的重要性。通过逐层特征变换，将样本在原空间的特征表示变换到一个新特征空间，从而使分类或预测更加容易。与人工规则构造特征的方法相比，利用大数据来学习特征，更能够刻画数据的丰富的内在信息。

深度学习常用模型或方法如表7-5所示。

表7-5 深度学习常用模型或方法及其描述

常用模型或方法	算法描述
自动编码器	一种无监督的神经网络模型。可以学习到输入数据的隐含特征(编码)，同时用学习到的新特征可以重构出原始输入数据(解码)。自动编码器被用于降维或特征学习
稀疏编码	一种无监督学习方法。用来寻找一组"超完备"基向量来更高效地表示样本数据。方法具有空间的局部性、方向性和频域的带通性，是一种自适应的图像统计方法
受限玻尔兹曼机	RBM，一种可通过输入数据集学习概率分布的随机生成神经网络。受限玻尔兹曼机在降维、分类、协同过滤、特征学习和主题建模中得到了应用。根据任务的不同，受限玻尔兹曼机可以使用监督学习或无监督学习的方法进行训练

续上表

常用模型或方法	算 法 描 述
深信度网络	DBNs，由多个受限玻尔兹曼机层组成的一个概率生成模型。与传统的判别模型的神经网络相对，生成模型是建立一个观察数据和标签之间的联合分布。可拓展为卷积 DBNs（CDBNs）
卷积神经网络	CNNs，人工神经网络的一种，它的权值共享网络结构使之更类似于生物神经网络，降低了网络模型的复杂度，减少了权值的数量。CNNs 已成为当前语音分析和图像识别领域的研究热点

7.6.2 自动编码器

深度学习最简单的一种方法是利用人工神经网络的特点。人工神经网络本身就是具有层次结构的系统，如果给定一个神经网络，假设其输出与输入是相同的，然后训练调整其参数，得到每一层中的权重。于是得到输入 I 的几种不同表示（每一层代表一种表示），这些表示就是特征。自动编码器就是一种尽可能复现输入信号的神经网络。为了实现这种复现，自动编码器必须捕捉可以代表输入数据的最重要的因素，如同 PCA 那样，找到可以代表原信息的主要成分。

具体过程简单地说明如下：

(1) 给定无标签数据，用非监督学习学习特征。传统神经网络中，输入的样本是有标签的，即输入、目标，这样我们根据当前输出和目标（标签）之间的差去改变前面各层的参数，直到收敛。但若只有无标签数据，应该怎么得到误差呢？

将输入信号输入一个编码器，就会得到一个编码，这个编码也就是输入的一个表示，那怎么知道这个编码表示的就是输入的数据呢？于是，加一个解码器，这时解码器就会输出一个信息。如果输出的这个信息和一开始的输入信号是很像的（理想情况下就是一样的），就有理由相信这个编码是靠谱的。所以，通过调整编码器和解码器的参数，使得重构误差最小，这时候可以得到输入信号的第一个表示，即编码了。因为是无标签数据，所以误差的来源就可由直接重构后与原输入相比得到。

(2) 通过编码器产生特征并逐层训练。重复上一步骤，将第一层输出的编码当成第二层的输入信号，同样，最小化重构误差，就会得到第二层的参数，并且得到第二层输入的编码，即原输入信息的第二个表达了。其他层如法炮制即可（训练这一层，前面层的参数都是固定的，并且解码器已经没用，不需要了）。

(3) 有监督微调。经过上面两步可以得到一个多层的模型。具体需要多少层还需要调试。每一层都会得到与原始输入的不同的表达，最后得到的表达越抽象越好。

到此为止，自动编码器还不能用来分类数据，因为它还没有学习如何去联结一个输入和一个类。它只是学会了如何去重构或者复现它的输入而已。或者说，它只是学习获得了一个可以良好代表输入的特征，这个特征可以在最大程度上代表原输入信号。为了实现分类，可以在自动编码器的最顶编码层添加一个分类器（如 Logistic 回归、SVM等），然后通过标准的多层神经网络的监督训练方法（梯度下降法）去训练。

此时，需要将最后层的特征 code 输入到最后的分类器，通过有标签样本，通过监督学习进行微调，这也分两种：一种是只调整分类器；另一种是通过有标签样本，微调整个系统，该方法适合数据足够多的情况。

一旦监督训练完成，这个网络就可以用来分类了。神经网络的最顶层可以作为一个线性分类器，然后可以用一个更好性能的分类器去取代它。如果在原有的特征中加入这些自动学习得到的特征可以极大地提高精确度，那么这种方法可以称作最好的分类算法之一。

7.6.3　卷积神经网络

卷积神经网络广泛用于语音分析和图像识别。如图 7-15 所示。它的权值共享网络结构使之更类似于生物神经网络，降低了网络模型的复杂度，减少了权值的数量。该优点在网络的输入中当多维图像时表现得更为明显，使图像可以直接作为网络的输入，避免了传统识别算法中复杂的特征提取和数据重建过程。

卷积网络是为识别二维形状而特殊设计的一个多层感知器，这种网络结构对平移、比例缩放、倾斜或者其他形式的变形具有高度不变性。

卷积神经网络是一个多层的神经网络，每层由多个二维平面组成，而每个平面由多个独立神经元组成。

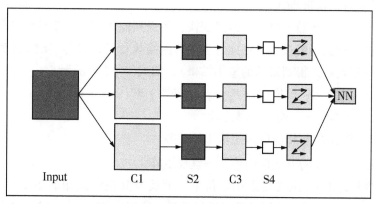

图 7-15　卷积神经网络的概念示范

输入图像通过和 3 个可训练的滤波器和可加偏置进行卷积。滤波过程如图 7-15 所示，卷积后在 C1 层产生 3 个特征映射图，然后特征映射图中每组的 4 个像素再进行求和，加权值，加偏置，通过一个 Sigmoid 函数得到 3 个 S2 层的特征映射图。这些映射图再进过滤波得到 C3 层。这个层级结构再和 S2 一样产生 S4。最终，这些像素值被光栅化，并连接成一个向量输入到传统的神经网络，得到输出。

一般 C 层为特征提取层，每个神经元的输入与前一层的局部感受野相连，并提取该局部的特征，一旦该局部特征被提取后，它与其他特征间的位置关系也随之确定下来；S 层是特征映射层，网络的每个计算层由多个特征映射组成，每个特征映射为一个平面，平面上所有神经元的权值相等。特征映射结构采用影响函数核小的 Sigmoid 函数作为卷积网络的激活函数，使得特征映射具有位移不变性。

此外，由于一个映射面上的神经元共享权值，因而减少了网络自由参数的个数，降低了网络参数选择的复杂度。卷积神经网络中的每一个特征提取层（C-层）都紧跟着一个用来求局部平均与二次提取的计算层（S-层），这种特有的两次特征提取结构使网络在识别时对输入样本有较高的畸变容忍能力。

卷积网络在本质上是一种输入到输出的映射，它能够学习大量的输入与输出之间的映射关系，而不需要任何输入和输出之间的精确的数学表达式，只要用已知的模式对卷积网络加以训练，网络就具有输入输出对之间的映射能力。卷积网络执行的是有导师训练，所以其样本集是由形如："输入向量，理想输出向量"的向量对构成的。所有这些向量对，都应该是来源于网络即将模拟的系统的实际"运行"结果。它们可以是从实际运行系统中采集来的。在开始训练前，所有的权都应该用一些不同的小随机数进行初始化。"小随机数"用来保证网络不会因权值过大而进入饱和状态，从而导致训练失败；"不同"用来保证网络可以正常地学习。实际上，如果用相同的数去初始化权矩阵，则网络无能力学习。

训练算法与传统的 BP 算法差不多。主要包括 4 步，这 4 步被分为两个阶段：

7.6.3.1 第一阶段，向前传播阶段

（1）从样本集中取一个样本 (X, Y_p)，将 X 输入网络。

（2）计算相应的实际输出 O_p。

在此阶段，信息从输入层经过逐级变换，传送到输出层。这个过程也是网络在完成训练后正常运行时执行的过程。在此过程中，网络执行的是计算（实际上就是输入与每层的权值矩阵相点乘，得到最后的输出结果），如式（7 – 17）所示。

$$O_p = F_n(\cdots(F_2(F_1(X_p W^{(1)}) W^{(2)})\cdots) W^{(n)}) \tag{7 – 17}$$

7.6.3.2 第二阶段，向后传播阶段

（1）算实际输出 O_p 与相应的理想输出 Y_p 的差。

（2）按极小化误差的方法反向传播调整权矩阵。

卷积神经网络 CNN 主要用来识别位移、缩放及其他形式扭曲不变性的二维图形。由于 CNN 的特征检测层通过训练数据进行学习，所以在使用 CNN 时，避免了显式的特征抽取，而隐式地从训练数据中进行学习；再者由于同一特征映射面上的神经元权值相同，所以网络可以并行学习，这也是卷积网络相对于神经元彼此相连网络的一大优势。卷积神经网络以其局部权值共享的特殊结构在语音识别和图像处理方面有着独特的优越性，其布局更接近于实际的生物神经网络，权值共享降低了网络的复杂性，特别是多维输入向量的图像可以直接输入网络这一特点避免了特征提取和分类过程中数据重建的复杂度。

卷积神经网络在地球科学中已有成功的应用案例（徐述腾，2018；张野等，2018）。

7.6.4 深度信念网络

深度信念网络（DBNs）由 Geoffrey Hinton 于 2006 年提出，是一种经典的深度生成式模型，通过将一系列受限玻尔兹曼机单元堆叠而进行训练。这一模型在 MNIST 数据集

上的表现超越了当时流行的 SVM，从而开启了深度学习在学术界和工业界的浪潮，在深度学习的发展历史中具有重要意义。

基于深度信念网络已被用来识别地质实体。

客观存在的地质体与通过人类地质调查形成的地质文本，是同一个事物的两个方面。客观存在的地质体构成了地质领域一个个不同类型的地质实体，而地质文本是对一定区域范围内地质条件及地质事件的记录，其中，包括大量地质实体且实体类型多样。然而，无论是对地质状况的描述、地质变化的说明还是地质灾害的统计，本质上都是对地质实体、相关附属信息及其之间关系的表达。地质实体是地质文本中的核心要素，其他属性和关系的描述都以地质实体为基础。同时，伴随着传感器、测绘、定位等技术手段的不断发展，文本中对于地质实体的内容描述更加丰富、时空刻画更加精细、更新频率更加迅速。在这种情况下，地质实体是文本中相关地质知识的主要体现，对于地质实体的识别有利于对于地质文本的深度挖掘。地质实体识别不仅能够有效辨别文本中的基本信息单位，帮助正确理解文本内容，而且基于提炼出的地质知识为广义文本数据挖掘中的信息抽取、信息检索、机器翻译、文摘生成等一系列工作提供全面支持。

张雪英（2018）开展了基于深度信念网络的地质实体识别方法研究。通过分析各种类型文本数据中地质实体信息的描述特点，构建地质实体信息的标注规范和语料库，设计基于深度信念网络的地质实体识别模型，解决文本数据中地质实体信息的结构化、规范化处理问题。

张雪英实验以矿产资源地质调查报告为实验数据，对本文的地质实体识别方法性能进行评估分析，从大量文本数据中抽取事先未知的、可理解的、有潜在实用价值的模式或者知识。

选取深度信念网络作为地质实体识别训练模型。深度信念网络的训练需要有相关标注语料作为基础。为保证人工标注文本信息时的标准统一，制定地质实体标注规范是必不可少的。从文本数据中地质实体信息的描述特点入手，制定面向自然语言的地质实体信息标注规范，并借鉴深度学习方法构建地质实体信息要素识别模型，从前期原始数据标注到后期文本信息抽取提出完整的地质实体识别方法。

地质实体信息描述了实体对象的特定属性及发展状态，是对其包含自然属性与人文属性的定性或定量化表达。地质实体信息中包含了基本概念、空间分布、属性信息及其相互关系的表达，其要素组成可以按照对象、特征和关系3个层次进行划分，如表7-6所示。

表7-6 地质实体信息的要素分类体系

大　类	二 级 类	三 级 类	四 级 类
实体对象（10）			地质实体采用名称、编码、定义或者符号等标识符进行表达，可以进行细分

续上表

大　类	二　级　类	三　级　类	四　级　类
特征要素（20）	时间(2001)	通用时间(200101)	按照朝代或纪年法进行细分
		地质时间(200102)	参考地质年代进行细分
	空间(2002)	位置(200201)	绝对位置
			相对位置
		几何形状(200202)	点
			线
			面
			体
			……
	属性(2003)	自然属性(200301)	物理
			化学
			生物
		人文属性(200302)	人文
			社会
			经济
			……
关系要素（30）	地质实体关系（地质意义）(3001)	地层接触关系(300101)	整合、不整合；侵入接触、沉积接触等
		矿物伴生/共生关系(300102)	
		因果关系(300103)	
	特征关系(3002)	标识关系(300201)	等同关系
			等级关系
			相关关系
		时间关系(300202)	相同关系
			前后关系
			交叉关系
		空间关系(300203)	拓扑关系
			距离关系
			方向关系
		时空关系(300204)	时间同步
			空间同位
			同步关系
			异步关系
		属性关系(300205)	可以进一步细分
		时间-属性关系(300206)	可以进一步细分
		空间-属性关系(300207)	可以进一步细分
		时空-属性关系(300208)	可以进一步细分

文本中地质实体信息描述将以实体名称为关联核心，按照从"单要素－多要素""简单－复杂"和引用次序关系，制定地质实体信息的标注框架，以规范各个要素及其相互关系的信息特征如图7-16所示。

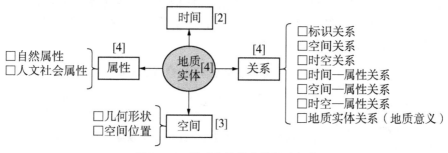

图7-16 地质实体信息的标注框架

基于深度信念网络模型的地质实体识别方法主要包括字符向量化、网络结构参数计算与字符概率阈值选择三个部分，如图7-17所示。

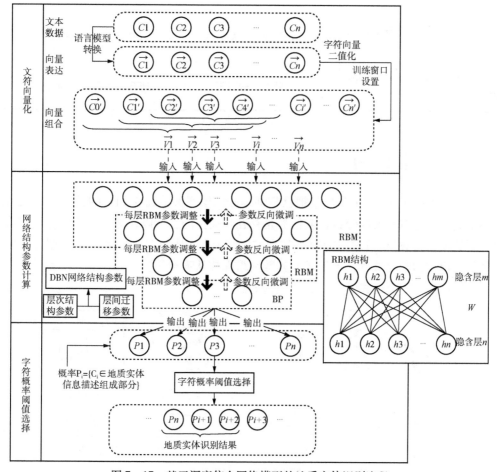

图7-17 基于深度信念网络模型的地质实体识别流程

利用中国地质调查局全国地质资料馆网站（http://www.ngac.cn/DownloadCenter.aspx），主要针对矿产资源地质调查报告，获得原始实验数据（共计3万字），共标注1166个地质实体。对于深度信念网络模型训练，借鉴相关文本实体识别的深度学习方法，构建地质信息抽取的原型系统，实现地质实体信息识别等主要功能。表7-7展示了文本地质实体信息识别结果示例。结果表明，深度学习模型能够在较小规模语料库的基础上，达到较好的地质实体识别性能。

表7-7 文本地质实体信息识别结果示例

原文信息	标注信息	识别信息
……总体为一套碳酸盐岩夹安山质火山岩……	碳酸盐岩、安山质火山岩	碳酸盐岩、安山、火山岩
……为一套红色碎屑岩沉积。……	碎屑岩	碎屑岩
……原岩主要为碎屑岩夹碳酸盐岩及火山岩沉积建造。……	碎屑岩、碳酸盐岩、火山岩	碎屑岩、碳酸盐岩、火山岩
……上部为一套细碎屑岩，呈细粒石英砂岩……	细碎屑岩、细粒石英砂岩	细碎屑岩、粒石英砂岩
……上部岩段为大理岩，滑石、透闪石蚀变强烈。……	大理岩、滑石、透闪石	大理石、滑石、透闪石

7.7 迁移学习

迁移学习（transfer learning）是把已学训练好的模型参数迁移到新的模型，以便帮助新模型训练。考虑到大部分数据或任务是存在相关性的，所以，通过迁移学习可以将已经学到的模型参数（也可理解为模型学到的知识）通过某种方式分享给新模型，从而加快并优化模型的学习效率，不用像大多数网络那样从零学习。

传统机器学习与迁移学习的过程差别如图7-18所示。

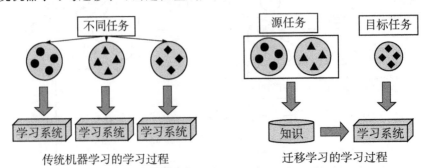

图7-18 传统机器学习与迁移学习的过程差别

7.7.1 常见迁移学习分类

7.7.1.1 归纳迁移学习

目标任务与原任务不同，目标域和源域可能相同也可能不同。即 $T_s \neq T_t$。这种迁移学习方式又被分为4种形式。

(1)实例知识迁移学习。基于实例的迁移学习的基本思想是，尽管目标域中部分带标签训练数据和源训练数据或多或少会有些不同，但是目标域中部分训练数据中应该还是会存在一部分比较适合用来训练一个有效的分类模型，并且适应测试数据。于是，目标就是目标域中部分带标签训练数据中找出那些适合测试数据的实例，并将这些实例迁移到源训练数据的学习中去。这种方法比较适合与源数据与目标数据中部分带标签数据非常接近的情况。

(2)特征知识迁移。基于特征的迁移学习主要是找到一种好的特征表示最小化域的不同，并且根据源域中带标签样本是否充足可以分为有监督以及无监督学习方法。

(3)参数知识迁移。大部分基于参数的迁移学习均是以不同域的模型共享了一些参数或者是贡献了一些先验分布为前提的。

(4)相关知识迁移。这种迁移学习中源域和目标域的数据是相关的。

7.7.1.2 直推式迁移学习

直推式迁移学习的原任务和目标任务式相同的 $T_s = T_t$，目标域和源域可能相同也可能不同。

它又可以被分为：

(1)特征空间不同 $x_s \neq x_t$。

(2)特征空间相同，但边缘概率分布不同 $P(X_s) \neq P(X_t)$。

直推式迁移学习仍然包括实例知识迁移学习以及特征知识迁移，这种情况多是在无监督学习模型中进行的。

7.7.1.3 无监督迁移学习

无监督迁移学习的原任务和目标任务式不相同，$T_s \neq T_t$，且目标域数据以及源域数据都没有标签。例如，最近提出的 self-taught clustering、TDA 属于无监督迁移学习，且这些无监督特征学习只存在特征知识迁移。

7.7.2 TrAdaBoost 算法

TrAdaBoost 算法是归纳迁移学习中的基于特征迁移的开山之作，由戴文渊(2009)提出，是迁移学习中十分有影响力的算法之一。

该算法的基本思想是从源域数据中筛选有效数据，过滤掉与目标域不匹配的数据，通过 Boosting 方法建立一种权重调整机制，增加有效数据权重，降低无效数据权重，即从过期数据里面找出和目标数据最接近的样本数据。

TrAdaBoost 的算法步骤如下：

输入两个训练数据集 T_a 和 T_b，一个未标注的测试数据集 S，一个基本分类算法 Learner，以及迭代次数 N。

(1)初始权重向量 $w^1 = (w_1^1, \cdots, w_{n+m}^1)$，其中，$w_i^1 = \begin{cases} \dfrac{1}{n}, & i = 1, \cdots, n \\ \dfrac{1}{m}, & i = n+1, \cdots, n+m \end{cases}$。

(2)设置 $\beta = 1/(1 + \sqrt{2\ln\dfrac{n}{N}})$。

当 $t = 1, \cdots, N$ 时：

(1)设置 p^t 满足 $p^t = \dfrac{w^t}{\sum_{i=1}^{n+m} w_i^t}$。

(2)调用 Learner，根据合并后的训练数据 T 以及 T 上的权重分布 p^t 和未标注数据 S，得到一个在 S 的分类器 $h_t : X \mapsto Y$。

(3)计算 h_t 在 T_b 上的错误率，如式(7-18)所示。

$$\varepsilon_t = \sum_{i=n+1}^{n+m} \dfrac{w_i^t |h_t(x_i) - c(x_i)|}{\sum_{i=n+1}^{n+m} w_i^t} \tag{7-18}$$

(4)设置 $\beta_t = \dfrac{\varepsilon_t}{1 - \varepsilon_t}$。

(5)设置新的权重向量，如式(7-19)所示。

$$w_i^{t+1} = \begin{cases} w_i^t \beta^{|h_t(x_i) - c(x_i)|}, & i = 1, \cdots, n \\ w_i^t \beta_t^{-|h_t(x_i) - c(x_i)|}, & i = n+1, \cdots, n+m \end{cases} \tag{7-19}$$

输出最终分类器，如式(7-20)所示：

$$h_f(x) = \begin{cases} 1, & \sum_{t=\lceil N/2 \rceil}^{N} \ln(1/\beta_t) h_t(x) \geqslant \sum_{t=\lceil N/2 \rceil}^{N} \ln(1/\beta_t) \\ 0, & \text{others} \end{cases} \tag{7-20}$$

关于权重的更新方式，对于辅助样本来讲，预测值和标签越接近，权重越大；而对于目标数据则是相反，预测值和标签差异越大，权重越大。这种策略不难理解，要想找到辅助样本中和目标数据分布最接近的样本，同时放大目标样本不匹配的影响，那么理想的结果就是目标样本预测值与标签尽量匹配(不放过一个没匹配好的数据)，辅助样本在前面的基础上筛选出最匹配(权重大的)的部分。

证明算法收敛的公式如式(7-21)、式(7-22)所示：

$$\dfrac{L_d}{N} \leqslant \min_{1 \leqslant i \leqslant n} \dfrac{L(x_i)}{N} + \sqrt{\dfrac{2\ln n}{N}} + \dfrac{\ln n}{N} \tag{7-21}$$

$$\lim_{N \to \infty} \dfrac{\sum_{t=\lceil N/2 \rceil}^{N} \sum_{i=1}^{n} p_i^t l_i^t}{N - \lceil N/2 \rceil} = 0 \tag{7-22}$$

可见，在每一轮的迭代中，如果一个辅助训练数据被误分类，这个数据可能和源训练数据是矛盾的，那么我们就可以降低这个数据的权重。具体来说，就是给数据乘上一个 $\beta^{|h_t(x_i) - c(x_i)|}$，其中的 β 值在 0 到 1 之间，所以在下一轮的迭代中，被误分类的样本就会比上一轮少影响分类模型一些，在若干次以后，辅助数据中符合源数据的那些数据会拥有更高的权重，而那些不符合源数据的权重会降低。极端的一种情况是，辅助数据被

全部忽略,训练数据就是源数据 T_b,这样这时候的算法就成了 AdaBoost 算法了。在计算错误率的时候,当计算得到的错误率大于 0.5 时,需要将错误率重置为 0.5。

TrAdaBoost 算法在源数据和辅助数据具有很多的相似性的时候可以取得很好的效果,但是算法也有不足,如果开始的时候辅助数据中的样本噪声比较多,迭代次数控制得不好,这样都会加大训练分类器的难度。

7.8 Python 算法的实现

7.8.1 用 SVM 对玄武岩进行分类

SVM 在地学中用来做分类判别,例如,岩性分类、构造分类等。在训练样本少并且存在异常值时,使用 SVM 的效果比较好。

下面对玄武岩的大地构造背景进行分类,如代码 7-1 所示。

代码 7-1 利用 SVM 对玄武岩的大地构造背景进行分类

| In[1]: | ```
import pandas as pd
from sklearn.svm import SVC
from sklearn.metrics import classification_report
from sklearn.model_selection import train_test_split
from sklearn.preprocessing import StandardScaler
basalt = pd.read_csv('./basalt.csv')
##将数据和标签拆开
df1 = basalt.iloc[:, 5:]
##自定义离差标准化函数
def MinMaxScale(data):
    data = (data - data.min())/(data.max() - data.min())
    return data
basalt_data = MinMaxScale(df1)
basalt_target = basalt.iloc[:, 0]

##划分训练集,测试集
basalt_train, basalt_test, basalt_target_train, basalt_target_test = \
train_test_split(basalt_data, basalt_target, train_size = 0.8, random_state = 42)
##标准化
stdScaler = StandardScaler().fit(basalt_train)
basalt_std_train = stdScaler.transform(basalt_train)
basalt_std_test = stdScaler.transform(basalt_test)
##建模
``` |
```

续上表

	svm_basalt = SVC( ). fit(basalt_std_train, basalt_target_train) print('建立的 SVM 模型为:',' \ n', svm_basalt) basalt_target_pred = svm_basalt. predict(basalt_std_test) print('basalt 数据集的 SVM 分类报告为： \ n', classification_report(basalt_target_test, basalt_target_pred))
Out[1]:	basalt 数据集的 SVM 分类报告为: precision recall f1 - score support ARCHEAN CRATON 0.85 0.77 0.81 44 COMPLEX VOLCANIC SETTINGS 0.00 0.00 0.00 1 CONTINENTAL FLOOD BASALT 0.72 0.70 0.71 92 CONVERGENT MARGIN 0.81 0.83 0.82 132 INTRAPLATE VOLCANICS 0.83 0.86 0.84 229 OCEAN ISLAND 0.74 0.85 0.79 60 OCEANIC PLATEAU 0.70 0.83 0.76 53 RIFT VOLCANICS 1.00 0.36 0.53 14 SEAMOUNT 1.00 0.20 0.33 15 SUBMARINE RIDGE 1.00 0.33 0.50 3 avg / total 0.80 0.79 0.78 643

分类模型对测试集进行预测而得出的准确率并不能很好地反映模型的性能，为了有效判断一个预测模型的性能表现，需要结合真实值，计算出精确率、召回率、$F1$ 值和 Cohen's Kappa 系数等指标来衡量。

常规分类模型的评价指标如表 7 - 8 所示。

表 7 - 8 分类模型评价指标

方法名称	最佳值	sklearn 函数
Precision(精确率)	1.0	metrics. precision_score
Recall(召回率)	1.0	metrics. recall_score
$F1$ 值	1.0	metrics. f1_score
Cohen's Kappa 系数	1.0	metrics. cohen_kappa_score
ROC 曲线	最靠近 y 轴	metrics. roc_curve

表 7 - 9 中的分类模型评价方法前 4 种都是分值越高越好，其使用方法基本相同。

7.8.2 决策树

使用 Scikit-Learn 建立基于信息熵的决策树模型,如代码 7-2 所示。

代码 7-2 决策树算法预测地质灾害易发性

In[1]:	```
	import pydotplus
	import pandas as pd
	from sklearn.tree import export_graphviz
	from sklearn.tree import DecisionTreeClassifier as DTC
	#参数初始化
	data = pd.read_excel('./地质灾害易发评价数据集.xls', index_col = u'序号') #导入数据
	#数据是类别标签,要将它转换为数据
	#用 1 来表示"好""是""高"这 3 个属性,用 -1 来表示"坏""否""低"
	data[data == '强'] = 1
	data[data == '富水强'] = 1
	data[data == '易发'] = 1
	data[data != 1] = -1
	x = data.iloc[:,:3].as_matrix().astype(int)
	y = data.iloc[:, 3].as_matrix().astype(int)
	dtc = DTC(criterion = 'entropy') #建立决策树模型,基于信息熵
	dtc.fit(x, y) #训练模型
	#导入相关函数,可视化决策树。
	#导出的结果是一个 dot 文件,需要安装 Graphviz 才能将它转换为 pdf 或 png 等格式。
	with open("tree.dot", 'w') as f:
	    f = export_graphviz(dtc, feature_names = data.columns, out_file = f)
	graph = pydotplus.graph_from_dot_data(f)
	#保存图像到 pdf 文件
	graph.write_pdf("地质灾害易发评价.pdf")
	``

生成的结果图等价于图 7-9。

7.8.3 利用人工神经网络对玄武岩进行分类

Python 中比较好的神经网络算法库是 Keras,这是一个强大而容易使用的深度学习算法库。

与逻辑回归类似,此处仍然对板内火山岩进行分类与预测,其 Python 代码如代码 7-3 所示。

代码 7-3　神经网络算法预测构造背景

```
import pandas as pd
import matplotlib.pyplot as plt
from keras.models import Sequential
from keras.layers.core import Dense, Activation
#参数初始化
basalt = pd.read_csv('./basalt.csv')

#浏览数据集
print(basalt.head())
data = basalt.drop(basalt.columns[1:5], axis = 1)
data.loc[data['TECTONIC SETTING'] == 'INTRAPLATE VOLCANICS', 'TECTONIC SETTING'] = 1
data.loc[data['TECTONIC SETTING'] != 1, 'TECTONIC SETTING'] = 0
df1 = data.iloc[:, 1:11]
def MinMaxScale(data):
    data = (data - data.min())/(data.max() - data.min())
    return data
df2 = MinMaxScale(df1)
x = df2.values
y = data.iloc[:, 0].values

model = Sequential() #建立模型
model.add(Dense(input_dim = 10, output_dim = 10))
model.add(Activation('relu')) #用 relu 函数作为激活函数,能够大幅提供准确度
model.add(Dense(input_dim = 10, output_dim = 1))
model.add(Activation('sigmoid')) #由于是 0-1 输出,用 sigmoid 函数作为激活函数

model.compile(loss = 'binary_crossentropy', optimizer = 'adam')
#另外,常见的损失函数还有 mean_squared_error、categorical_crossentropy 等,请阅读帮助文件。
#求解方法我们指定用 adam,还有 sgd, rmsprop 等可选

model.fit(x, y, nb_epoch = 1000, batch_size = 10) #训练模型,学习一千次
yp = model.predict_classes(x).reshape(len(y)) #分类预测
#自定义混淆矩阵可视化函数
def cm_plot(y, yp):
    from sklearn.metrics import confusion_matrix #导入混淆矩阵函数
    cm = confusion_matrix(y, yp) #混淆矩阵
```

续上表

|  | ```
plt.matshow(cm, cmap = plt.cm.Greens) #画混淆矩阵图，配色风格使用
cm.Greens，更多风格请参考官网。
    plt.colorbar() #颜色标签
    for x in range(len(cm)): #数据标签
        for y in range(len(cm)):
            plt.annotate(cm[x, y], xy = (x, y), horizontalalignment = 'center', verticalalignment = 'center')
    plt.ylabel('True label') #坐标轴标签
    plt.xlabel('Predicted label') #坐标轴标签
    return plt
cm_plot(y, yp).show() #显示混淆矩阵可视化结果
cm_plot(y, yp).savefig('./混淆矩阵.png')
``` |
|--|--|

运行上面的代码，可以得到下面的混淆矩阵图，如图7-19所示。

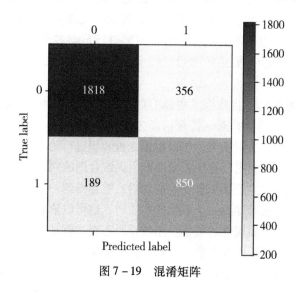

图7-19 混淆矩阵

可以看出，检测样本为3213个，预测正确的个数为2668个，预测准确率为83.04%，预测准确率与逻辑回归的82.30%不分伯仲。
```

第8章 贝叶斯原理与人工智能地质学

贝叶斯原理，早在18世纪，就由英国数学家Thomas Bayes(1702—1761)提出。后来，法国数学家Pierre-Simon Laplace(1749—1827)再次独立地发现它，因此，它又被称为贝叶斯-拉普拉斯方法。该方法的数学原理很容易理解，但就是它构成了当今世界大数据、人工智能、邮件过滤、人工智能地质学的基础。

8.1 贝叶斯原理

从统计观点看，对数据信息进行挖掘，有经典统计和贝叶斯-拉普拉斯两类不同的思路。

经典统计着重频率统计，它强调，只要反复观察一个可重复的现象，直到积累了足够多的数据，就能从中推断出有意义的规律，揭示一切现象产生的原因。从理论上讲，它既不需要构建模型，也不需要默认条件，只要进行足够多次的测量，隐藏在数据背后的原因就会自动揭开面纱。如果数据量足够大，人们完全可以通过直接研究这些样本来推断总体的规律。

但当存在着大量数据，且数据又可能有各种各样的错误和遗漏的时候，如何才能从中找到真实的规律。这是贝叶斯-拉普拉斯方法关注的问题。

贝叶斯-拉普拉斯方法则认为，可以根据先验知识进行的主观判断，即在人类认识事物不全面的情况下，可以利用已有经验帮助做出大致合理的判断、决策，以后如有客观的新信息、新数据更新最初关于某个事物的信念后，就会得到一个新的、改进了的信念。这就是说，当一个人不能准确知悉一个事物的本质时，他可以依靠与事物特定本质相关的事件出现的多少去判断其本质属性的概率。用数学语言表达就是：支持某项属性的事件发生得愈多，则该属性成立的可能性就愈大。与经典统计学方法不同，贝叶斯-拉普拉斯方法建立在主观判断的基础上，先估计一个值，然后根据客观事实不断修正。

贝叶斯-拉普拉斯方法的数学表达是：

$$P(A/B) = P(A/B) \times \frac{P(A)}{P(B)}$$

该公式中，$P(A)$是先验概率，$P(A/B)$是后验概率，表示在以后B事件发生的条件下A事件发生的条件概率。

贝叶斯-拉普拉斯公式隐含下列思想："大胆假设，小心求证""不断试错，快速迭代"。先验概率(初始状态)的重要性已经不是最重要，即使最初选择不理想，只要根据新情况不断进行调整，仍然可以取得成功。一个人完全可以按照自己的想法弄个粗放的原型出来，然后充分利用大数据和互联网的力量，让新数据加入进来帮助它快速迭代，逐渐使模型变得越来越完善。大数据时代获得信息的成本越来越低，社会也变得更加开放和包容，因此，贝叶斯-拉普拉斯方法的威力是很猛的，只需要一个人对新鲜事物保持开放的心态，愿意根据新信息对自己的策略和行为进行调整。

8.2 人工智能

人工智能通常需要从大量的数据中进行学习。现实中的数据是巨量的、指数式增加的，且除结构化数据外，更多的是非结构化和半结构化的数据，如图片、音频、视频和文本。这需要对多源、异构、动态、海量的非（半）结构化数据快速有效地转化为能被分析决策利用的结构化信息（知识）。依托大数据处理的人工智能普遍存在如下问题：如何有序接纳多源异构、类型繁多的资料？如何高效组织规模海量、时空密集的数据？如何智能提纯结构清晰、关系明确的信息？如何快速驾驭在线实时、自适应强的计算？

2015年，*Science*杂志封面刊登一篇人工智能论文：3名分别来自麻省理工学院、纽约大学和多伦多大学的研究者开发了一个"只看一眼就会写字"的计算机系统。人们只需向这个系统展示一个来自陌生文字系统的字符，它就能很快学到精髓，像人一样写出来，甚至还能写出其他类似的文字——更有甚者，它还通过了图灵测试，人们很难区分一些图中的字符是人类的还是机器的作品。而这个系统采用的方法就是一种基于贝叶斯公式的方法——贝叶斯程序学习（Bayesian program learning）。

心理学家证明，贝叶斯方法是儿童运用的思考方法，甚至有使科学家思考，人类的大脑结构就是一个贝叶斯网络，贝叶斯公式是人类在没有充分或准确信息时最优的推理结构，为了提高生存效率，进化会向这个模式演进。

具有真正智能意义的贝叶斯革命首先来自于自然语言处理领域。自然语言自动处理要让计算机代替人来翻译语言、识别语音、认识文字和进行海量文献的自动检索。

语音和语言处理大师Fred Jelinek率先成功利用数学方法解决自然语言处理问题。他认为，语音识别就是根据接收到的一个信号序列，推测说话人实际发出的信号序列（说的话）和要表达的意思。一般情况下，一个句子中的每个字符都跟它前面的所有字符相关，这样公式中的条件概率计算就非常复杂，难以实现。他为了简化问题，做了两个假设：①人说的句子是一个马尔科夫链，句子中的每个字符都只由它前一个字符决定；②独立输入假设，就是每个接受的字符信号只由对应的发送字符决定。这样他把语音识别问题转化为一个通信问题，并进一步可以简化为用贝叶斯公式处理的数学问题。

更加可贵的是，这种语音识别系统不但能够识别静态的词库，而且对词汇的动态变化具有很好的适应性，即使是新出现的词汇，只要这个词汇已经被大家高频使用，用于训练的数据量足够多，系统就能正确地识别。这反映出贝叶斯公式对新增加知识（数据）变化的高度敏感，对增量信息有非常好的适应能力。

科学家对自然语言处理方面的成功，开辟了一条全新的人工智能问题解决路径：原来看起来非常复杂的问题可以用贝叶斯公式转化为简单的数学问题；可以把贝叶斯公式和马尔科夫链结合以简化问题，使计算机能够方便求解，从实践看来它非常有效；将大量观测数据输入模型进行迭代——也就是对模型进行训练，就可以得到希望的结果。

随着计算能力的不断提高、大数据技术的发展，原来手工条件下看起来不可思议的进行模型训练的巨大工作量变得很容易实现，它们使贝叶斯公式巨大的实用价值体现出来。

8.3 智能矿床成矿与找矿模型

依托贝叶斯原理开发的语音识别系统对构建依托大数据的智能矿床成矿与找矿模型具有很强的启迪意义（周永章等，2017）。

矿床地质学家可以利用贝叶斯网络自动揭示矿床的成因机制及它们背后的规律。美国数学家朱迪亚珀尔在20世纪80年代证明，贝叶斯网络可以用来有效揭示复杂现象背后的成因，把错综复杂的事件梳理清楚。

不仅矿床成因，龙卷风的形成、星系的起源、致病基因、大脑的运作机制等，要揭示隐藏在它们背后的规律，就必须理解它们的成因网络，把错综复杂的事件梳理清楚。由于经典统计学失效，科学家别无选择，必须从众多可能奏效的法则中选择一些可以信任的，并以此为基础建立理论模型。为了能做出这样的选择，为了能在众多可能性中确定他们认为最为匹配的，科学家过去多少是依靠直觉来弥补数据上的缺失和空白。而贝叶斯公式正好以严谨的数学形式帮他们实现了这一点。科学家把所有假设与已有知识、观测数据一起代入贝叶斯公式，就能得到明确的概率值。而要破译某种现象的成因网络，只需将公式本身也结成网络，即贝叶斯网络，它是贝叶斯公式和图论结合的产物。

贝叶斯网络操作思路如下：如果一个人不清楚一个现象的成因，那首先可以根据他认为最有可能的原因来建立一个模型，然后把每个可能的原因作为网络中的节点连接起来，根据已有的知识、他的预判或者专家意见给每个连接分配一个概率值（先验概率）。接下来，只需要向这个模型代入观测数据，通过网络节点间的贝叶斯公式重新计算出概率值。为每个新数据、每个连接重复这种计算，直到形成一个网络图，任意两个原因之间的连接都得到精确的概率值为止。即使实验数据存在空白或者充斥噪声和干扰信息，不懈追寻各种现象发生原因的贝叶斯网络依然能够构建出各种复杂现象的模型。

贝叶斯网络是马尔可夫链的推广，它给复杂问题提供了一个普适性的解决框架。与马尔可夫链类似的是，贝叶斯网络中每个节点的状态值取决于其前面的有限个状态，不同的是，贝叶斯网络不受马尔可夫链的链状结构的约束，因此，可以更准确地描述事件之间的相关性。为了确定各个节点之间的相关性，需要用已知数据对贝叶斯网络进行迭代和训练。

贝叶斯网络是成因建模的一个革命性工具。贝叶斯公式的价值在于，当观测数据不充分时，它可以将专家意见和原始数据进行综合，以弥补测量中的不足。人类的认知缺陷越大，贝叶斯公式的价值就越大。

贝叶斯网络一般需要通过超级计算才能有解，并且随着数据的不断积累，所建立的成因模型才会越来越完善。由于网络结构比较复杂，基于冯·诺依曼结构的计算机很难解决这种 NP(non-deterministic polynomial)复杂度的问题。但对于一些具体的应用，可以根据实际情况对网络结构(采用网络拓扑的图同构技术)和训练过程进行简化，使它在计算上可行。人们期望，量子计算机开发成功，以能够完全解决其计算问题。到那时，贝叶斯公式在大数据、人工智能处理中发挥的作用是无法想象的。

上述可以作为构建依托大数据处理的具有人工智能的矿床成矿与找矿模型的方向。

8.4 基于大数据智能鉴定矿物岩石实验

人工智能地质学可以有复杂的形式，基于大数据智能鉴定矿物岩石是其中比较简单的一个案例(周永章等，2018；徐述腾，2018)。

基于大数据智能鉴定矿物岩石的主要做法是，将计算机视觉技术和深度卷积神经网络理论，运用于岩石矿物镜下照片的分类与识别中，通过建立岩石矿物镜下深度学习迁移模型，实现镜下矿石矿物图片中矿物的自动识别与分类。

在实验中，选用了谷歌公司开发的 Tensorflow 深度学习系统。

8.4.1 标本来源

矿石标本选自吉林夹皮沟金矿和河北石湖金矿。

夹皮沟金矿的矿石以含金硫化物石英脉原生矿石为主，伴有少量蚀变矿石和砂金矿。含金硫化物矿石由于硫化物矿物组合不同而表现出多样性，主要为含金黄铁矿矿石，次为含金黄铁矿黄铜矿矿石、含金黄铁矿方铅矿矿石、方铅矿矿石、黄铜矿方铅矿矿石等含金多金属硫化物矿石。矿石金属矿物主要包括黄铁矿、黄铜矿和方铅矿，其次为少量闪锌矿、磁铁矿、黑钨矿、白钨矿、黝铜矿、菱铁矿，偶见辉银矿、辉铋矿、辉钼矿、含铋硫盐等。金赋存状态主要以自然金为主，见少量银金矿，偶见银碲金矿和碲金矿。

石湖金矿矿石中硫化物主要有黄铁矿、方铅矿、黄铜矿、闪锌矿等，其次氧化物褐铁矿、赤铁矿、孔雀石等。载金的金属矿物主要是黄铁矿。黄铜矿多分布在闪锌矿中，以固溶体形式存在。金的赋存状态以自然金为主，银金矿含量较少，大部分金以裂隙金、粒间金和包裹金赋存在黄铁矿、闪锌矿、黄铜矿及方铅矿中。自然金粒径一般在 0.01～0.3 mm，呈粒状或不规则状。

图 8-1 和 8-2 分别是吉林夹皮沟金矿和石湖金矿的镜下照片。

夹皮沟金矿黄铁矿分布在成矿阶段的各个时期，早期黄铁矿被方铅矿(具有明显的黑三角)及闪锌矿穿切；黄铜矿呈固溶体形式分布在闪锌矿中。成矿中期黄铁矿，呈立方体晶、立方体-长方体聚形晶如图 8-1a 所示，颗粒较大，可见生长在黄铁矿边部及石英裂隙间的自然金、银金矿等如图 8-1b 所示，黄铁矿内部含少量方铅矿、闪锌矿及毒砂等矿物。黄铜矿-闪锌矿固溶体，黄铜矿分布在闪锌矿颗粒内部如图 8-1c 所示。多金属硫化物中闪锌矿、方铅矿切穿早期形成的黄铁矿颗粒，方铅矿具有明显的"黑三角"，闪锌矿中可见黄铜矿固溶体如图 8-1d 所示。

图 8-1 吉林夹皮沟金矿镜下照片

（Py-黄铁矿、Gn-方铅矿、Ccp-黄铜矿、Sp-闪锌矿、Au-金矿）

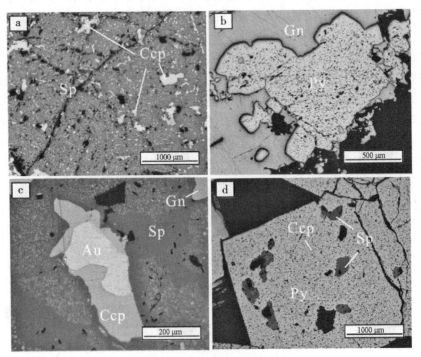

图 8-2 石湖金矿镜下照片

（Py-黄铁矿、Gn-方铅矿、Ccp-黄铜矿、Sp-闪锌矿、Au-金矿）

石湖金矿中,黄铜矿常常呈固溶体形式出现在闪锌矿内部,如图8-2a所示。方铅矿也是重要的载银矿物,在矿石中不均匀分布,致密块状,他形,多与黄铁矿共生如图8-2b所示。黄铜矿为重要的含金、银矿物,多呈乳滴状、细脉状分布在闪锌矿、方铅矿及黄铁矿内,少数分布在脉石矿物中,部分被蓝铜矿交代,图8-2c中可见金分布在黄铜矿内部。黄铁矿是石湖金矿中的主要载金矿物,呈带状、网脉状分布在矿石中,多数黄铁矿形状不规则,少数呈半自形粒状,如图8-2d所示,黄铁矿颗粒内常常分布黄铜矿、闪锌矿等细小矿物颗粒。

8.4.2 实验预处理

在输入图像数据之前,对镜下的照片进行预处理。

镜下照片采集。在采集镜下矿物照片过程中,尽可能多地收集训练样本照片,样本涵盖尽可能多的类型。本实验选用的照片来自几个不同的区域以及不同参数的镜下拍摄。如图8-3所示。在训练集中加入不同参数拍摄的镜下照片,可以使机器在深度学习的过程中通过调节权重的方式来减少设备和人为等因素带来的干扰。

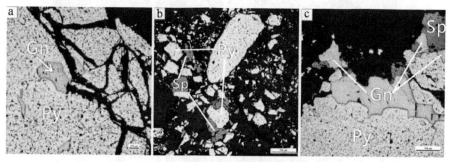

图8-3 不同地区采集的黄铁矿样本镜下照片
(Py-黄铁矿、Gn-方铅矿、Sp-闪锌矿)

图像的人工标注。在样本图像集收集以后,进行图像参数统一调节及图像分割标注。这时候用到了Photoshop等图片编辑软件来对镜下岩石照片中不同的矿物进行标注。如图8-4所示。

在实验中,使用红、绿、蓝、白4种颜色分别对镜下岩石照片中的黄铁矿、黄铜矿、方铅矿和铅锌矿进行了人工标注。对于这4种以外的其他暗色矿物及实验中不涉及识别的其他矿物未做标记。

数据增强。人工神经网络的学习依赖于大量的训练数据,训练集中照片质量好坏及训练集样本数量的多少都会对神经网络的性能和泛化能力起着至关重要的作用。在实验中,应用了图像的镜面翻转和随机裁剪等数据增强方法。

利用镜面翻转是对原始图像进行上下和左右翻转。在对应的像素点数据矩阵中,如果对图像进行上下翻转,则表现为上下镜面翻转操作后所有的像素点所对应的纵坐标都与原始图像中被对应像素点的纵坐标关于此图像的水平中心线对称。同理,左右翻转即是左右镜面翻转操作后所有的像素点所对应的横坐标都与原始图像中被对应像素点的横坐标关于此图像的垂直中心线对称。如图8-5所示。

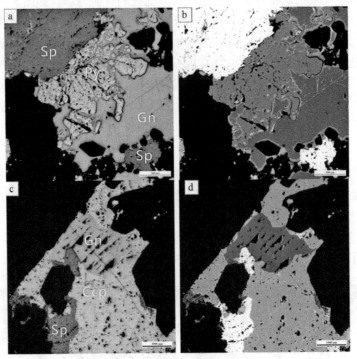

图 8-4 图像的人工标注
(Py-黄铁矿、Gn-方铅矿、Ccp-黄铜矿、Sp-闪锌矿)

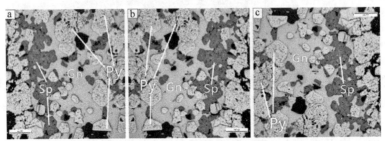

图 8-5 图像的镜面翻转
(Py-黄铁矿、Gn-方铅矿、Ccp-黄铜矿、Sp-闪锌矿)

如图 8-5 所示，b 图为原始数据图，a 图和 c 图则分别对原始图像进行左右镜面翻转和上下镜面翻转的结果。虽然这 3 幅图像产生的视觉效果，仍然属于同一种类别，但是在图像像素点矩阵中，它们对应的像素点位置数值却发生了变化。将这 3 张都作为图像数据输入模型，在算法的学习过程中，就有了 3 个不同的像素点数据矩阵，因而实现了数据增强的效果，扩充原始图像数据集。

利用随机裁剪，对图像进行随机的局部裁剪，以得到更多的图像数据从而达到数据增强的目的。参考前人研究，在人工神经网络的训练过程中，一副 1080×1080 的图像可以被随机裁剪出多幅 256×256 的局部图像，这样既可以得到大量的数据增强的图像数据。

为了尽可能地避免重叠，对裁剪进行设定，分别在图像的 4 个角落及中心处进行裁剪。如图 8-6 所示，a 图为通过随机裁剪的方式对 b 图进行局部放大和随机裁剪的结果。

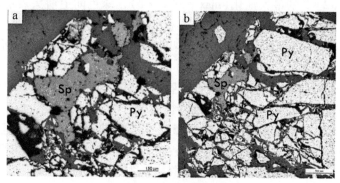

图 8-6 图像的随机裁剪
（Py-黄铁矿、Sp-闪锌矿）

其他图像增强的方法还有图像的平移变化、图像的噪声抖动、图像的颜色抖动等。它们的基本原理都是运用简单的图像处理方式，在不改变图像所属类别的情况下，使输入图像的像素位置发生变化，从而创造出更多的输入图像数据，实现图像增强的目的。

使用上述图像增强的方式，实验使得原来 150 张的原始图像数据经过图像增强后得到 9000 多张，极大地扩充了训练集中的输入图像数量。

8.4.3 实验设计

针对黄铁矿下岩石图像的特点，实验在已有的 VGG 模型、inception 模型和 resnetm 模型的基础上，设计了如图 8-7 所示的模型结构。

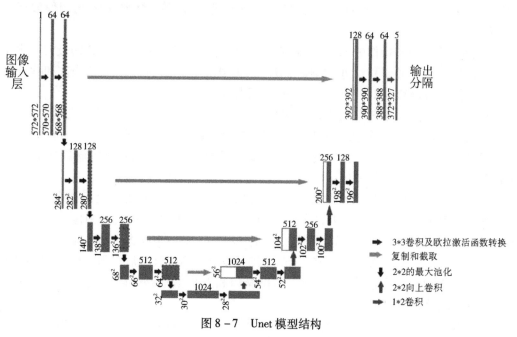

图 8-7 Unet 模型结构

在该结构中一共涉及5种操作。其中，紫色向右箭头为3*3卷积操作(conv3*3)和欧拉激活函数(ReLU)转换；灰色向右箭头为图像复制(copy)和截取(crop)操作；红色向下箭头表示2*2的最大池化(max pool 2*2)，绿色向上箭头表示2*2的上卷积(up-conv2*2)，蓝色箭头表示1*1的卷积(conv1*1)。

该模型的岩石矿物自动识别和鉴定框架的构建与训练所对应的框架层次的具体解释如下：

Step1：在输入层中直接将原始岩石矿物图像数据输入网络进行训练，并将原始岩石矿物镜下照片转换为572*572大小的特征图像。

Step2：输入层在接收到原始的572*572岩石数据图像之后传播至第一个卷积层，然后经过两层的3*3卷积操作(乘以一个权重w再加上一个偏置b)和欧拉激活函数转换之后变成64幅568*568大小的特征图像。在进入Step3的同时，部分特征图像被截取为64个392*392大小的特征图像至Step10。

Step3：将上一步中64副568*568大小的特征图像进行2*2的最大池化操作得到64个248*248大小的特征图像。然后，再经过两层的3*3卷积操作和欧拉激活函数转换之后变成128副280*280大小的特征图像。再进入Step4的同时，部分特征图像被截取为Step9中的256个200*200大小的特征图像。

Step4：将经过上一层操作处理的特征图像进行2*2的最大池化操作得到128个140*140大小的特征图像，然后再将图像数据进行两层的3*3卷积操作和欧拉激活函数转换之后变成512个64*64大小的特征图像，然后部分特征图像被截取为1024个56*56大小的特征图像至Step8。

Step5：将上层中处理过的特征图像进行2*2的最大池化操作得到256个68*68大小的特征图像，再将图像数据进行两层的3*3卷积操作和欧拉激活函数转换之后变成512个64*64大小的特征图像，部分特征图像被截取为1024个56*56的图像数据至Step7。

Step6：将上一步操作中512个64*64大小的特征图像经过一次2*2的最大池化操作之后得到512个32*32大小的图像数据。然后再经过两层的3*3卷积操作和欧拉激活函数转换之后得到1024个8*8大小的特征图像。

Step7：经过上一层操作处理的图像数据经过2*2的上卷积处理之后与经过Step5中图像复制与截取处理得到的1024个56*56的图像数据共同得到1024个56*56大小的图像数据，并在此基础上再经过两层3*3卷积操作和欧拉激活函数转换之后得到512个52*52大小的特征图像。

Step8：512个52*52大小的特征图像经过2*2的向上卷积处理之后结合Step4中图像复制与截取处理得到的结果共同组成512个104*104大小的特征图像。再经过两层3*3卷积操作和欧拉激活函数转换之后得到256个100*100大小的特征图像。

Step9：先经过向上卷积处理和Step3中图像复制与截取处理后得到256个200*200大小的特征图像，然后经过两层3*3卷积操作和欧拉激活函数转换之后得到128个196*196大小的特征图像。

Step10：先经过向上卷积处理和Step2中图像复制与截取处理后得到128个392*

392 大小的特征图像。然后，再经过两层的 3 * 3 卷积操作和欧拉激活函数转换后得到 64 个 388 * 388 大小的特征图像。最后，再将 64 * 388 * 388 个神经元节点分别与 5 层 572 * 572 个神经元节点进行全连接，最终输出为五层 572 * 572 大小的输出层，分别标记为 0 - 4，即分别代表其他矿物、黄铜矿、黄铁矿、方铅矿及闪锌矿。

模型参数设计。采用的 DCNN 模型使用小批量的随机向量下降法，动量（momentum）为 0.9，权值衰减系数为 5×10^{-4}；每次输入的小批量的 ROI（感兴趣区域）个数为 128 个；学习率初始化为 10^{-3}，每 10000 次迭代下降 20%；小批量的迭代次数为 270000 次，且每训练完一遍训练集（约 7300 次迭代），就对训练集进行一次随机重排。

实验过程设计。在实验中，将 150 张黄铁矿镜下岩石图像随机分成了 10 份，在 10 次交叉检验中，每次不重复的取出 1 份作为测试集，另外 9 份作为训练集，所有图像共生成了 968264 个 ROI。另外，本文还比较了 3 种不同的 ROI 大小。

8.4.4 实验结果

图 8-8 显示了本实验模型在训练集上的精度和损失函数的变化情况。可以看出，模型在训练过程中，随着训练次数的增加模型精度在不断增大，模型的损失函数在不断减小，在经过 3000 个批处理之后，模型精度和损失函数基本趋向稳定。

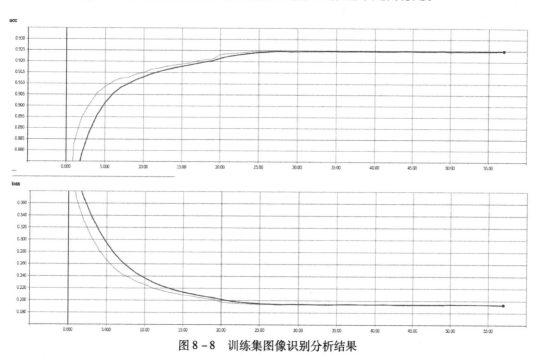

图 8-8 训练集图像识别分析结果

利用这一方法可以得到测试集照片中各像素点的分类识别概率。表 8-1 展示了训练集图像中各矿物识别准确率。

表8-1 训练集图像中各矿物识别准确率

训练集图像	分类识别概率(%)			
	黄铁矿	黄铜矿	方铅矿	闪锌矿
黄铁矿	92.846	4.815	0.364	0.572
黄铜矿	4.516	91.626	0.454	2.304
方铅矿	0.542	3.738	94.032	0.688
闪锌矿	0.762	3.258	0.035	90.247

可见,岩石矿物的镜下照片中各矿物的识别成功率均高于90%,说明建立的模型已经可以实现对不同矿物镜下特征的有效提取,并可以根据所提取特征对训练集中镜下岩石矿物图片进行一个较准确的划分。

图8-9给出了本实验模型在测试集上的评估结果。可以看出,该模型在测试集上的精度和损失函数的变化趋势与在训练集上基本一致,在大约3000个批处理之后趋向稳定。

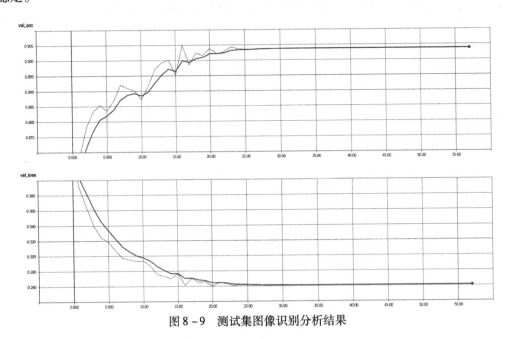

图8-9 测试集图像识别分析结果

将50张测试集照片输入卷积神经网络模型进行自动识别与分类,得到各矿物的识别结果如表8-2所示,总体识别率稳定在91.38左右,已经说明了模型具有很好的特征提取能力,并能较好地完成镜下矿物识别任务。

表8-2 测试集图像中各矿物识别准确率

测试集图像	分类识别概率/%			
	黄铁矿	黄铜矿	方铅矿	闪锌矿
黄铁矿	92.254	5.013	0.416	0.743
黄铜矿	5.468	90.674	0.754	3.429
方铅矿	0.040	0.221	93.738	3.147
闪锌矿	1.003	4.015	0.091	90.127

图8-10展示了测试准确率和交叉熵在训练过程中的变化。可见，在前5000次的训练过程中，测试准确率快速提升，之后训练准确率趋近93%并逐渐稳定；交叉熵损失在经过约20000次训练后逐渐趋于稳定。根据训练准确率及交叉熵损失变化值来看，模型的训练效果较为理想。

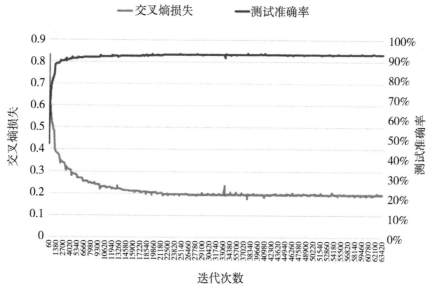

图8-10 测试准确率和交叉熵在训练过程中的变化

图8-11给出了在某些样本上模型的识别结果。图中不同的数字代表着每个像素点所标记以及识别结果的不同颜色（在实验中，同一种矿物在人工标记阶段以及识别阶段都采用的是相同的颜色），其中，数字2代表红色，即黄铁矿；数字1代表绿色，即黄铜矿；数字0代表标记之外的矿物，即代表没有被标记的其他矿物。

这里通过DCNN模型进行图像识别，尽管只针对4种镜下矿物，不算是一项复杂实验，但它在机器识别和人工智能方向的意义是非常明确、非常有价值的。

	1	2	3	4	5
30	2	2	2	2	2
31	2	2	2	2	1
32	2	2	2	1	1
33	2	2	2	1	1
34	2	2	1	1	0
35	2	1	1	1	0
36	1	1	1	0	0
37	1	1	1	1	0
38	2	1	1	1	0
39	2	2	1	1	1
40	2	2	2	1	1
41	2	2	2	2	1

图 8-11　矿物图像标记示例

附录 I　Python 入门

Python 是一门简单易学且功能强大的编程语言。它拥有高效的高级数据结构,并且能够用简单而又高效的方式进行面向对象编程。Python 优雅的语法和动态类型,再结合它的解释性,使其在大多数平台的许多领域成为编写脚本或开发应用程序的理想语言。

从应用实践看,它能够完成 Matlab 能够做的所有事情,而且大多数情况下,同样功能的 Python 代码会比 Matlab 代码更加简洁、易懂;它还能够完成很多 Matlab 不能做的事情,比如,开发网页、开发游戏、编写爬虫来采集数据等。

Python 被称为"胶水语言",允许把耗时的核心部分用 C/C++ 等更高效率的语言编写,然后由它来"黏合"。在大多数数据任务上,Python 的运行效率已经可以媲美 C/C++ 语言。

Python 进行数据挖掘仅仅是 Python 强大功能中的冰山一角。随着 NumPy、SciPy、Matplotlib、Pandas 等众多程序库的开发,Python 在科学领域占据着越来越重要的地位。一些编程语言的使用排行榜图显示,Python 越来越受欢迎。

1.1　搭建 Python 开发平台

Python 的官网:https://www.python.org/。

搭建 Python 开发平台,首先需要考虑选择什么操作系统,从 Windows 和 Linux 之间的选择。Python 是跨平台的语言,因此,脚本可以跨平台运行,然而不同的平台运行效率不一样,一般来说,Linux 下的速度会比 Windows 快,尤其是对于数据分析和挖掘任务。此外,在 Linux 下搭建 Python 环境相对来说容易一些,很多 Linux 发行版自带了 Python 程序,并且在 Linux 下更容易解决第三方库的依赖问题。当然,Linux 的操作门槛较高,Windows 的相对低一些。

1.1.1　Windows

在 Windows 下安装 Python 比较容易,直接到官方网站下载相应的 msi 安装包安装即可,和一般软件的安装无异。安装包还分 32 位和 64 位版本,应用者自行选择适合的版本。

1.1.2　Linux

大多数 Linux 发行版,如 CentOs、Debian、Ubuntu 等,都已经自带了 Python 2.x 的主程序,因此,并不需要额外安装。

1.1.3　Anaconda

Anaconda 是一个常用的科学计算发行版。安装 Python 核心程序只是第一步,为了实现更丰富的科学计算功能，还需要安装一些第三方的扩展库，这对于一般的读者来说可能显得比较麻烦，尤其是在 Windows 下还可能出现各种错误。现有专门将科学计算所需要的模块都编译好，然后打包以发行版的形式供用户使用。Anaconda 就是其中一个常用的科学计算发行版。

Anaconda 的特点：

(1) 包含了众多流行的科学、数学、工程、数据分析的 Python 包。
(2) 完全开源和免费。
(3) 额外的加速、优化是收费的，但对于学术用途可以申请免费的 License。
(4) 全平台支持：Linux，Windows，Mac。

推荐初级读者（尤其是 Windows 下的读者）安装此 Python 发行版。应用者只需要到官方网站下载安装包安装：http://continuum.io/downloads。

安装好 Python 后，只需要在命令窗口输入 python 就可以进入 Python 环境，如附图 1-1 是在 mac 下启动 Python 3.6.4 的界面。

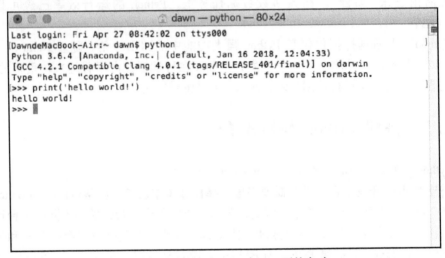

附图 1-1　Python3.6.4 在 mac 下的启动

1.2　Python 使用入门

针对本书涉及的数据挖掘案例所用到的代码进行基本讲解。

1.2.1　运行方式

本节示例代码使用的是 Python 3.6。

运行 Python 代码有两种方式，一种方式是启动 Python，然后在命令窗口下直接输入相应的命令。另外就是将完整的代码写成 .py 脚本，如 hello.py，然后通过 python hello.py 执行，如以下代码所示：

```
# hello.py
print('hello world!')
```

执行结果如附图 1-2 所示:

附图 1-2　Hello.py

在编写脚本的时候,可以添加适当的注释。在每一行中,可以用井号"#"来添加注释,例如:

```
a = 2 + 3 #这句命令的意思是将 2+3 的结果赋值给 a
```

如果注释有多行,可以在两个"'''"之间(3 个英文的单引号)添加注释内容:

```
a = 2 + 3
'''
这里是 Python 的多行注释
这里是 Python 的多行注释
'''
```

1.2.2　基本命令

1.2.2.1　基本运算

认识 Python 的第一步,可以把它当作一个方便的计算器来看待。读者可以打开 Python,试着输入以下命令:

```
a = 2
a * 2
a ** 2
```

以上是 Python 几个基本的运算,第一个是赋值运算,第二个是乘法,最后一个是幂(即 a^2)，这些基本上是所有编程语言通用的。不过 Python 支持多重赋值：

```
a, b, c = 2, 3, 4
```

这句命令相当于

```
a = 2
b = 3
c = 4
```

Python 支持对字符串的灵活操作，如：

```
s = 'I like python'
s + ' very much' #将 s 与' very much'拼接，得到'I like python very much'
s.split(' ') #将 s 以空格分割，得到列表['I', 'like', 'python']
```

1.2.2.2 判断与循环

显然判断和循环是所有编程语言的基本命令，Python 的判断语句如下：

```
if 条件 1：
    语句 2
elif 条件 3：
    语句 4
else：
    语句 5
```

需要特别指出的是，Python 一般不用花括号{ }，也没有 end 语句，它是用缩进对齐作为语句的层次标记。同一层次的缩进量要一一对应，否则报错，如下面的语句是错误的：

```
if a = = 1：
  print a #缩进两个空格
else：
   print u'a 不等于 1' #缩进三个空格
```

不管是哪种语言，正确的缩进都是一个优雅的编程习惯。

Python 的循环也相应地有 for 循环和 while 循环，如 while 循环。

```
s, k = 0
while k < 101：#该循环过程就是求 1 + 2 + 3 + … + 100
    k = k + 1
    s = s + k
print s
```

以及 for 循环：

```
s = 0
for k in range(101)：#该循环过程也是求 1 + 2 + 3 + … + 100
    s = s + k
print s
```

in 和 range 语法。in 是一个非常方便，而且非常直观的语法，用来判断一个元素是否在列表/元组中，range 用来生成连续的序列，一般语法为 $range(a, b, c)$，表示以 a 为首项、c 为公差且不超过 $b-1$ 的等差数列，如：

```
s = 0
if s in range(4)：
    print u's 在 0, 1, 2, 3 中'
if s not in range(1, 4, 1)：
    print u's 不在 1, 2, 3 中'
```

1.2.2.3　函数

Python 用 def 来自定义函数：

```
def add2(x)：
    return x + 2
print add2(1) #输出结果为 3
```

与一般编程语言不同的是，Python 的函数返回值可以是各种形式，比如，返回列表，甚至返回多个值：

```
def add2(x = 0, y = 0)：#定义函数，同时定义参数的默认值
    return [x + 2, y + 2] #返回值是一个列表
def add3(x, y)：
    return x + 3, y + 3 #双重返回
a, b = add3(1, 2) #此时 a = 4, b = 5
```

有时候，像定义 add2() 这类简单的函数，用 def 来正式地写个命名、计算和返回显得稍微有点麻烦了，Python 支持用 lambda 对简单的功能定义"行内函数"，这有点像

Matlab 中的"匿名函数":

```
f = lambda x : x + 2 #定义函数 f(x) = x + 2
g = lambda x, y: x + y #定义函数 g(x, y) = x + y
```

1.2.3 数据结构

Python 有 4 个内建的数据结构——list(列表)、tuple(元组)、dictionary(字典)以及 set(集合),它们可以统称为容器(container)。它们实际上是一些"东西"的组合而成的结构,而这些"东西",可以是数字、字符甚至是列表,或者是它们之间几种的组合。通俗地讲,容器里边是什么都行,而且容器里边的元素类型不要求相同。

1.2.3.1 列表/元组

列表和元组都是序列结构,它们本身很相似,但略有不同。

从外形上看,列表与元组的区别是,列表是用方括号标记的,如 $a = [1, 2, 3]$,而元组是用圆括号标记的,如 $b = (4, 5, 6)$,访问列表和元组中的元素的方式都是一样的,如 $a[0]$ 等于 1,$b[2]$ 等于 6,等等。前面已经谈及,容器里边是什么都行,因此,下面的定义也是成立的:

```
c = [1, 'abc', [1, 2]]
'''
c 是一个列表,列表的第一个元素是整型 1,第二个是字符串'abc',第三个是列表[1, 2]
'''
```

从功能上看,列表与元组不同的区别是,列表可以被修改,而元组不可以。比如,对于 $a = [1, 2, 3]$,那么语句 $a[0] = 0$,就会将列表 a 修改为 $[0, 2, 3]$,而对于元组 $b = (4, 5, 6)$,语句 $b[0] = 1$ 就会报错。要注意的是,如果已经有了一个列表 a,同时想复制 a,命名为变量 b,那么 $b = a$ 是无效的,这时候 b 仅仅是 a 的别名(或者说引用),修改 b 也会修改 a 的。正确的复制方法应该是 $b = a[:]$。

跟列表有关的函数是 *list*,跟元组有关的函数是 *tuple*,它们的用法和功能几乎一样,都是将某个对象转换为列表/元组,如 *list*('ab')的结果是['a', 'b'],*tuple*([1, 2])的结果是(1, 2)。附表 1-1 是一些常见的与列表/元组相关的函数:

附表 1-1 列表/元组相关的函数

函　　数	功　　能
$cmp(a, b)$	比较两个列表/元组的元素
$len(a)$	列表/元组元素个数
$max(a)$	返回列表/元组元素最大值
$min(a)$	返回列表/元组元素最小值
$sum(a)$	将列表/元组中的元素求和
$sorted(a)$	对列表的元素进行升序排序

作为对象来说，列表本身自带了很多实用的方法（元组不允许修改，因此方法很少），如附表1-2所示：

附表1-2 列表相关的方法

函　　数	功　　能
a.append(1)	将1添加到列表a末尾
a.count(1)	统计列表a中元素1出现的次数
a.extend([1,2])	将列表[1,2]的内容追加到列表a的末尾中
a.index(1)	从列表a中找出第一个1的索引位置
a.insert(2,1)	将1插入列表a的索引为2的位置
a.pop(1)	移除列表a中索引为1的元素

"列表解析"功能，能够简化对列表内元素逐一进行操作的代码，如下面的代码：

```
a = [1, 2, 3]
b = []
for i in a:
    b.append(i + 2)
```

可以简化到：

```
a = [1, 2, 3]
b = [i + 2 for i in a]
```

这样的语法更方便，而且更直观，充分体现Python语法的人性化。

1.2.3.2 字典

Python引入了"自编"这一方便的概念。从数学上来讲，它实际上是一个映射。通俗来讲，它也相当于一个列表，然而它的"下标"不再是以"0"开头的数字，而是自己定义的"键"（key）。

创建一个字典的基本方法为：

```
d = {'today': 20, 'tomorrow': 30}
```

这里的'today''tomorrow'就是字典的键，它在整个字典中必须是唯一的，而20,30就是键对应的值，访问字典中元素的方法也很直观：

```
d['today']  #该值为20
d['tomorrow']  #该值为30
```

还有其他一些比较方便的方法来创建一个字典，如通过 *dict*( ) 函数转换，或者通过 dict. fromkeys 来创建：

```
dict([['today', 20], ['tomorrow', 30]]) #也相当于{'today': 20, 'tomorrow': 30}
dict.fromkeys(['today', 'tomorrow'], 20) #相当于{'today': 20, 'tomorrow': 20}
```

字典的函数和方法很多跟列表是一样的。

1.2.3.3 集合

Python 内置了集合这一数据结构，跟数学上的集合概念基本上是一致的。它跟列表的区别在于：①它的元素是不重复的，而且是无序的。②它不支持索引。一般通过花括号{ }或者 set( ) 函数来创建一个集合：

```
s = {1, 2, 2, 3} #注意2会自动去重，得到{1, 2, 3}
s = set([1, 2, 2, 3]) #同样地，它将列表转换为集合，得到{1, 2, 3}
```

由于集合的特殊性（特别是无序性），因此集合有一些特别的运算：

```
a = t | s #t 和 s 的并集
b = t & s #t 和 s 的交集
c = t - s #求差集(项在 t 中，但不在 s 中)
d = t ^ s #对称差集(项在 t 或 s 中，但不会同时出现在二者中)
```

1.2.3.4 函数式编程

函数式编程（functional programming）或者函数程序设计，又称泛函编程，是一种编程范型。它将计算机运算视为数学上的函数计算，并且避免使用程序状态以及易变对象。简单来讲，函数式编程是一种"广播式"的编程。结合前面提到过的 lambda 定义函数，用于科学计算中，会显得特别简洁方便。

在 Python 中，函数是编程主要有几个函数的使用构成：lambda，map，reduce，filter。其中，lambda 前面已经介绍过，主要用来自定义"行内函数"。

map 函数。假设有一个列表 $a = [1, 2, 3]$，要给列表中的每个元素都加 2 得到一个新列表，利用前面已经谈及过的"列表解析"，可以这样写：

```
b = [i + 2 for i in a]
```

而利用 *map* 函数可以这样写：

```
b = map(lambda x: x + 2, a)
b = list(b) #结果是[3, 4, 5]
'''
```

在 3.x 需要 b = list(b) 这一步，在 2.x 不需要这步，原因是在 3.x 中，map 函数仅仅是创建一个待运行的命令容器，只有其他函数调用它的时候才返回结果。
'''

也就是说，首先定义一个函数，然后再用 map 命令将函数逐一应用到(map)列表中的每个元素，最后返回一个数组。map 命令也接受多参数的函数，如 map(lambda x, y: $x*y$, a, b)表示将 a, b 两个列表的元素对应相乘，把结果返回新列表。

map 命令本质上还是 for 命令，而 Python 的 for 命令效率并不高，而 map 函数实现了相同的功能，并且效率更高。它的循环命令是 C 语言速度的。

reduce，它有点像 map，但 map 用于逐一遍历，而是 reduce 用于递归计算。先给出一个例子，这个例子可以算出 n 的阶乘：

```
reduce(lambda x, y: x * y, range(1, n + 1))
```

其中，range(1, $n+1$)相当于给出了一个列表，元素是 $1\sim n$ 这 n 个整数。lambda x, y: $x*y$ 构造了一个二元函数，返回两个参数的乘积。reduce 命令首先将列表的头两个元素作为函数的参数进行运算，然后将运算结果与第三个数字作为函数的参数，然后再将运算结果与第四个数字作为函数的参数，依此递推，直到列表结束，返回最终结果。如果用循环命令，可以写成：

```
s = 1
for i in range(1, n + 1):
    s = s * i
```

filter，是一个过滤器，用来筛选出列表中符合条件的元素，如

```
b = filter(lambda x: x > 5 and x < 8, range(10))
b = list(b) #结果是[6, 7]，在 3.x 需要 b = list(b)这一步，在 2.x 不需要这步，理由同 map
```

使用 filter 首先需要一个返回值为 bool 型的函数，如上述的 lambda x: x > 5 and x < 8 定义了一个函数，判断 x 是否大于 5 且小于 8，然后将这个函数作用到 range(10) 的每个元素中，如果为 True，则"挑出"那个元素，最后将满足条件的所有元素组成一个列表返回。

当然，上述 filter 语句，可以用列表解析写为

```
b = [i for i in range(10) if i > 5 and i < 8]
```

它并不比 filter 语句复杂。

使用 map，reduce 或 filter，最终目的是兼顾简洁和效率，因为 map，reduce 或 filter 的循环速度比 Python 内置的 for 或 while 循环要快得多。

1.2.3.5　库的导入与添加

上面讲述了 Python 基本平台的搭建和使用，然而仅仅默认情况下它并不会将它所有的功能加载进来。因而，需要把更多的库(或者叫作模块、包等)加载进来，甚至需要额外安装第三方的扩展库，以丰富 Python 的功能。

(1)库的导入。Python 本身内置了很多强大的库，如数学相关的 math 库，可以提供更加丰富复杂的数学运算：

```
import math
math.sin(1) #计算正弦
math.exp(1) #计算指数
math.pi #内置的圆周率常数
```

导入库的方法，除了直接"import 库名"之外，还可以为库起一个别名：

```
import math as m
m.sin(1) #计算正弦
```

此外，如果并不需要导入库中的所有函数，可以特别指定导入函数的名字：

```
from math import exp as e#只导入 math 库中的 exp 函数，并起别名 e
e(1) #计算指数
sin(1) #此时 sin(1)和 math.sin(1)都会出错，因为没被导入
```

直接地导入库中的所有函数：

```
from math import * #直接的导入，也就是去掉 math.，但如果大量地这样引入第三库，就容易引起命名冲突。
exp(1)
sin(1)
```

可以通过 help('modules')命令来获得已经安装的所有模块名。

导入 future 特征(For 2.x)：

Python 2.x 与 3.x 之间的差别主要在内核上，但也部分地表现在代码的实现中。比如，在 2.x 中，print 是作为一个语句出现的，用法为 print a；但是在 3.x 中，它是作为函数出现的，用法为 print(a)。为了保证兼容性，本书的基本代数是使用 3.x 的语法编写的，而使用 2.x 的读者，可以通过引入 future 特征的方式兼容代码，如

```
#将 print 变成函数形式，即用 print(a)格式输出
from __future__ import print_function

#3. x 的 3/2 = 1.5，3//2 才等于 1；2. x 中 3/2 = 1
from __future__ import division
```

（2）添加第三方库。python 自带了很多库，但应用者的需求可能更多。就数据分析和数据挖掘而言，添加一些第三方的库来拓展它的功能，有时是必须的。以数据分析工具 Pandas 为例，安装第三方库一般有以下几种思路，如附表 1-3 所示：

附表 1-3　常见的安装第三方库的方法

思　路	特　点
下载源代码自行安装	安装灵活，但需要自行解决上级依赖问题
用 pip 安装	比较方便，自动解决上级依赖问题
用 easy_install 安装	比较方便，自动解决上级依赖问题，比 pip 稍弱
下载编译好的文件包	一般是 Windows 系统才提供现成的可执行文件包
系统自带的安装方式	Linux 或 Mac 系统的软件管理器自带了某些库的安装方式

1.3　Python 数据分析工具

Python 本身的数据分析功能不强，需要安装一些第三方扩展库来增强它的能力。本书用到的库有 Numpy、Scipy、Matplotlib、Pandas、Scikit-Learn、Keras、Gensim 等。

如果读者安装的是 Anaconda 发行版，那么它已经自带了以下库：Numpy、Scipy、Matplotlib、Pandas、Scikit-Learn。

用 Python 进行科学计算是很丰富的学问。本书用到了它的数据分析和挖掘相关的部分功能，所涉及的一些库如附表 1-4 所示。读者可以参考书籍《用 Python 做科学计算》了解更多信息。

附表 1-4　Python 数据挖掘相关扩展库

扩　展　库	简　介
Numpy	提供数组支持，以及相应的高效的处理函数
Scipy	提供矩阵支持，以及矩阵相关的数值计算模块
Matplotlib	强大的数据可视化工具、作图库
Pandas	强大、灵活的数据分析和探索工具
StatsModels	统计建模和计量经济学，包括描述统计、统计模型估计和推断

续上表

扩 展 库	简 介
Scikit-Learn	支持回归、分类、聚类等的强大的机器学习库
Keras	深度学习库，用于建立神经网络以及深度学习模型
Gensim	用来做文本主题模型的库，文本挖掘可能用到

1.3.1 Numpy

Python 并没有提供数组功能。虽然列表可以完成基本的数组功能，但它不是真正的数组，而且在数据量较大时，使用列表的速度就会慢得难以接受。为此，Numpy 提供了真正的数组功能，以及对数据进行快速处理的函数。Numpy 还是很多更高级的扩展库的依赖库，Scipy、Matplotlib、Pandas 等库都依赖于它。Numpy 内置函数处理数据的速度是 C 语言级别的，因此，在编写程序的时候，应当尽量使用它们内置的函数，避免效率瓶颈的现象(尤其是涉及循环的问题)。

在 Windows 中，Numpy 安装跟普通的第三方库安装一样，可以通过 pip 安装：pip install numpy 也可以自行下载源代码，然后用 python setup.py install 安装。

很多 Linux 发行版的软件源中都有 Python 常见的库，因此，可以通过 Linux 自带的软件管理器安装，如在 Ubuntu 下可以用 sudo apt-get install python-numpy 安装。安装完成后，可以使用以下命令进行测试，如附代码 1-1 所示。

附代码 1-1　Numpy 基本操作

```
import numpy as np #一般以 np 作为 numpy 的别名
a = np.array([2,0,1,5]) #创建数组
print(a) #输出数组
print(a[:3]) #引用前 3 个数字(切片)
print(a.min()) #输出 a 的最小值
a.sort() #将 a 的元素从小到大排序，此操作直接修改 a，因此这时候 a 为[0,1,2,5]
b = np.array([[1,2,3],[4,5,6]]) #创建二维数组
print(b*b) #输出数组的平方阵，即[[1,4,9],[16,25,36]]
```

参考链接：

http://www.numpy.org/。

http://reverland.org/python/2012/08/22/numpy/。

1.3.2 Scipy

如果说 Numpy 让 Python 有了 Matlab 的味道，那么 Scipy 就让 Python 真正地成为半个 Matlab 了。Numpy 提供了多维数组功能，但它只是一般的数组，并不是矩阵，比如，当两个数组相乘时，只是对应元素相乘，而不是矩阵乘法。

Scipy 提供了真正的矩阵，以及大量基于矩阵运算的对象与函数。

Scipy 包含的功能有最优化、线性代数、积分、插值、拟合、特殊函数、快速傅里叶变换、信号处理和图像处理、常微分方程求解和其他科学与工程中常用的计算。这些功能经常是挖掘与建模必备的。

Scipy 依赖于 Numpy，因此，安装它之前得先安装好 Numpy。安装 Scipy 的方式与安装 Numpy 的方法大同小异。在 Ubuntu 下也可以用类似的 sudo apt-get install python-scipy 安装 Scipy。安装好 Scipy 后，可以通过以下命令简单试用，如附代码 1 – 2 所示。

附代码 1 – 2　Scipy 求解非线性方程组和数值积分

```
#求解非线性方程组 2x1 – x2^2 = 1，x1^2 – x2 = 2
from scipy.optimize import fsolve #导入求解方程组的函数
def f(x): #定义要求解的方程组
    x1 = x[0]
    x2 = x[1]
    return [2 * x1 – x2 * * 2 – 1, x1 * * 2 – x2 –2]

result = fsove(f, [1, 1]) #输入初值[1, 1]并求解
print(result) #输出结果，为 array([ 1.91963957, 1.68501606])

#数值积分
from scipy import integrate #导入积分函数
def g(x): #定义被积函数
    return (1 – x * * 2) * * 0.5

pi_2, err = integrate.quad(g, –1, 1) #积分结果和误差
print(pi_2 * 2) #由微积分知识知道积分结果为圆周率 pi 的一半
```

参考链接：

http://www.scipy.org/。

http://reverland.org/python/2012/08/24/scipy/。

1.3.3　Matplotlib

不论是数据挖掘还是数学建模，都免不了数据可视化的问题。对于 Python 来说，Matplotlib 是最著名的绘图库，它主要用于二维绘图，当然它也可以进行简单的三维绘图。它不仅提供了一整套和 Matlab 相似但更为丰富的命令，可以非常快捷地用 Python 可视化数据，而且允许输出达到出版质量的多种图像格式。

Matplotlib 可以通过 pip install matplotlib 安装或者自行下载源代码安装。在 Ubuntu 下也可以用类似的 sudo apt-get install python – matplotlib 安装。

Matplotlib 的上级依赖库相对较多，手动安装的时候，需要逐一把这些依赖库都安装好。下面是一个简单的作图例子，它基本包含了 Matplotlib 作图的关键要素，如附代码 1 – 3 所示。

附代码1-3 Matplotlib作图的基本代码

```
import numpy as np
import matplotlib.pyplot as plt #导入Matplotlib

x = np.linspace(0, 10, 1000) #作图的变量自变量
y = np.sin(x) + 1 #因变量y
z = np.cos(x**2) + 1 #因变量z

plt.figure(figsize=(8, 4)) #设置图像大小
plt.plot(x, y, label='$\sin x+1$', color='red', linewidth=2) #作图，设置标签、线条颜色、线条大小
plt.plot(x, z, 'b——', label='$\cosx^2+1$') #作图，设置标签、线条类型
plt.xlabel('Time(s)') # x轴名称
plt.ylabel('Volt') # y轴名称
plt.title('A Simple Example') #标题
plt.ylim(0, 2.2) #显示的y轴范围
plt.legend() #显示图例
plt.show() #显示作图结果
```

如果读者使用的是中文标签，就会发现中文标签无法正常显示。这是因为Matplotlib的默认字体是英文字体所致，解决它的办法是在作图之前手动指定默认字体为中文字体，如黑体(SimHei)：plt.rcParams['font.sans-serif'] = ['SimHei'] #这两句用来正常显示中文标签。其次，保存作图图像时，负号有可能显示不正常，可以通过以下代码解决：plt.rcParams['axes.unicode_minus'] = False #解决保存图像是负号'-'显示为方块的问题。如附图1-3所示。

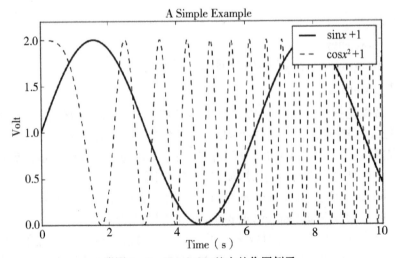

附图1-3 Matplotlib基本的作图例子

参考链接：

http://matplotlib.org/。

http://reverland.org/python/2012/09/07/matplotlib-tutorial/。

1.3.4 Pandas

Pandas 是本书推荐的主力工具。它是 Python 下最强大的数据分析和探索工具。它包含高级的数据结构和精巧的工具，使得在 Python 中处理数据非常快速和简单。

Pandas 建造在 NumPy 之上，它使得以 NumPy 为中心的应用很容易使用。Pandas 的名称来自于面板数据（panel data）和 python 数据分析（data analysis），它最初被作为金融数据分析工具而开发出来，由 AQR Capital Management 于 2008 年 4 月开发，并于 2009 年年底开源出来。

Pandas 的功能非常强大，支持类似 SQL 的数据增、删、查、改，并且带有丰富的数据处理函数，支持时间序列分析功能，支持灵活处理缺失数据，等等。

1.3.4.1 安装

Pandas 的安装不难，只要安装好 Numpy 之后，就可以直接安装了。通过 pip install pandas 或下载源码后 python setup.py install 安装均可。

应用者频繁用到读取和写入 Excel，但默认的 Pandas 还不能读写 Excel 文件，需要安装 xlrd（读）和 xlwt（写）库才能支持 Excel 的读写：

pip install xlrd #为 Python 添加读取 Excel 的功能

pip install xlwt #为 Python 添加写入 Excel 的功能

1.3.4.2 使用

Pandas 基本的数据结构是 Series 和 DataFrame。Series 顾名思义就是序列，类似一维数组。DataFrame 则是相当于一张二维的表格，类似二维数组，它的每一列都是一个 Series。为了定位 Series 中的元素，Pandas 提供了 Index 这一对象，每个 Series 都会带有一个对应的 Index，用来标记不同的元素，Index 的内容不一定是数字，也可以是字母、中文等，它类似于 SQL 中的主键，如附代码 1-4 所示。

类似地，DataFrame 相当于多个带有同样 Index 的 Series 的组合（本质是 Series 的容器），每个 Seiries 都带有一个唯一的表头，用来标识不同的 Series。

附代码 1-4　Pandas 的简单例子

```
import pandas as pd #通常用 pd 作为 pandas 的别名。

s = pd.Series([1, 2, 3], index = ['a', 'b', 'c']) #创建一个序列 s
d = pd.DataFrame([[1, 2, 3], [4, 5, 6]], columns = ['a', 'b', 'c']) #创建一个表
d2 = pd.DataFrame(s) #也可以用已有的序列来创建表格

d.head() #预览前 5 行数据
d.describe() #数据基本统计量
```

```
#读取文件，注意文件的存储路径不能带有中文，否则读取可能出错
pd.read_excel('data.xls') #读取 Excel 文件，创建 DataFrame
pd.read_csv('data.csv', encoding = 'utf-8') #读取文本格式的数据，一般用 encoding 指定编码
```

参考链接：

http://pandas.pydata.org/pandas-docs/stable/。

http://jingyan.baidu.com/season/43456。

1.3.5 StatsModels

与 Pandas 着眼于数据的读取、处理和探索相比，StatsModels 则更加注重数据的统计建模分析，它使得 Python 有了 R 语言的味道。StatsModels 支持与 Pandas 进行数据交互，因此，它与 Pandas 结合，成为 Python 下强大的数据挖掘组合。

安装 StatsModels 相当简单，既可以通过 pip 安装，又可以通过源码安装。对于 Windows 用户来说，官网上甚至已经有编译好的 exe 文件供下载。如果手动安装，那么需要自行解决好依赖问题，StatModel 依赖于 Pandas，同时还依赖于 pasty（一个描述统计的库）。

下面是一个用 StatsModels 来进行 ADF 平稳性检验的例子：

```
from statsmodels.tsa.stattools import adfuller as ADF #导入 ADF 检验
import numpy as np

ADF(np.random.rand(100)) #返回的结果有 ADF 值、p 值等
```

参考链接：

http://statsmodels.sourceforge.net/stable/index.html。

http://jingyan.baidu.com/season/43456。

1.3.6 Scikit-Learn

这是一个机器学习相关的库，是 Python 下强大的机器学习工具包。它提供了完善的机器学习工具箱，包括数据预处理、分类、回归、聚类、预测、模型分析等。

Scikit-Learn 依赖于 NumPy、SciPy 和 Matplotlib。因此，需要提前安装好这几个库，然后再安装 Scikit-Learn。可以 pip install scikit-learn 安装，也可以下载源码自己安装。

使用方法如下：

创建一个机器学习的模型很简单。

```
# -*- coding: utf-8 -*-
from sklearn.linear_model import LinearRegression #导入线性回归模型
model = LinearRegression() #建立线性回归模型
print(model)
```

所有模型提供的接口有：

$model.fit()$：训练模型，对于监督模型来说是$fit(X,y)$，对于非监督模型是$fit(X)$。

监督模型提供：

$model.predict(X\_new)$：预测新样本

$model.predict\_proba(X\_new)$：预测概率，仅对某些模型有用(比如$LR$)

$model.score()$：得分越高，fit越好

非监督模型提供：

$model.transform()$：从数据中学到新的"基空间"

$model.fit\_transform()$：从数据中学到新的基并将这个数据按照这组"基"进行转换

Scikit-Learn 本身提供了一些实例数据让新人来上手，比如，安德森鸢尾花卉数据集、手写图像数据集等。有 150 个鸢尾花的一些尺寸的观测值：萼片长度、宽度，花瓣长度和宽度。还有它们的亚属：山鸢尾(iris setosa)、变色鸢尾(iris versicolor)和弗吉尼亚鸢尾(iris virginica)

```
from sklearn import datasets #导入数据集

iris = datasets.load_iris() #加载数据集
print(iris.data.shape) #查看数据集大小

from sklearn import svm #导入 SVM 模型

clf = svm.LinearSVC() #建立线性 SVM 分类器
clf.fit(iris.data, iris.target) #用数据训练模型
clf.predict([[ 5.0,  3.6,  1.3,  0.25]]) #训练好模型之后，输入新的数据进行预测
clf.coef_ #查看训练好模型的参数
```

参考链接：

http://scikit-learn.org/。

1.3.7 Keras

Scikit-Learn 已经足够强大了，然而它并没有包含一种强大的模型——人工神经网络。人工神经网络是功能相当强大的，但是原理又相当简单的模型，在语言处理、图像识别等领域都有重要的作用。"深度学习"算法，本质上也就是一种神经网络，可见在 Python 中实现神经网络是非常必要的。

Keras 库来搭建神经网络。Keras 并非简单的神经网络库，而是一个基于 Theano 的强大的深度学习库，利用它不仅仅可以搭建普通的神经网络，还可以搭建各种深度学习模型，如自编码器、循环神经网络、递归神经网络、卷积神经网络等。由于它是基于 Theano 的，因此，速度也相当快。

Theano也是Python的一个库。它是由深度学习专家Yoshua Bengio带领的实验室开发出来的，用来定义、优化和高效地解决多维数组数据对应数学表达式的模拟估计问题。它具有高效地实现符号分解、高度优化的速度和稳定性等特点，最重要的是它还实现了GPU加速，使得密集型数据的处理速度是CPU的数十倍。

用Theano可以搭建起高效的神经网络模型，然而对于普通读者来说门槛还是相当高的。Keras大大简化了搭建各种神经网络模型的步骤，允许普通用户轻松地搭建并求解具有几百个输入节点的深层神经网络，而且定制的自由度非常大，读者甚至可能惊呼：搭建神经网络可以如此简单！

1.3.7.1 安装

安装Keras之前首先需要安装Numpy，Scipy，Theano。安装Theano首先需要准备一个C++编译器，这在Linux下是自带的。因此，在Linux下安装Theano和Keras都非常简单，只需要下载源代码，然后用python setup.py install安装就行了，具体可以参考官方文档。

但在Windows下，因为没有现成的编译环境，一般而言，是先安装MinGW(Windows下的GCC和G++)，然后再安装Theano(提前装好Numpy等依赖库)，最后安装Keras，如果要实现GPU加速，还需要安装和配置CUDA。

在Windows下的Keras速度会大打折扣。因此，想要在神经网络、深度学习做更深入研究的读者，推荐在Linux下搭建相应的环境。

参考链接：

http://deeplearning.net/software/theano/install.html#install。

https://github.com/fchollet/keras。

1.3.7.2 使用

用Keras搭建神经网络模型的过程相当简洁，也相当直观，它纯粹地就像搭积木一般。可以通过短短几十行代码，就可以搭建起一个非常强大的神经网络模型，甚至是深度学习模型。如简单搭建一个MLP(多层感知器)：

```
from keras.models import Sequential
from keras.layers.core import Dense, Dropout, Activation
from keras.optimizers import SGD


model = Sequential() #模型初始化
model.add(Dense(20, 64)) #添加输入层(20节点)、第一隐藏层(64节点)的连接
model.add(Activation('tanh')) #第一隐藏层用tanh作为激活函数
model.add(Dropout(0.5)) #使用Dropout防止过拟合
model.add(Dense(64, 64)) #添加第一隐藏层(64节点)、第二隐藏层(64节点)的连接
model.add(Activation('tanh')) #第二隐藏层用tanh作为激活函数
model.add(Dropout(0.5)) #使用Dropout防止过拟合
model.add(Dense(64, 1)) #添加第二隐藏层(64节点)、输出层(1节点)的连接
```

```
model.add(Activation('sigmoid')) #输出层用sigmoid作为激活函数

sgd = SGD(lr=0.1, decay=1e-6, momentum=0.9, nesterov=True) #定义求解算法
model.compile(loss='mean_squared_error', optimizer=sgd) #编译生成模型，损失函数为平均误差平方和

model.fit(X_train, y_train, nb_epoch=20, batch_size=16) #训练模型
score = model.evaluate(X_test, y_test, batch_size=16) #测试模型
```

要注意的是，Keras 的预测函数跟 Scikit-Learn 有所差别，Keras 用 model.predict() 方法给出概率，model.predict_classes() 给出分类结果。

参考链接：

http://radimrehurek.com/gensim/。

http://www.52nlp.cn/如何计算两个文档的相似度二。

1.3.8 Gensim

在 Gensim 的官网中，它对自己的简介只有一句话：topic modelling for humans!

Gensim 是用来处理语言方面的任务，如文本相似度计算、LDA、Word2Vec 等。

Gensim 把 Google 在 2013 年开源的著名的词向量构造工具 Word2Vec 编译好了，作为它的子库，因此，需要用 Word2Vec 时也可以直接用 Gensim 而无须自行编译了。

下面是一个 Gensim 使用 Word2Vec 的简单例子：

```
import gensim, logging
logging.basicConfig(format='%(asctime)s : %(levelname)s : %(message)s', level=logging.INFO)
#logging 是用来输出训练日志

#分好词的句子，每个句子以词列表的形式输入
sentences = [['first', 'sentence'], ['second', 'sentence']]

#用以上句子训练词向量模型
model = gensim.models.Word2Vec(sentences, min_count=1)

print(model['sentence']) #输出单词 sentence 的词向量。
```

参考链接：

http://radimrehurek.com/gensim/。

http://www.52nlp.cn/如何计算两个文档的相似度二。

附录Ⅱ TipDM-PB 数据挖掘建模平台

为方便读者自行实践，本书特地附录 TipDM-PB 数据挖掘建模平台。该平台使用 JAVA 语言开发，采用 B/S 结构，用户不需要下载客户端，可通过浏览器进行访问。

用户可在 Python 编程零基础情况下，通过拖曳的方式进行操作，将数据输入输出、数据预处理、挖掘建模、模型评估等环节通过流程化的方式进行连接，以达到数据分析挖掘的目的。

平台引入几个概念：

组件：将建模过程涉及的输入/输出、数据探索及预处理、建模、模型评估等算法分别进行封装，每一个封装好的算法都可称之为组件。

工程：为实现某一数据挖掘目标，将各组件通过流程化的方式进行连接，整个数据流程称为一个工程。

模型：主要针对分类、回归算法而言，使用一部分数据用于训练，会得到一个模型，里面将保存算法的参数，可使用该模型对另一批数据进行验证或预测。

个人组件：用户可按照平台规定的格式编写脚本，配置相关输入、输出、算法参数，可作为平台组件，反复调用。

任务：支持定时同步数据库数据源至平台或定时运行某一工程。

2.1 新建工程入门

实例：应用 BP 神经网络算法，预测通讯企业客户是否流失。

2.1.1 数据准备

打开数据源菜单，如附图 2-1 所示。

附图 2-1 打开数据源菜单的界面

选择新建数据源→数据来源于文件，如附图2-2所示。

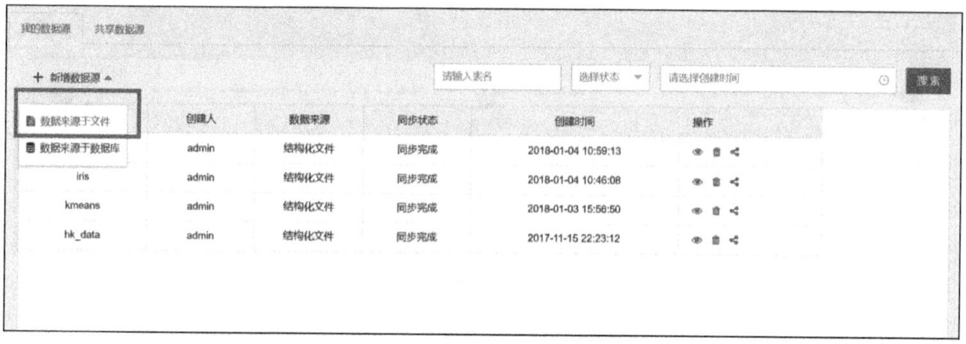

附图2-2　从新建数据源中输入来源数据文件

选择本地数据文件并定义表名，如附图2-3所示。

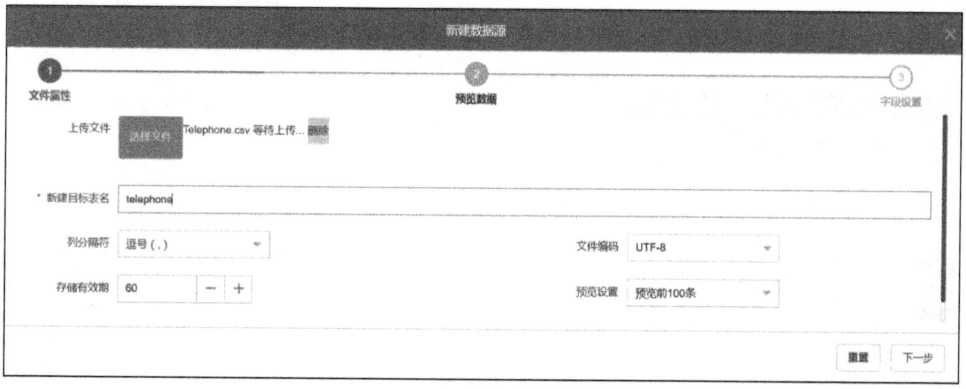

附图2-3　选择上传的本地数据文件

预览数据，如附图2-4所示。

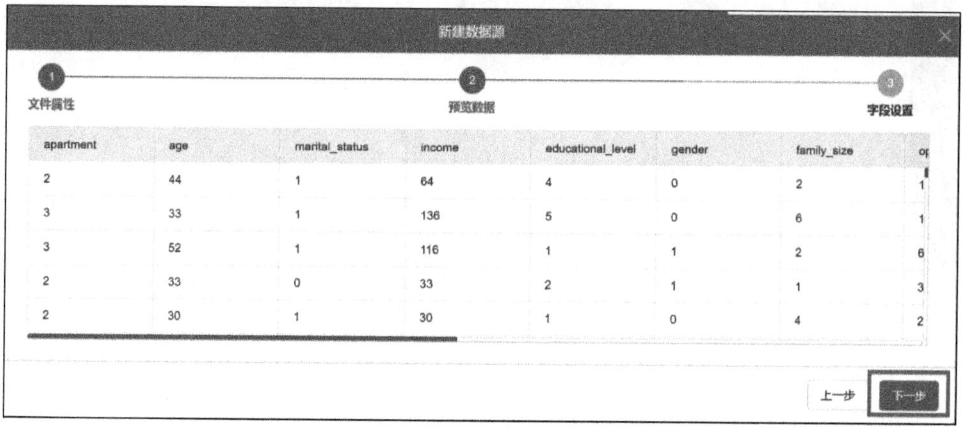

附图2-4　预览上传的本地数据

设置字段名称及类型,如附图 2-5 所示。

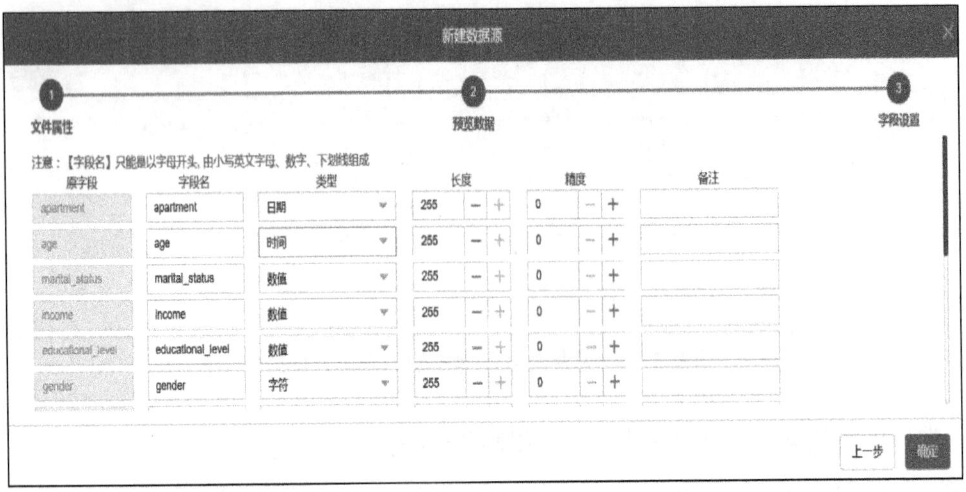

附图 2-5　设置上传数据的字段名称及类型

点击"确定"即可上传成功。

2.1.2　新建工程

进入工程界面,如附图 2-6 所示。

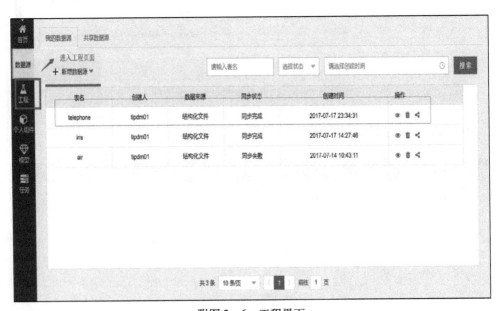

附图 2-6　工程界面

新建工程,如附图 2-7 所示。

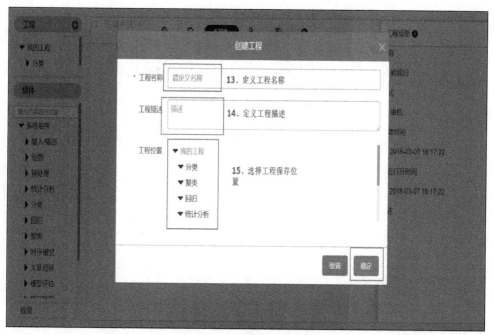

附图2-7 新建工程界面

拖入"输入源"组件,如附图2-8所示。

附图2-8 "输入源"组件

设置"输入源"参数,如附图2-9所示。

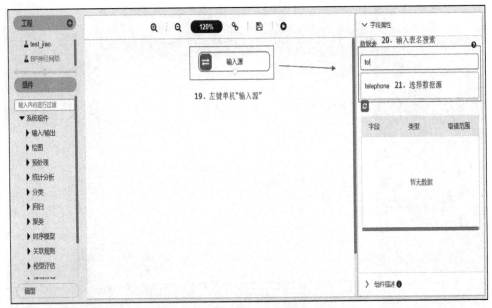

附图2-9　设置"输入源"参数

拖入数据"数据拆分"组件，如附图2-10所示。

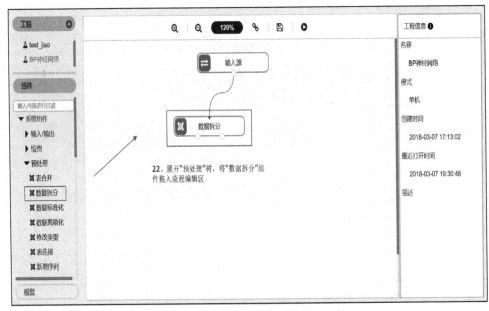

附图2-10　输入数据"数据拆分"组件

设置"数据拆分"组件的参数，如附图2-11、附图2-12所示。

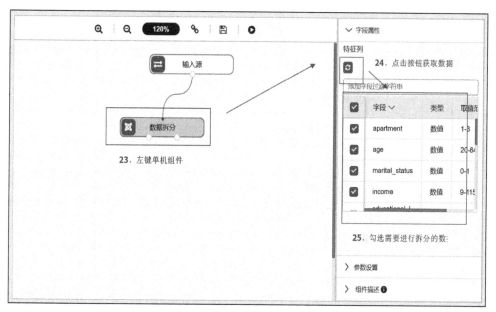

附图 2-11 设置"数据拆分"组件的参数(A)

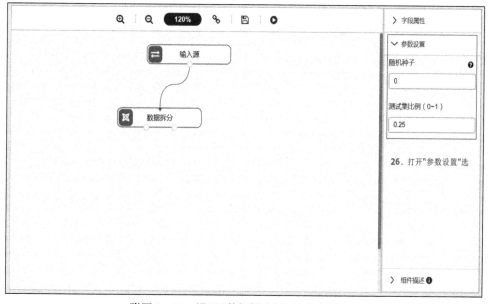

附图 2-12 设置"数据拆分"组件的参数(B)

2.1.3 模型构建

拖入"BP 神经网络"组件并设置相应参数,如附图 2-13、附图 2-14、附图 2-15 所示。

245

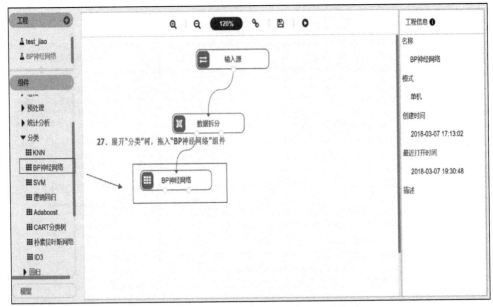

附图2-13 输入"BP神经网络"组件(A)

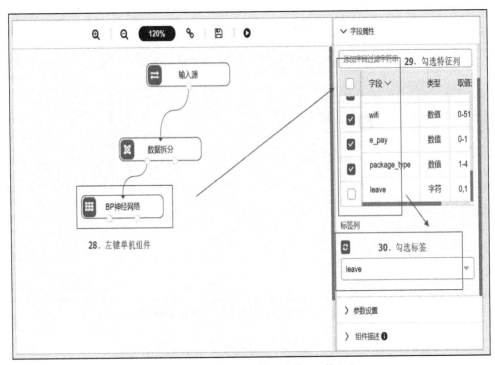

附图2-14 设置"BP神经网络"组件(A)

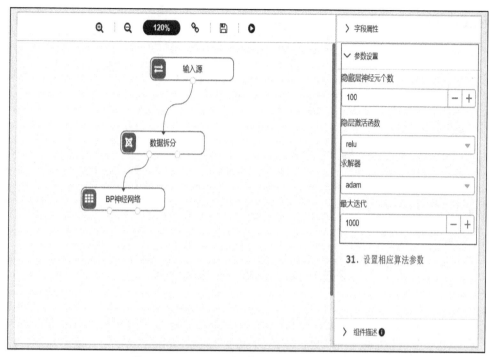

附图 2-15　设置"数据拆分"组件的参数(B)

运行，如图 2-16、图 2-17 所示。

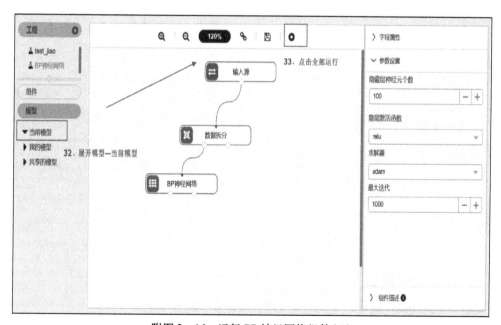

附图 2-16　运行 BP 神经网络组件(A)

247

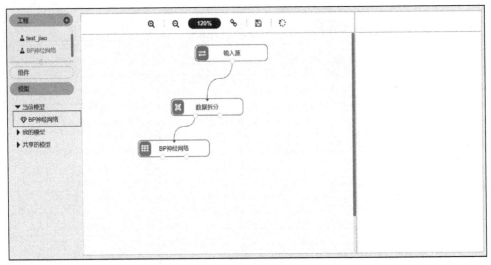

附图 2-17　运行 BP 神经网络组件(B)

2.1.4　模型评估

拖入"模型评估"组件，如附图 2-18 所示。

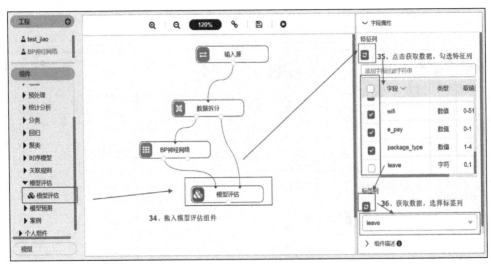

附图 2-18　输入"模型评估"组件

2.1.5　模型预测

拖入"模型预测"组件，如附图 2-19、附图 2-20 所示。

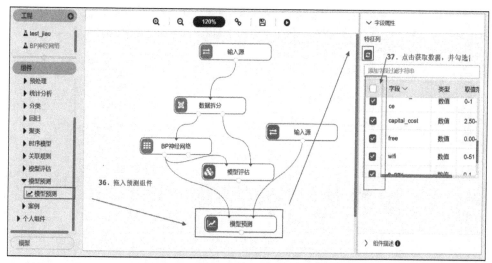

附图 2-19　输入"模型预测"组件

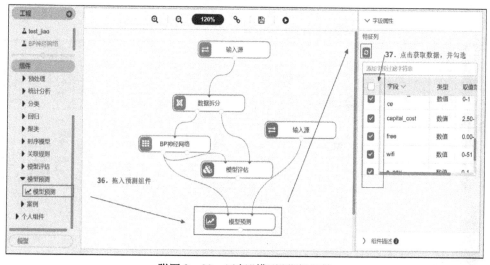

附图 2-20　运行"模型预测"组件

2.2　使用模板入门

选择一个模板，单击左键，弹出复制模板的对话框，填入工程名称，如附图 2-21、附图 2-22 所示。即可直接使用该工程用于学习。

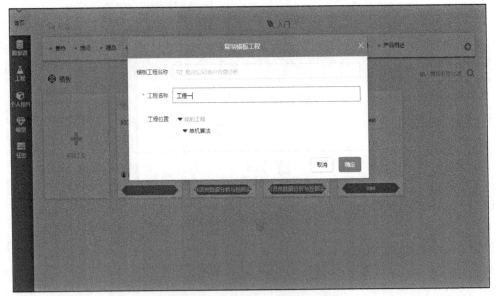

附图 2-21　模板与新工程名称界面

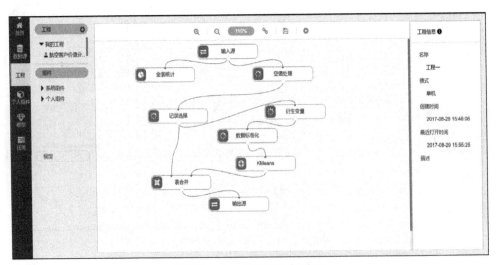

附图 2-22　新工程运行界面

参 考 文 献

[1] AGRAWAL R, SRIKANT R. Mining sequential pattern[C]//Proceedings of the 11th International Conference on Data Engineering. Taipei: ICDE, 1995: 3.

[2] AGRAWAL R, IMIELINSKI T, SWAMI A. Mining association rules between sets of items in large databases[C]//Proceedings of the ACM SIGMOD Conference on Management of Data, Washington, D.C.: [s.n.], 1993.

[3] AGRAWAL R. Fast algorithms for mining association rules[C]//Proceedings of the 20th VLDB Conference. Santiago: Chile, 1994: 487 – 499.

[4] BENGIO Y, BASTIEN F, et al. Deep learners benefit more from out-of-distribution examples[M]//Gordon G, Dunson D (eds.). Proceedings of the Fourteenth International Conference on Artificial Intelligence and Statistics. 14th International Conference on Artificial Intelligence and Statistics. Ft. Lauderdale, USA, MA: MIT Press, 2011: 164 – 172.

[5] BIANCO S, BUZZELLI M, MAZZINI D, et al. Deep learning for logo recognition[J]. Neurocomputing, 2017, 245: 23 – 30.

[6] BORTHWICK A. A maximum entropy approach to named entity recognition[D]. New York: New York University, 1999: 27 – 35.

[7] BRENDEN M, RUSLAN S, JOSHUA B. Human-level concept learning through probabilistic program induction[J]. Science, 2015, 350 (6266): 1332 – 1338.

[8] CHATURVEDI I, ONG Y S, TSANG I W. Learning word dependencies in text by means of a deep recurrent belief network[J]. Knowledge-based systems, 2016, 108: 144 – 154.

[9] CHEN F X, CHENG J C, HU Y M, et al. Spatial prediction of soil properties by RBF neural network[J]. Scientia geographica sinica, 2013, 33(1): 69 – 74. (in Chinese with English abstract)

[10] CHEN F X. Study on spatial prediction, simulation and uncertainty assessment of farmland soil properties at county-scale[D]. Guangzhou: Sun Yat-sen University, 2014: 1 – 183. (in Chinese with English abstract)

[11] CHEN J P, YU M, YU P P, et al. Method and practice of 3D geological modeling at key metallogenic belt with large and medium scale[J]. Acta geologica sinica, 2014, 88(6): 1187 – 1195. (in Chinese with English abstract)

[12] COLLOBERT R, WESTON J. A unified architecture for natural language processing: deep neural networks with multitask learning[J]. Proceedings of the 25th international conference on machine learning, ACM, 2008: 160 – 167. doi: 10.1145/1390156.1390177.

[13] COWGILL E, BERNARDIN T S, Oskin M E, et al. Interactive terrain visualization enables virtual field work during rapid scientific response to the 2010 Haiti earthquake[J]. Geosphere, 2012, 8(4): 787-804.

[14] DI P F, CHEN W F, ZHANG Q. Comparison of global N-MORB and E-MORB classification schemes[J]. Acta petrologica sinica, 2018, 34(2): 0000-0000. (in Chinese with English abstract)

[15] DOBOS E, CARRé F, HENGL T, et al. Digital soil mapping as a support to production of functional maps[J]. EUR 22123 EN. Office for official publications of the european Communities, Luxemburg, 2006: 68.

[16] EGENHOFER M, SHARIFF R. Metric details for natural-language spatial relations[J]. ACM transactions on information systems, 1998, 16(4): 295-321.

[17] ESTEVA A, KUPREL B, NOVOA R A, et al. Dermatologist-level classification of skin cancer with deep neural networks[J]. Nature, 1998, 542(7639): 115-118.

[18] XIAO F, CHEN J, HOU W, et al. A spatially weighted singularity mapping method applied to identify epithermal Ag and Pb-Zn polymetallic mineralization associated geochemical anomaly in Northwest Zhejiang, China[J]. Journal of geochemical exploration, 2018, 189: 122-137.

[19] GONG M, YANG H, ZHANG P. Feature learning and change feature classification based on deep learning for ternary change detection in SAR images[J]. ISPRS journal of photogrammetry and remote sensing, 2017, 129: 212-225.

[20] GUO Q H, ZHOU Y Z, CAO S M, et al. Study on mineralogy of Guangning Jade[J]. Acta scientiarum naturalium universitatis sunyatseni, 2010, 49(3): 146-151. (in Chinese with English abstract).

[21] HALL M, SMART M, JONES C. Interpreting spatial language in image captions[J]. Cognitive processing, 2012, 12(1): 67-94.

[22] HE Y X, LUO C W, HU B Y. Geographic entity recognition method based on CRF model and rules combination[J]. Computer applications and software, 2015, 32(1): 179-185. (in Chinese with English abstract)

[23] HINTON G E, DENG L, YU D, et al. Deep neural networks for acoustic modeling in speech recognition: the shared views of four research groups[J]. IEEE signal processing magazine, 2012, 29(6): 82-97.

[24] HUANG S F, LIU X H. Informatization and services of geological archives based on big data[J]. Resources & Industries, 2015, 17(6): 56-61. (in Chinese with English abstract)

[25] JEH G, WIDOM J. SimRank: a measure of structural-context similarity[C]//Proceedings of the Eighth ACM SIGKDD International Conference on Knowledge Discovery and Data Mining. Edmonton, Alberta, Canada: ACM, doi: 10.1145/775047.775126.

[26] JIANG W M. Research on spatial orientation relation extraction method for Chinese text

[D]. Nanjing: Nanjing Normal University, 2010: 1 – 63. (in Chinese with English abstract)

[27] KOPERSKI K, HAN J W. Discovery of spatial association rules in geographic information databases[M]//Egenhofer MJ and Herring JR (eds.). Advances in Spatial Databases. Berlin, Heidelberg: Springer, 1995, 951: 47 – 66.

[28] LAKE B, SALAKHUTDINOV R, TENENBAUM J. Human-level concept learning through probabilistic program induction[J]. Science, 2015, 350(6266): 1332 – 1338.

[29] LE CUN Y, BENGIO Y, HINTON G E. Deep learning[J]. Nature, 2015, 521(7553): 436 – 444.

[30] LESKOVEC J, RAJARAMAN A, ULLMAN J D. Mining of massive datasets[M]. Palo Alto, CA: Stanford University, 2014.

[31] LI C L, LI J Q, ZHANG H C, et al. Big data application architecture and key technologies of intelligent geological survey[J]. Geological bulletin of China, 2015, 34(7): 1288 – 1299. (in Chinese with English abstract)

[32] LI J Z, ZHANG J L, ZHOU Y Z, et al. Eustatic fluctuations of the Neogene K successions of Huizhou Sag – high resolution quantitative analysis and application of Bayes-Laplace principle with big data[J]. Acta petrologica sinica, 2018, 34(2): 0000 – 0000. (in Chinese with English abstract)

[33] LI N, HAO H Z, GU Q, et al. A transfer learning method for automatic identification of sandstone microscopic images[J]. Computers & geosciences, 2017, 103: 111 – 121.

[34] LI Y, ZHOU Y Z, ZHANG C B, et al. Application of local Moran's I and GIS to identify hotspots of Ni, Cr of vegetable soils in high-incidence area of liver cancer from the Pearl River Delta, south China[J]. Environmental science, 2010, 31(6): 1617 – 1623. (in Chinese with English abstract)

[35] LIU H L, LI S, JIANG C F, et al. Sentiment analysis of Chinese micro blog based on DNN and ELM and vector space model[M]//Proceedings of extreme learning machines (ELM) – 2015 Volume 2. Berlin: Springer International Publishing, 2016: 117 – 129.

[36] LIU S S, CHENG X, GUO W Y, et al. Progress report on new research in deep learning[J]. CAAI transactions on intelligent systems, 2016, 11(5): 567 – 577.

[37] LIU T. A novel text classification approach based on deep belief network. International Conference on Neural Information Processing. Springer Berlin Heidelberg, 2010: 314 – 321.

[38] LIU Z X. Research on extraction method of geographical entity attributes in Chinese text[M]. Nanjing: Nanjing Normal University, 2010: 1 – 65. (in Chinese with English abstract)

[39] MA J, PAN L B, WANG Q, et al. Estimation of the daily soil/dust (SD) ingestion rate of children from Gansu Province, China via hand-to-mouth contact using tracer elements[J]. Environmental geochemistry and health, 2016.

[40] MANI I, DORAN C, et al. Spatial ML: annotation scheme, resources, and evaluation [J]. Language resources and evaluation, 2010, 44(3): 263 – 280.

[41] MANYIKA J, CHUI M, BROWN B, et al. Big data: the next frontier for innovation, competition, and productivity [R]. McKinsey global institute, 2011.

[42] MAYFIELD J, MCNAMEE P, PIATKO C. Named entity recognition using hundreds of thousands of features[M]//Proceedings of HLT-NAACL Iinternational Conference. Canada: ACL, 2003: 184 – 187.

[43] NEWMAN M E J. Fast algorithm for detecting community structure in networks[J]. Physical review, 2004, 69(6): 066133.

[44] OUYANG W, ZENG X, WANG X. Learning mutual visibility relationship for pedestrian detection with a deep model[J]. International journal of computer vision, 2016, 120(1): 14 – 27.

[45] PAN G Y, CHAI W, QIAO J F. Calculation for depth of deep belief network[J]. Control and decision, 2015, 30(2): 256 – 260. (in Chinese with English abstract)

[46] PAN S J, YANG Q. A survey on transfer learning[J]. IEEE transactions on knowledge and data engineering, 2010, 22(10): 1345 – 1359.

[47] PHAM C C, JEON J W. Robust object proposals re-ranking for object detection in autonomous driving using convolutional neural networks[J]. Signal processing: image communication, 2017, 53: 110 – 122.

[48] QURESHI A S, KHAN A, ZAMEER A, et al. Wind power prediction using deep neural network based meta regression and transfer learning[J]. Applied soft computing, 2017, 58: 742 – 755.

[49] SCHMIDHUBER J. Deep learning in neural networks: an overview[J]. Neural networks, 2015, 261: 85 – 117.

[50] SHARIFF R, EGENHOFER M, MARK D. Natural-language spatial relations between linear and areal objects: the topology and metric of English to language terms[J]. International journal of geographical information science, 1998, 12(3): 215 – 246.

[51] TAO S Y, ZHONG B Q, LIN Y, et al. Application of a self-organizing map and positive matrix factorization to investigate thespatial distributions and sources of polycyclic aromatic hydrocarbons in soils from Xiangfen County, northern China[J]. Ecotoxicology and environmental safety, 2017, 141: 98 – 106.

[52] SINGH N, SINGH T N, TIWARY A, et al. Textural identification of basaltic rock mass using image processing and neural network[J]. Computational geosciences, 2010, 14(2): 301 – 310.

[53] SUN H, CHEN J J. Research on the Chinese topontm recognition method with two-layer CRF and rules combination[J]. Computer applications and software, 2014, 31(11), 175 – 177, 182. (in Chinese with English abstract).

[54] TAN Y J. Architecture and key issues of geological big data and information service pro-

ject[J]. Geomatics world, 2016, 23(1): 1-9. (in Chinese with English abstract)

[55] USEPA. Risk assessment guidance for superfund, volume I. Van Wijnen J H, Clausing P, Brunekreef B Estimated soil ingestion by 386 children[J]. Environment research, 2011, 51: 147-162.

[56] WANG C B, MA X G, CHEN J G. The application of data pre-processing technology in the geoscience big data[J]. Acta petrologica sinica, 2018, 34(2): 0000-0000. (in Chinese with English abstract).

[57] WANG X, LI J C, CHEN H, et al. Big and geological data information services[J]. Geological bulletin of China, 2015, 34(7): 1309-1315. (in Chinese with English abstract)

[58] WANG X T, CHEN L, WANG X K, et al. Occurrence, sources and health risk assessment of polycyclic aromatic hydrocarbons in urban (Pudong) and suburban soils from Shanghai in China[J]. Chemosphere, 2015, 119: 1224-1232.

[59] WANG Y, JIAO J J, ZHANG K, et al. Enrichment and mechanisms of heavy metal mobility in a coastal quaternary groundwater system of the Pearl River Delta, China[J]. Science of the total environment, 2016, 545-546: 493-502.

[60] WU C L, LIU G. Current situation, existent problems, trend and strategy of the construction of "Glass Earth"[J]. Geological bulletin of China, 2015, 34(7): 1280-1287. (in Chinese with English abstract)

[61] WU C L, LIU G, ZHANG X L, et al. Discussion on geological science big data and its applications[J]. Chinese science bulletin, 2016, 61(16): 1797-1807. (in Chinese with English abstract)

[62] XIAO F, CHEN J G, HOU W S, et al. Identification and extraction of Ag-Au mineralization associated geochemical anomaly in Pangxitong district, southern part of the Qinzhou-Hangzhou Metallogenic Belt, China[J]. Acta petrologica sinica, 2017, 33(3): 779-790. (in Chinese with English abstract)

[63] XIAO F, CHEN Z J, CHEN J G, et al. A batch sliding window method for local singularity mapping and its application for geochemical anomaly identification[J]. Computers and geosciences, 2016, 90: 189-201.

[64] XU G, ZHU X, FU D, et al. Automatic land cover classification of geo-tagged field photos by deep learning[J]. Environmental modelling & software, 2017, 91: 127-134.

[65] YAN G S, XUE Q W, XIAO K Y, et al. An analysis of major problems in geological survey big data[J]. Geological bulletin of China, 2015, 34(7): 1273-1279. (in Chinese with English abstract)

[66] YAN Y, YIN X C, LI S, et al. Learning document semantic representation with hybrid deep belief network[J]. Computational intelligence and neuroscience, 2015: 1-9.

[67] YANG Z X, TANG J R, ZHOU P, et al. Earth science research in U. S. geological survey under the big data revolution[J]. Geological bulletin of China, 2013, 32(9): 1337

-1343. (in Chinese with English abstract)

[68] YOSINSKI J, CLUNE J, BENGIO Y, et al. How transferable are features in deep neural networks? [M]//Ghahramani Z and Welling M and Cortes C and Lawrence N D, Weinberger K Q (eds.). Proceedings of neural information processing systems. 28th annual conference on neural information processing systems. Montreal, USA, MA: MIT Press, 2014: 3320-3328.

[69] YU K, JIA L, CHEN Y Q, et al. Deep learning: yesterday, today, and tomorrow[J]. Journal of computer research and development, 2013, 50(9): 1799-1804. (in Chinese with English abstract)

[70] YU P P, CHEN J P, CHAI F S, et al. Research on model-driven quantitative prediction and evaluation of mineral resources based on geological big data concept[J]. Geological Bulletin of China, 2015, 34(7): 1333-1343. (in Chinese with English abstract)

[71] YUAN Z, LU T, TAN C L. Learning discriminated and correlated patches for multi-view object detection using sparse coding[J]. Pattern recognition, 2017, 69: 26-38.

[72] ZAINI N, VAN DER MEER F, VAN DER WERFF H. Determination of carbonate rock chemistry using laboratory-based hyperspectral imagery[J]. Remote Sensing, 2014, 6 (5): 4149-4172.

[73] ZHAN S, TAO Q Q, LI X H. Face detection using representation learning[J]. Neurocomputing, 2016, 187: 19-26.

[74] ZHANG C F, HAO LN, WANG Y J, et al. An image enhancement and lithology identification method based on Landsat 8 OLI data[J]. Geology and exploration, 2017, 53 (2): 325-333. (in Chinese)

[75] ZHANG C J. Interpretation of Event Spatio-temporal and Attribute Information in Chinese Text[D]. Nanjing: Nanjing Normal University, 2013, 1-157. (in Chinese with English abstract)

[76] ZHANG J F, ZHANG X J, YANG G S, et al. A method of rock CT image segmentation and quantification based on clustering algorithm[J]. Journal of Xi'an University of science and technology, 2016, 36(2): 171-175. (in Chinese)

[77] ZHANG Q, ZHOU Y Z. Big data will lead to a profound revolution in the field of geological science[J]. Chinese journal of geology, 52(3): 637-648. (in Chinese with English abstract)

[78] ZHANG Q, JIN W J, LI C D, et al. On the classification of granitic rocks based on whole-rock Sr and Yb concentrations III: practice[J]. Acta petrologica sinica, 2010b, 26(12): 3431-3455. (in Chinese with English abstract)

[79] ZHANG X Y, YE P, WANG S, et al. Geological entity recognition method based on deep belief networks[J]. Acta petrologica sinica, 2018, 34(2): 0000-0000. (in Chinese with English abstract)

[80] ZHANG X Y, ZHANG C J, ZHU S N. Annotation for geographical spatial relations in

Chinese text[J]. Acta Geodaetica et cartographica sinica, 2012a, 41(3): 468 – 474. (in Chinese with English abstract)

[81] ZHANG X Y, ZHU S N, ZHANG C J. Annotation of geographical names entities in Chinese text[J]. Acta geodaetica et cartographica sinica, 2012b, 41(1): 115 – 120. (in Chinese with English abstract)

[82] ZHANG Y, LI MC, HAN S. Automatic identification and classification in lithology based on deep learning in rock images[J]. Acta petrologica sinica, 2018, 34(2): 0000 – 0000. (in Chinese with English abstract)

[83] ZHANG L P, HOU W S, YANG Z J, et al. An improved EMD approach and iIts application for magnetic data processing[J]. IAMG 2011, doi: 10.5242/iamg.2011.0078.

[84] ZHAO P D. Digital mineral exploration and quantitative evaluation in the big data age [J]. Geological bulletin of China, 2015, 34(7): 1255 – 1259. (in Chinese with English abstract)

[85] ZHAO S. Named entity recognition in biomedical texts using an HMM model. Proceedings of the international joint conference on natural language processing[J]. China: ACL, 2004, 84 – 87.

[86] ZHENG Y, CHEN Q Q, ZHANG Y J. Deep learning and its new progress in object and behavior recognition[J]. Journal of image and graphics, 2014, 19(2): 175 – 184. (in Chinese with English abstract)

[87] ZHOU J S, DAI X Y, YIN C Y, et al. Automatic recognition of Chinese organization name based on cascaded conditiona l random fields[J]. Acta electronica sinica, 2006, 34(5): 804 – 809. (in Chinese with English abstract)

[88] ZHOU Y Z, LI P X, WANG S G, et al. Research progress on big data and intelligent modelling of mineral deposits[J]. Bulletin of mineralogy, petrology and geochemistry, 2017, 36(2): 327 – 331, 344. (in Chinese with English abstract)

[89] ZHOU Y Z, WANG Z H, HOU W S. Mathematical geoscience[M]. Guangzhou: Sun Yat-Sen University Press, 2012: 1 – 247. (in Chinese)

[90] ZHOU Y Z. Reconstruction of nonlinear geochemical dynamics of elemental sedimentation based on power spectral analysis of time sequence[J]. Mathematical geology, 1999, 31(6): 723 – 742.

[91] ZHOU Y Z. Analysis of element abundance by robust statistics[J]. Chinese science bulletin (English Version), 1999, 35: 524 – 525.

[92] ZHOU Y Z. Element reactivation by diffusion: an embedded mosaic sink model[J]. Program with abstarcts. volume 16, GAC-MAC-SEC, Toronto, 1991: A137.

[93] ZHOU Y Z. Géochimie et mécanisme metallogenique du district aurifère de hetai[D]. sud de la Chine: université du québec à Chicoutimi, 1992: 279.

[94] ZHOU Y Z. Geology and geochemistry of the hetai gold field, Southern China[M]. Guangzhou: south China University of Technology Press, 1993: 310.

[95] ZHOU Y Z, CHOWN E H, TU G Z. Petrologic and geochem：cal study of metamorphic Upper precambrian strata in shidong-wuhe shijing-Hetai district of Guangdong, province, China[J]. Scientia gelogica sinica, 1995, (1): 33-52.

[96] ZHOU Y Z, CHOWN E H, GUHA J, et al. Hydrothermal origin of precambrian bedded chert at Gusui[J]. Petrologic and geochemical evidence, sedimentology, 1994, (3): 605-619.

[97] ZHOU Y Z, CHOWN E H, TU G Z, et al. Geochemical migration and resultant distribution patterns of impurity trace elements in source rocks[J]. Mathematical geology, 1994, (4): 419-435.

[98] ZHOU Y Z, FU W, YANG Z J, et al. Geochemical characteristics of mesozoic chert from southern tibet and its petrogenic implications[J]. Acta petrologica sinica, 2008, 24(3): 600-608.

[99] ZHOU Y Z, TU G Z, CHOWN E H, et al. Mathematical invariant and quantitative estimation on element migration of hydrothermal wall-rock alteration—with an example of application in the hetai gold field[J]. Chinese science bulletin, 1994, 39(19): 1638-1643.

[100] ZHU Y Q, TAN Y J, ZHANG J T, et al. A Framework of hadoop based geology big data fusion and mining technologies[J]. Acta geodaetiea et cartographica sinica, 2015, 44(S0): 152-159. (in Chinese with English abstract)

[101] ZONG C Q. Statistical natural language processing[M]. Beijing：Tsinghua University Publisher, 2008: 1-163. (in Chinese)

[102] 安燕飞, 刘丙祥, 朱启宽, 等. 稀土元素在皖北卧龙湖矿岩-煤蚀变过程中的迁移机制[J]. 稀土, 2017, 38(3): 47-55.

[103] 鲍征宇, 李方林, 贾先巧. 地球化学场时-空结构分析的方法体系[J]. 地球科学, 1999(3): 67-71.

[104] 蔡立梅. 珠江三角洲鼻咽癌高发区的生态地球化学环境及其与人群健康关系研究[D]. 广州：中山大学, 2009: 257.

[105] 蔡全英, 莫测辉, 李云辉, 等. 广州、深圳地区蔬菜生产基地土壤中邻苯二甲酸酯(PAEs)研究[J]. 生态学报, 2005(2): 283-288.

[106] 曹梦雪, 路来君, 吕岩, 等. 鄂尔多斯盆地北缘地球化学大数据样本优选分析[J]. 岩石学报, 2018, 34(2): 363-371.

[107] 常力恒, 朱月琴. 面向矿产资源信息的空间关联性分析[J]. 岩石学报, 2018, 34(2): 314-318.

[108] 陈保冬, 赵方杰, 张莘, 等. 土壤生物与土壤污染研究前沿与展望[J]. 生态学报, 2015, 20: 6604-6613.

[109] 陈飞香. 县域农田土壤属性空间预测模拟与不确定性评价研究[D]. 广州：中山大学, 2014: 183.

[110] 陈飞香, 程家昌, 胡月明, 等. 基于RBF神经网络的土壤铬含量空间预测[J].

地理科学,2013,33(1):69-74.
[111] 陈飞香,戴慧,胡月明,等. 区域土壤空间抽样方法研究[J]. 地理与地理信息科学,2012,28(6):53-56.
[112] 陈建国,肖凡,常韬. 基于二维经验模态分解的重磁异常分离[J]. 地球科学(中国地质大学学报),2011,36(2):327-335.
[113] 陈建平,于萍萍,史蕊,等. 区域隐伏矿体三维定量预测评价方法研究[J]. 地学前缘,2014,21(5):211-220.
[114] 陈俊坚,张会化,刘鉴明,等. 广东省区域地质背景下土壤表层重金属元素空间分布特征及其影响因子分析[J]. 生态环境学报,2011(4):646-651.
[115] 陈永良,刘少华,伍伟,等. GIS(MapInfo)矿产预测地质体单元的自动生成[J]. 地质论评,2000,46(S1):200-203.
[116] 陈永良,伍伟,刘大有,等. 基于MapInfo的地质变量自动化选择与赋值[J]. 长春科技大学学报,2000(3):289-292.
[117] 陈永清,夏庆霖,黄静宁,等. "证据权"法在西南"三江"南段矿产资源评价中的应用[J]. 中国地质,2007(1):132-141.
[118] 陈玉华,杨永国,秦勇. 蒙特卡罗法在煤层气资源量计算中的应用[J]. 煤田地质与勘探,2006(6):30-32.
[119] 陈毓川. 实现找矿突破的探索[J]. 矿床地质,2011,30(5):767-772.
[120] 陈郑辉,肖克炎,杨宏,等. BP神经网络模型在柴北缘—东昆仑造山型金矿预测的应用[J]. 矿床地质,2002,21(S1):1120-1123.
[121] 陈志军,张娅,吕新彪,等. 岩矿石标本三维建模技术及其教学资源库建设[J]. 实验室研究与探索,2017,36(11):140-145,158.
[122] 成杭新,李括,李敏,等. 中国城市土壤微量金属元素的管理目标值和整治行动值[J]. 地学前缘[中国地质大学(北京),北京大学],2015,22(5):215-225.
[123] 成秋明. 地质异常的奇异性度量与隐伏源致矿异常识别[J]. 地球科学(中国地质大学学报),2011,36(2):307-316.
[124] 崔邢涛,栾文楼,宋泽峰,等. 石家庄城市土壤重金属空间分布特征及源解析[J]. 中国地质,2016,43(2):683-690.
[125] 党丽娜,杨勇. 武汉市土壤重金属空间分布特征及污染评价[J]. 华中农业大学学报,2015,34(6):66-72.
[126] 邓浩,刘晓霞,赵莹,等. 基于Markov链的金川铜镍矿床超基性岩体侵位过程模拟及找矿启示[J]. 地质学刊,2016,40(3):395-402.
[127] 邓吉秋,李吉焕. 面向领导决策的地质灾害预警系统设计与实现[J]. 物探化探计算技术,2009,31(6):638-642,646.
[128] 第鹏飞,陈万峰,张旗. 全球N-MORB和E-MORB分类方案对比[J]. 岩石学报,2018,34(2):264-274.
[129] 丁群安,王林,黄兴文,等. 关于构建矿业投资-地学合作-信息整合的国际矿业战略探索[J]. 资源与产业,2016,18(4):1-6.

[130] 窦磊. 珠江三角洲典型肝癌高发区生态地球化学环境特征与人群健康关系研究——兼论原发性肝癌致病的可能环境地球化学因素[D]. 广州：中山大学，2008：201.

[131] 窦磊，杜海燕，游远航，等. 珠江三角洲经济区生态地球化学评价[J]. 现代地质，2014，28(5)：915-927.

[132] 范瑞. 南方典型快速城市化区域土壤生态地球化学环境特征及预测预警研究[D]. 广州：中山大学，广州：2014：148.

[133] 甘华阳. 广州地区公路雨水地表径流污染：水质、初期冲刷与数值模拟[D]. 广州：中国科学院广州地球化学研究所，2007：142.

[134] 高乐. 基于GIS的多信息成矿远景预测研究——以庞西垌地区文地幅为例[D]. 广州：中山大学，2012：56.

[135] 高乐. 钦杭成矿带(南段)庞西垌地区三维地质建模及多元信息成矿预测[D]. 广州：中山大学，2016：216.

[136] 郭广慧，雷梅，乔鹏炜. 北京市城市发展中土壤重金属的空间分布[J]. 环境工程技术学报，2015，5(5)：424-428.

[137] 郭华东，王力哲，陈方，等. 科学大数据与数字地球[J]. 科学通报，2015，59(12)：1047-1054.

[138] 郭科，陈聆，唐菊兴，等. 分形含量梯度法确定地球化学浓集中心的新探索[J]. 地学前缘，2007(5)：285-289.

[139] 郭科，陈聆，唐菊兴. 复杂地质地貌区地球化学异常识别非线性研究[J]. 成都理工大学学报(自然科学版)，2007(6)：599-604.

[140] 郭清宏，周永章，曹姝旻，等. 广绿玉玉石的矿物学研究[J]. 中山大学学报(自然科学版)，2010，49(3)：146-151.

[141] 郭书海，吴波，张玲妍，等. 土壤环境大数据：构建与应用[J]. 中国科学院院刊，2017(2)：202-208.

[142] 郭艳军，张进江，陈斌，等. 基于VR技术的多尺度地质数据3D沉浸式可视化与交互方法[J]. 地学前缘：1-13[2018-06-25]. https://doi.org/10.13745/j.esf.sf.2018-5-29.

[143] 韩春明，毛景文，杨建民，等. 新疆东天山铜及其多金属矿床成矿系列研究[J]. 矿床地质，2002，21(S1)：125-127.

[144] 韩露，丁毅. 深部探测数据共享平台的设计与研究[J]. 地球物理学进展，2012，27(2)：780-787.

[145] 何虎军，杨兴科，李煜航，等. 多源数据融合技术及其在地质矿产调查中应用[J]. 地球科学与环境学报，2010，32(1)：44-47.

[146] 何俊国，周永章，杨志军，等. 藏南硅质岩成岩信息多元统计分析[J]. 地质通报，2010，29(4)：549-555.

[147] 何翔. 珠江三角洲土壤酸化预测及土壤酸化对元素可利用性的影响分析[D]. 广州：中山大学，2011：68.

[148] 何炎祥, 罗楚威, 胡彬尧. 基于 CRF 和规则相结合的地理命名实体识别方法[J]. 计算机应用与软件, 2015, 32(1): 179-185.

[149] 何珍文, 吴冲龙, 刘刚, 等. 地质空间认知与多维动态建模结构研究[J]. 地质科技情报, 2012, 31(6): 46-51.

[150] 贺辉, 彭望琭, 匡锦瑜. 自适应滤波的高分辨率遥感影像薄云去除算法[J]. 地球信息科学学报, 2009, 11(3): 305-311.

[151] 侯卫生, 刘修国, 吴信才, 等. 面向三维地质建模的领域本体逻辑结构与构建方法[J]. 地理与地理信息科学, 2009, 25(1): 27-31.

[152] 侯卫生, 杨翘楚, 杨亮, 等. 基于 Monte Carlo 模拟的三维剖面地质界线不确定性分析[J]. 吉林大学学报(地球科学版), 2017, 47(3): 925-932.

[153] 侯彦林. 中国农田重金属污染预警系统研究[J]. 农业环境科学学报, 2012(4): 697-705.

[154] 黄少芳, 刘晓鸿. 基于大数据的地质资料档案信息化与服务[J]. 资源与产业, 2015, 17(6): 56-61.

[155] 黄银华, 李铖, 李芳柏, 等. 广州市农业表层土壤镉和铅多尺度空间结构[J]. 土壤, 2015(6): 1144-1150.

[156] 蒋文明. 面向中文文本的空间方位关系抽取方法研究[D]. 南京: 南京师范大学, 2010: 1-63.

[157] 李超岭, 李健强, 张宏春, 等. 智能地质调查大数据应用体系架构与关键技术[J]. 地质通报, 2015, 34(7): 1288-1299.

[158] 李红中, 周永章, 曾长育, 等. 粤西桂东南庞西垌地区矿产远景初步分析[J]. 矿床地质, 2010, 29(S1): 11.

[159] 李景哲, 周永章, 张金亮, 等. 惠州凹陷新近系 K 系列海平面变化定量分析及大数据应用展望[J]. 岩石学报, 2018, 34(2): 371-382.

[160] 李婧, 陈建平, 王翔. 地质大数据存储技术[J]. 地质通报, 2015, 34(8): 1589-1594.

[161] 李军. 基于 GIS 的土壤重金属空间分布及污染评价研究——以河北省 X 市为例[D]. 保定: 河北农业大学, 2015.

[162] 李楠, 肖克炎, 宋相龙, 等. 地质对象表面模型的矢量缓冲区分析算法及其在矿产资源定量评价中的应用[J]. 地球学报, 2015, 36(6): 790-798.

[163] 李青元. 三维矢量结构 GIS 拓扑关系及其动态建立[J]. 测绘学报, 1997(3): 49-54.

[164] 李小平, 徐长林, 刘献宇, 等. 宝鸡城市土壤重金属生物活性与环境风险[J]. 环境科学学报, 2015, 35(4): 1241-1249.

[165] 李晓晖, 袁峰, 张明明, 等. 基于 Surpac 的垂直断面资源储量估算方法研究与实现[J]. 吉林大学学报(地球科学版), 2015, 45(1): 156-165.

[166] 李勇, 周永章, 张澄博, 等. 基于局部 Moran's I 和 GIS 的珠江三角洲肝癌高发区蔬菜土壤中 Ni、Cr 的空间热点分析[J]. 环境科学, 2010, 31(6): 1617-1623.

[167] 李勇. 珠江三角洲经济区土壤生态地球化学环境预测预警研究[D]. 广州：中山大学，2010：248.

[168] 李勇，余天虹，赵志忠，等. 珠三角土壤镉含量时空分布及风险管理[J]. 地理科学，2015，35(3)：373-379.

[169] 李勇，周永章，窦磊，等. 珠江三角洲平原广东省佛山市顺德区土壤-蔬菜系统中Pb的健康安全预测预警[J]. 地质通报，2010，29(11)：1662-1675.

[170] 李勇，周永章，窦磊，等. 基于多元统计和傅立叶和谱分析的土壤重金属的来源解析及其风险评价[J]. 地学前缘，2010，17(4)：253-261.

[171] 廖金凤. 城市化对土壤环境的影响[J]. 生态科学，2001(Z1)：91-95.

[172] 刘刚，吴冲龙，何珍文，等. 地上下一体化的三维空间数据库模型设计与应用[J]. 地球科学(中国地质大学学报)，2011，36(2)：367-374.

[173] 刘帅师，程曦，郭文燕，等. 深度学习方法研究新进展[J]. 智能系统学报，2016，11(5)：567-577.

[174] 刘向冲，王文磊，裴英茹. 西藏多龙矿集区水系沉积物地球化学数据定量分析与解释[J]. 地质力学学报，2017，23(5)：695-706.

[175] 刘彦，吕庆田，李晓斌，等. 基于模型降阶的贝叶斯方法在三维重力反演中的实践[J]. 地球物理学报，2015，58(12)：4727-4739.

[176] 刘玉葆，孟志青. 交易数据库中带有空间性约束的关联规则采掘[J]. 计算机工程与应用，2000(9)：110-111.

[177] 刘岳，陈翠华，何彬彬. 基于证据权模型的东昆仑五龙沟金矿潜力预测[J]. 中国矿业大学学报，2011，40(2)：298-304.

[178] 刘臻熙. 中文文本中地理实体属性抽取方法研究[D]. 南京：南京师范大学，2010：1-65.

[179] 娄德波，肖克炎，丁建华，等. MRAS的主要功能简介[J]. 矿床地质，2010，29(S1)：753-754.

[180] 卢宇彤，陈志广，杜云飞. 生物医疗健康大数据应用支撑平台与关键技术[J]. 科研信息化技术与应用，2017，8(1)：3-9.

[181] 路来君，张嘉桐，陈国强，等. 地质空间三重划分理论初探[J]. 吉林大学学报(地球科学版)，2012，42(S3)：279-284.

[182] 罗熊，黎江，孙增圻. 回声状态网络的研究进展[J]. 北京科技大学学报，2012，34(2)：217-222.

[183] 骆剑承，胡晓东，吴炜，等. 地理时空大数据协同计算技术[J]. 地球信息科学学报，2016，18(5)：590-598.

[184] 马瑾. 广东典型区域土壤有机地球化学污染物空间分布及污染特征研究[D]. 中山大学，2009：172.

[185] 马瑾，邱兴华，周永章，等. 基于多元地统计和GIS的珠江三角洲典型区域土壤有机氯农药残留状况及其空间分布研究——以惠州为例[J]. 土壤学报，2010，47(3)：439-450.

[186] 马瑾,邱兴华,周永章,等.东莞市农业土壤多环芳烃污染及其空间分布特征研究[J].北京大学学报(自然科学版),2011,47(1):149-158.

[187] 马瑾,周永章,张天彬,等.珠三角典型区域土壤有机氯农药(OCPs)多元统计分析——以佛山市顺德区为例[J].土壤,2008,40(6):954-959.

[188] 毛先成,唐艳华,邓浩.地质体的三维形态分析方法与应用[J].中南大学学报(自然科学版),2012,43(2):588-595.

[189] 毛先成,周尚国,张宝一,等.基于场模型的成矿信息提取方法研究——以桂西-滇东南锰矿为例[J].地质与勘探,2009,45(6):704-715.

[190] 潘广源,柴伟,乔俊飞.DBN网络的深度确定方法[J].控制与决策,2015,30(2):256-260.

[191] 潘懋,李铁锋.储层物性的空间结构特征分析与预测——以青海尕斯库勒油田 $E\_3\sim 1$ 油藏为例[J].地质学报,2001(1):121-126.

[192] 秦佩恒,倪宏刚,刘阳生,等.深圳市表层土壤中PBDEs空间分布特征及蓄积量估算[J].北京大学学报(自然科学版),2011(1):127-132.

[193] 邱孟龙,李芳柏,王琦,等.工业发达城市区域耕地土壤重金属时空变异与来源变化[J].农业工程学报,2015(2):298-305.

[194] 区玉明,张师超,徐章艳,等.一种提高Apriori算法效率的方法[J].计算机工程与设计,2004(5):846-848.

[195] 屈红刚,潘懋,王勇,等.基于含拓扑剖面的三维地质建模[J].北京大学学报(自然科学版),2006(6):717-723.

[196] 邵怀勇,仙巍,马泽忠,等.土地利用/土地覆被镶嵌体的分形结构模型研究[J].水土保持学报,2004(5):155-158.

[197] 施俊法,唐金荣,周平,等.世界地质调查工作发展趋势及其对中国的启示[J].地质通报,2014,33(10):1465-1472.

[198] 史正军,吴冲,卢瑛.深圳市主要公园及道路绿地土壤重金属含量状况比较研究[J].土壤通报,2007(1):133-136.

[199] 宋书巧.矿山开发的环境响应与资源环境一体化研究——以广西刁江流域为例[D].广州:中山大学,2004:172.

[200] 孙虹,陈俊杰.双层CRF与规则相结合的中文地名识别方法研究[J].计算机应用与软件,2014,31(11):175-177,182.

[201] 谭永杰.地质大数据体系建设的总体框架研究[J].中国地质调查,2016,3(3):1-6.

[202] 汤军,陈银霞.基于SuperMap缓冲区方法的地质沉积相分析[J].长江大学学报(自然科学版)理工卷,2010,7(4):66-68.

[203] 陶亮,万开,刘承帅,等.场地土壤重金属污染健康风险评价及固化处置——以东莞市某电镀厂搬迁场地为例[J].生态环境学报,2015,10:1710-1717.

[204] 陶诗阳.山西省襄汾县土壤中PAHs及DDTs的浓度水平、空间分布、源解析及风险评价[D].广州:中山大学,2017:102.

[205] 陶澍, 曹军, 李本纲, 等. 深圳市土壤微量元素含量成因分析[J]. 土壤学报, 2001(2): 248-255.

[206] 涂子沛. 大数据[M]. 桂林: 广西师范大学出版社, 2012.

[207] 王琨. 勘查地球化学数据处理方法及应用效果评价——以钦杭成矿带南段庞西垌地区为例[D]. 广州: 中山大学, 2012: 65.

[208] 王成彬, 马小刚, 陈建国. 数据预处理技术在地学大数据中应用[J]. 岩石学报, 2018, 34(2): 303-313.

[209] 王林峰. An improved robust estimation method for geochemical data: a case study in Pangxidong area, Guangdong province (China)[D]. 广州: 中山大学, 2012: 110.

[210] 王树功, 黎夏, 周永章. 湿地植被生物量测算方法研究进展[J]. 地理与地理信息科学, 2004(5): 104-109, 113.

[211] 王翔, 李景朝, 陈辉, 等. 大数据与地质资料信息服务: 需求、产品、技术、共享[J]. 地质通报, 2015, 34(7): 1309-1315.

[212] 王彦飞, 邹安祺. 基于神经网络的页岩微纳米孔隙微结构分析的正则化和最优化方法[J]. 岩石学报, 2018, 34(2): 281-288.

[213] 王永志, 高光大, 杨毅恒, 等. 地学空间数据仓库的构建技术[J]. 地质通报, 2008(5): 713-718.

[214] 王幼奇, 白一茹, 王建宇. 基于GIS的银川市不同功能区土壤重金属污染评价及分布特征[J]. 环境科学, 2016, 37(2): 710-716.

[215] 王占刚, 庄大方, 邱冬生. 可视化技术在空间数据挖掘中的应用[J]. 计算机工程, 2007(18): 67-68, 71.

[216] 王占刚, 左建平. 基于STR算法的三维地质模型R树索引构建与分析[J]. 计算机应用研究, 2010, 27(10): 3783-3785.

[217] 王正海, 方臣, 何凤萍, 等. 基于决策树多分类支持向量机岩性波谱分类[J]. 中山大学学报(自然科学版), 2014, 53(6): 93-97, 105.

[218] 王祖伟. 蚀变构造岩型银金矿床地质地球化学及资源潜力——对粤西庞西垌-桂东南金山银金矿带的解剖[D]. 广州: 中国科学院广州地球化学研究所, 1998: 95.

[219] 王祖伟, 王祎玮, 侯迎迎, 等. 于桥水库水源地水体沉积物重金属空间分异与景观格局的关系[J]. 环境科学, 2016, 37(9): 3423-3429.

[220] 王祖伟, 周永章, 姚东良, 等. 两广庞西垌-金山成矿带银金矿床分形性研究[J]. 矿床地质, 1999, 18(2): 183-188.

[221] 王祖伟, 周永章, 张海华, 等. 粤西廉江银金矿床热液围岩蚀变特征及元素迁移的定量估算[J]. 地球化学, 1998(3): 251-257.

[222] 魏友华, 郭科, 陈聆, 等. 信息融合在复杂油气储层物性参数综合研究中的应用[J]. 地球物理学进展, 2008(1): 153-156.

[223] 吴冲龙, 刘刚, 张夏林, 等. 地质科学大数据及其利用的若干问题探讨[J]. 科学通报, 2016, 16: 1797-1807.

[224] 吴冲龙,刘刚."玻璃地球"建设的现状、问题、趋势与对策[J].地质通报,2015,34(7):1280-1286.
[225] 吴志峰,柴彦威,党安荣,等.地理学碰上"大数据":热反应与冷思考[J].地理研究,2015,34(12):2207-2221.
[226] 夏家淇,骆永明.关于土壤污染的概念和3类评价指标的探讨[J].生态与农村环境学报,2006(1):87-90.
[227] 夏庆霖,成秋明,左仁广,等.基于GIS矿产勘查靶区优选技术[J].地球科学(中国地质大学学报),2009,34(2):287-293.
[228] 肖凡,陈建国,侯卫生,等.钦-杭结合带南段庞西垌地区Ag-Au致矿地球化学异常信息识别与提取[J].岩石学报,2017,33(3):779-790.
[229] 肖克炎,孙莉,李楠,等.大数据思维下的矿产资源评价[J].地质通报,2015,34(7):1266-1272.
[230] 肖侬,任浩,徐志伟,等.基于资源目录技术的网格系统软件设计与实现[J].计算机研究与发展,2002(8):902-906.
[231] 肖侬,王涌,卢锡诚.高性能元计算技术[J].国防科技,2001(5):58-61.
[232] 谢贤健.基于GIS和地积累指数法的内江市城市土壤镉含量及污染评价[J].地球与环境,2016,44(1):82-88.
[233] 谢晓华,周永章,张澄博,等.基于模糊多属性决策法的软基加固效果评价[J].自然灾害学报,2010,19(2):61-67.
[234] 许伟,施维林,沈桢,等.工业遗留场地复合型污染分层健康风险评估研究[J].土壤,2016,48(2):1-9.
[235] 薛林福,李文庆,张伟,等.分块区域三维地质建模方法[J].吉林大学学报(地球科学版),2014,44(6):2051-2058.
[236] 严光生,薛群威,肖克炎,等.地质调查大数据研究的主要问题分析[J].地质通报,2015,34(7):1273-1279.
[237] 严加永,吕庆田,葛晓立.基于空间分析技术的城市土壤污染评价[J].地球科学与环境学报,2007(3):321-325.
[238] 杨海生.矿产资源及不确定条件下的最优开发[D].广州:中山大学,2006.
[239] 杨海生,周永章,杨小强,等.不确定条件下矿产资源的最优开采[J].资源开发与市场,2005(5):398-401.
[240] 杨蔚华,周永章,刘友梅,等.迅速发展中的数学地质——八十年代的重大课题[M]//欧阳自远,章振根.八十年代地质地球化学进展.重庆:重庆科学技术文献出版社,1990:397-406.
[241] 杨雪,谢洪斌,罗真富,等.基于实测光谱的矿业开发集中区土壤元素含量反演[J].环境监测管理与技术,2016,28(4):10-14.
[242] 杨永国,韩宝平,谢克俊,等.用多变量时间序列相关模型预测矿井涌水量[J].煤田地质与勘探,1995(6):38-42.
[243] 杨永国,余志伟,郭正堂,等.基于地质记录用时域组合模型预测气候变化趋势

的初步研究[J].地球物理学报,1996(1):37-46.

[244]杨忠芳.特约主编致读者[J].地学前缘,2011(6):4.

[245]杨宗喜,唐金荣,周平,等.大数据时代下美国地质调查局的科学新观[J].地质通报,2013,32(9):1337-1343.

[246]姚东良.GIS中类地球化学数据的分形插值模型和图示化[D].广州:中国科学院广州地球化学研究所,1998:66.

[247]叶天竺.矿床模型综合地质信息预测技术方法理论框架[J].吉林大学学报(地球科学版),2013,43(4):1053-1072.

[248]阴江宁,肖克炎,何凯涛,等.铜矿数字矿床模型专家系统的原理与技术实现[J].地质论评,2009,55(3):449-456.

[249]于萍萍,陈建平,柴福山,等.基于地质大数据理念的模型驱动矿产资源定量预测[J].地质通报,2015,34(7):1333-1343.

[250]余凯,贾磊,陈雨强,等.深度学习的昨天、今天和明天[J].计算机研究与发展,2013,50(9):1799-1804.

[251]余先川,邓维科,肖克炎,等.基于三维克立格方法的可视化储量估算[J].地学前缘,2013,20(4):320-331.

[252]余先川,刘立文,胡丹,等.基于稳健有序独立成分分析(ROICA)的矿产预测[J].吉林大学学报(地球科学版),2012,42(3):872-880.

[253]袁峰,李晓晖,张明明,等.隐伏矿体三维综合信息成矿预测方法[J].地质学报,2014,88(4):630-643.

[254]翟明国,范蔚茗,刘建明.我国固体矿产资源现状与相关科学问题思考[J].中国科学基金,2002(6):15-19.

[255]张宝一,陈伊如,黄岸烁,等.地球化学场及其在隐伏矿体三维预测中的作用[J].岩石学报,2018,34(2):352-362.

[256]张宝一,代鹏遥,蒙菲,等.基于距离场的三维矿体模型与地表化探数据的关联关系分析——以红透山铜矿田为例[J].地质论评,2017,63(2):511-524.

[257]张春菊.中文文本中事件时空与属性信息解析方法研究[D].南京:南京师范大学,2013:1-157.

[258]张翠芬,郝利娜,王元俭,等.Landsat8 OLI图像增强与岩性识别方法[J].地质与勘探,2017,53(2):325-333.

[259]张戈一,朱月琴,吕鹏飞,等.耦合协同过滤推荐与关联分析的图书推荐方法研究[J].中国矿业,2017,26(S1):425-430.

[260]张嘉凡,张雪娇,杨更社,等.基于聚类算法的岩石CT图像分割及量化方法[J].西安科技大学学报,2016,36(2):171-175.

[261]张良均,王路,谭立云,等.Python数据分析与挖掘实战[M].北京:机械工业出版社,2015:1-336.

[262]张旗,周永章.大数据正在引发地球科学领域一场深刻的革命——《地质科学》2017年大数据专题代序[J].地质科学,2017,52(3):1-12.

[263] 张旗,周永章. 大数据时代对科学研究方法的反思——《矿物岩石地球化学通报》2017大数据专辑代序[J]. 矿物岩石地球化学通报,2017,36(6):882-885.

[264] 张生元,成秋明,张素萍,等. 改进的加权证据权模型及其在个旧锡铜矿产资源预测中的应用[J]. 地球科学(中国地质大学学报),2012,37(6):1175-1182.

[265] 张维理,张认连,徐爱国,等. 中国:1:5万比例尺数字土壤的构建[J]. 中国农业科学,2014,47(16):3195-3213.

[266] 张雪英,叶鹏,王曙,等. 基于深度信念网络的地质实体识别方法[J]. 岩石学报,2018,34(2):343-351.

[267] 张雪英,张春菊,朱少楠. 中文文本的地理空间关系标注[J]. 测绘学报,2012,41(3):468-474.

[268] 张焱. 钦杭成矿带(南段)庞西垌地区矿致地球化学异常的提取及查证研究[D]. 广州:中山大学,2012:178.

[269] 张焱,成秋明,周永章,等. 分形插值在地球化学数据中的应用[J]. 中山大学学报(自然科学版),2011,50(1):133-137.

[270] 张焱,周永章,黄锐,等. 粤北刘家山地区多元素分形维数谱函数及其对矿化的指示分析[J]. 中山大学学报(自然科学版),2012,51(2):119-124.

[271] 张焱,周永章. 多重地球化学背景下地球化学弱异常增强识别与信息提取[J]. 地球化学,2012,41(3):278-291.

[272] 张焱,周永章,李文胜,等. 基于矿体三维地质建模的云浮高枨矿区储量计算[J]. 金属矿山,2011(1):93-97.

[273] 张野,李明超,韩帅. 基于岩石图像深度学习的岩性自动识别与分类方法[J]. 岩石学报,2018,34(2):333-342.

[274] 张正栋. 广东韩江流域土地利用与土地覆盖变化综合研究[D]. 广州:中国科学院广州地球化学研究所.2007:216.

[275] 张正栋,杨春红. 近25a珠江北江上游土壤表层有机碳储量变化及固碳潜力估算——以广东省翁源县为例[J]. 资源科学,2013,35(4):809-815.

[276] 章迪,曹善平,孙建林,等. 深圳市表层土壤多环芳烃污染及空间分异研究[J]. 环境科学,2014(2):711-718.

[277] 章明奎,王美青. 杭州市城市土壤重金属的潜在可淋洗性研究[J]. 土壤学报,2003(6):915-920.

[278] 赵国栋,易欢欢,糜万军,等. 大数据时代的历史机遇[M]. 北京:清华大学出版社,2013.

[279] 赵洁,林锦,吴剑锋,等. 大连周水子地区海水入侵数值模型[J]. 南京大学学报(自然科学版),2016,52(3):479-489.

[280] 赵鹏大. 大数据时代数字找矿与定量评价[J]. 地质通报,2015,34(7):1255-1258.

[281] 郑蕾,周永章,曾长育. 钦杭结合带(南段)庞西垌断裂中动态重结晶石英颗粒分形特征及主要流变参数估算[J]. 中山大学学报(自然科学版),2013,52(2):

106－114.

[282] 郑茂坤,谢婧,王仰麟,等.深圳市农林土壤重金属累积现状及风险评价研究[J].生态毒理学报,2009(5):726－733.

[283] 郑胤,陈权崎,章毓晋.深度学习及其在目标和行为识别中的新进展[J].中国图象图形学报,2014,19(2):175－184.

[284] 郑袁明,余轲,吴泓涛,等.北京城市公园土壤铅含量及其污染评价[J].地理研究,2002(4):418－424.

[285] 周成虎.全空间地理信息系统展望[J].地理科学进展,2015(2):129－131.

[286] 周俊生,戴新宇,尹存燕,等.基于层叠条件随机场模型的中文机构名自动识别[J].电子学报,2006,34(5):804－809.

[287] 周可法,陈衍景,张楠楠,等.中亚地区典型矿床的特征提取技术及预测方法[J].干旱区地理,2012,35(3):339－347.

[288] 周晓芳.基于地理空间视角的喀斯特人居环境研究——以贵州省三个典型地貌区为例[D].广州:中山大学,2010:236.

[289] 周晓芳,周永章,欧阳军.基于BP神经网络的贵州3个喀斯特农村地区人居环境评价[J].华南师范大学学报(自然科学版),2012,44(3):132－138.

[290] 周永章,黎培兴,王树功,等.矿床大数据及智能矿床模型研究背景与进展[J].矿物岩石地球化学通报,2017,36(2):327－331,344.

[291] 周永章,沈文杰,李勇,等.基于通量模型的珠江三角洲经济区土壤重金属地球化学累积预测预警分析[J].地球科学进展,2012,27(10):88－98.

[292] 周永章,王正海,侯卫生.数学地球科学[J].广州:中山大学出版社,2012:1－247.

[293] 周永章.台盆相地层的沉积地球化学及数学地质特征——对广西丹池盆地上泥盆系地层的解剖[D].广州:中国科学院地球化学研究所,1987:202.

[294] 周永章.元素丰度的稳健分析[J].科学通报,1989,34:1357.

[295] 周永章.稳健丰度分析及丹池盆地上泥盆统地层的微量元素丰度[J].地球化学,1990(2):159－165.

[296] 周永章.计算机导向地质学的发展状况一、二观[J].矿物岩石地球化学通报,1991(1):26－29.

[297] 周永章.微破裂——缝合机制及热液围岩蚀变过程中元素迁移的质量平衡估计[J].矿物岩石地球化学通报,1993(3):116－118.

[298] 周永章.地球化学异常的共轭现象及其分形数学结构[J].矿物岩石地球化学通报,1995(3):176－177.

[299] 周永章,等.元素迁移的分维结构、级序路径及共轭地球化学存在的理论依据[J].地球化学,1995,24(1):69－75.

[300] 周永章,陈烁,张旗,等.大数据与数学地球科学研究进展[J].岩石学报,2018,34(2):256－263.

[301] 周永章,黎培兴,王树功,等.矿床大数据及智能矿床模型研究背景与进展[J].矿

物岩石地球化学通报,2017,36(2):334-339.

[302] 周永章,刘友梅,彭先芝.地球化学研究中的离群数据及其稳健处理[J].矿物岩石,1995(z):48.

[303] 周永章,卢焕章,等.地质热场中微量元素迁移的方向性和分维结构[J].中国科学(B集),1994,24(12):1308-1313.

[304] 周永章,涂光炽,等.粤西古水剖面震旦系顶部层状硅岩的热水成因属性:岩石学和地球化学证据[J].沉积学报,1994(3):1-9.

[305] 周永章,杨蔚华.交叉谱分析及其沉积地球化学意义[J].矿物岩石地球化学通报,1988(4):223-226.

[306] 周永章,杨蔚华,刘友梅.元素迁移级序路径和共轭地球化学异常存在机制的数学考虑[J].矿物岩石地球化学通报,1993(4):191-193.

[307] 朱汝雄,张正栋,杨传训,等.华南湿热山地小流域景观格局演变与径流关系——以宁江为例[J].华南师范大学学报(自然科学版),2017,49(5):79-85.

[308] 朱蔚恒,印鉴,邓玉辉,等.大数据环境下高维数据的快速重复检测方法[J].计算机研究与发展,2016,53(3):559-570.

[309] 朱月琴,谭永杰,张建通,等.基于Hadoop的地质大数据融合与挖掘技术框架[J].测绘学报,2015,44(S0):152-159.

[310] 庄国泰.我国土壤污染现状与防控策略[J].中国科学院院刊,2015(4):477-483.

[311] 宗成庆.统计自然语言处理[M].北京:清华大学出版社,2008.

[312] 邹艳红,何建春.移动立方体算法的地质体三维空间形态模拟[J].测绘学报,2012,41(6):910-917.

[313] 左仁广,夏庆霖,谭宁.基于MapGIS成矿地质信息提取系统的开发与应用[J].矿业研究与开发,2007(4):51-53.